教育部高等学校轻工与食品学科专业教学指导委员会推荐教材

革制品人机工学

主编 徐 波 李 波

中国轻工业出版社

图书在版编目（CIP）数据

革制品人机工学/徐波，李波主编 . —北京：中国轻工业出版社，2016.3

教育部高等学校轻工与食品学科专业教学指导委员会推荐教材

ISBN 978 - 7 - 5184 -0700 - 2

Ⅰ . ①革… Ⅱ . ①徐… ②李… Ⅲ . ①皮革制品—造型设计—高等学校—教材 Ⅳ. ①TS56

中国版本图书馆 CIP 数据核字（2015）第 264519 号

责任编辑：李建华　　责任终审：张乃东　　封面设计：锋尚设计
版式设计：宋振全　　责任校对：燕　杰　　责任监印：张　可

出版发行：中国轻工业出版社（北京东长安街 6 号，邮编：100740）

印　　刷：三河市万龙印装有限公司

经　　销：各地新华书店

版　　次：2016 年 3 月第 1 版第 1 次印刷

开　　本：787 × 1092　　1/16　　印张：18.5

字　　数：427 千字

书　　号：ISBN 978 - 7 - 5184 -0700 - 2　　定价：55.00 元

邮购电话：010 - 65241695　　传真：65128352

发行电话：010 - 85119835　　85119793　　传真：85113293

网　　址：http：//www.chlip.com.cn

Email：club@chlip.com.cn

如发现图书残缺请直接与我社邮购联系调换

080199J1X101ZBW

-前 言-

本书为教育部高等学校轻工与食品学科专业教学指导委员会推荐的特色教材，为革制品人机工学方面的第一本高等学校专业教材，针对革制品中的鞋和箱包两类产品的人机工学共性问题进行探讨。

要设计好的皮革制品必须解决好人和产品、产品和环境、环境和人的使用功能之间的关系。对人的认识包括人体测量方法与数据分析，归纳总结出规律性和型与号，得到数学模型，为设计鞋和箱包提供依据；"机"在本书中为鞋和箱包，人机关系归纳为机宜人、人适机；"环境"部分为产品的性能分析及如何在产品设计中加以应用，重点是功能性设计。

随着全民健身和追求健康生活方式理念的普及，人们不仅要求鞋类和箱包实现特定的功能，而且还要穿着舒适，使用方便。对鞋类和箱包的内、外部形状和尺寸及其与人体接触界面的材料特性的研究引起了人们的极大兴趣，这些都是革制品人机工学研究的内容。

为保证系统性，本书在鞋类方面涵盖了脚的基本结构、脚型与楦型的关系、鞋楦设计流程等基础知识，并对脚的生物力学应用中的基本力学原理进行了梳理，从与足部运动功能相关的鞋类性能、鞋的环保与卫生性能和安全性能几个方面论述了鞋的功能性；在箱包方面，涵盖了箱包设计中可能用到的人体测量数据及其应用方法等基础理论部分，同时对人体尺寸和操纵能力在确定箱包功能尺寸中的应用，手部尺寸和肩部特征在提手柄、把手和背包带功能设计中的应用进行了介绍。

本书概述部分由李波编写，第一章、第二章、第三章和第四章由徐波编写，第五章、第六章、第七章、第八章和第九章由李波编写。本书曾经作为讲义在多届本科生中使用，在认真总结教学实践经验的基础上，经过多次反复修改而成书，其中凝结了很多人的心血，多位学生为此书绘图，冠一科仪（集团）有限公司提供了一些资料图片，同时还得到了香港中文大学洪友廉教授的支持，在此一并表示感谢！在本书的编写过程中，编者参考和引用了国内外学者的大量论著和研究成果，谨向这些学者致以诚挚的谢意！由于有些资料收集的时间已太久，不能一一记起所有图和文字的来源，有个别图和文字未注明原作者和出处，请原作者见书后及时与我们联系，以付稿酬。

本书各章附复习思考题，可用于检查对各章知识的掌握情况。

本书可作为轻化工程专业革制品方向学生的专业教材，也可供鞋类和箱包从业人员学习参考。

本书是编者集多年教学和科研实践经验编写而成，由于水平有限，不当之处在所难免，恳请同行及广大读者批评、指正。

编者
2015 年 11 月

-目 录-

1

概　　述

　　人机工程学（Man – Machine Engineering）是研究人、机械及工作环境之间相互作用的学科。该学科在其自身的发展过程中，逐步打破了各学科之间的界限，并有机地融合了各相关学科的理论，不断地完善自身的基本概念、理论体系、研究方法以及技术标准和规范，从而形成了一门研究和应用范围都极为广泛的综合性边缘学科。因此，它具有现代新兴边缘学科共有的特点，如学科命名多样化、学科定义不统一、学科边界模糊、学科内容综合性强、学科应用范围广泛等。革制品人机工学是研究人脚、鞋与环境之间相互作用关系及人体、箱包与环境之间相互作用关系的学科。

一、 人机工程学的命名及定义

　　由于该学科研究和应用的范围极其广泛，它所涉及的各学科、各领域的专家、学者都试图从自身的角度来给本学科命名和下定义，因而世界各国对本学科的命名不尽相同，即使同一个国家对本学科名称的提法也很不统一，甚至有很大差别。

　　例如，该学科在美国被称为 Human Engineering（人类工程学）或 Human Factors Engineering（人的因素工程学），在西欧国家多称为 Ergonomics（人类工效学），而其他国家大多引用西欧国家的名称。

　　Ergonomics 一词是由希腊词根 ergon（即工作、劳动）和 nomos（即规律、规则）复合而成，其本义为人的劳动规律。由于该词能够较全面地反映本学科的本质，又源自希腊文，便于各国语言翻译上的统一，而且词义保持中立性，不显露它对各组成学科的亲密和间疏，因此，目前较多国家采用 Ergonomics 一词作为本学科的名称。

　　人机工程学在我国起步较晚，目前该学科在国内的名称尚未统一，除普遍采用"人机工程学"外，常见的名称还有：人 – 机 – 环境系统工程、人体工程学、人类工效学、人类工程学、工程心理学、宜人学、人的因素等。不同的名称，其研究重点略有差别。

　　国际人类工效学学会（International Ergonomics Association，简称 IEA）为本学科所下的定义是最权威、最全面的：人机工程学是研究人在某种工作环境中的解剖学、生理学和心理学等方面的各种因素，研究人和机器及环境的相互作用，研究在工作中、家庭生活中和休假时怎样统一考虑工作效率、人的健康、安全和舒适等问题的学科。

结合国内本学科发展的具体情况，我国早在 1979 年出版的《辞海》对人机工程学给出了如下定义：人机工程学是一门新兴的边缘学科，它是运用人体测量学、生理学、心理学和生物力学以及工程学等学科的研究方法和手段，综合地进行人体结构、功能、心理以及力学等问题研究的学科，用以设计使操作者能发挥最大效能的机械、仪器和控制装置，并研究控制台上各个仪表的最适位置。

从上述本学科的命名和定义来看，尽管学科名称多样、定义歧异，但是在研究对象、研究方法、理论体系等方面并不存在根本性的区别。这正是人机工程学作为一门独立的学科存在的理由，同时也充分地体现了学科边界模糊、学科内容综合性强、涉及面广等特点。

二、 学科的研究方法

人机工程学对人 – 机 – 环境综合体进行系统的分析研究，用人类创造的科学技术为这一综合体建立合理可行的实用方案，使人获得舒适、安全、健康的环境，力图提高人本身的能力，从而达到提高工效的目的。

人机工程学广泛采用了人体科学和生物科学等相关学科的研究方法及手段，也采取了系统工程、控制理论、统计学等其他学科的一些研究方法，而且本学科的研究也建立了一些独特的新方法，以探讨人、机、环境要素间复杂的关系问题，这些方法包括：测量人体各部分静态和动态数据；调查、询问或直接观察人在作业时的行为和反应特征；对时间和动作的分析研究；测量人在作业前后以及作业过程中的心理状态和各种生理指标的动态变化；观察和分析作业过程和工艺流程中存在的问题；分析差错和意外事故的原因；进行模型实验或用电子计算机进行模拟实验；运用数学和统计学的方法找出各变数之间的相互关系，以便从中得出正确的结论或发展成有关理论。

以人为中心的设计已成为现代技术迅速发展的一个基本点。在现代，设计的主要困难已不在于产品本身，而在于是否能够找出人与产品之间最适宜的相互联系的途径与手段，在于是否能够全面考虑到操作者在人机系统中的功能作用特点和产品结构与"人的因素"相吻合的程度。因此，如何把产品设计得更适合于人使用的问题越来越受到重视，人机工程学正是在这样的背景下产生的。

要使产品和功能符合人类特性，使产品既容易操作，又正确可靠，不易使人疲劳，就必须收集有关人类特性临界值的数据。这就使生理学、医学、解剖学和心理学都与工程设计发生了密切的联系，并参与共同确定人在作业活动中的极限。这些经过生物学角度进行调整的规则在工程领域中的渗入就是人机工程学的本质。因此，关于人机工程学的定义也可以简单地描述为："研究与劳动环境和设备设计有关的人的因素的科学"。

显而易见，人机工程学是一门综合的自然科学。人机工程学专家和其他领域的专家，如工程设计师、工业设计师、计算机专家、工程医学和人类资源专家通力合作，最终目标是实现把人们对人类特性的知识转化成解决人类工作和休闲时的具体问题。在许多情况下，人类可调整姿势以适应不断变化的环境，但是这种调整通常是低效率、易出错、需要承受难以忍受的压力、甚至付出身体和精神方面的代价。人机工程学的研究与应用可以彻底改变这种状况。人机工程学几乎包含与人相关的一切事物。如果设计得当，运动、休闲、健康、安全都将体现人机工程学的基本原理。

人机系统可大可小，凡有人操纵控制的系统，都属于人机系统范围：如人与宇宙飞船、人与汽车、人与座椅、人与服饰、人与茶杯、人与室内环境、人与室外环境等均称为人机系统。

革制品人机工学是人机工程学的一个分支，它从适合人体各种要求的角度出发，为革制品尽可能适合人身体和脚的需要提供人机工程学方面的知识。

虽然不能期望人机工程学能解决所有的问题，但是，只要接受人机工程学的技术与准则，就可以帮助设计者减少明显的差错与危险。

三、 人机工程学的组成

人机工程学处理人与工作环境之间的关系。研究人类的基本学科包括解剖学、生理学、心理学。人机工程学运用这些学科的主要目的在于：更充分地发挥人类的能力和维护人类的健康与安宁。具体地说，就是确保作业任务在所有方面均适合于人，且工作环境不能超出人的能力和局限。

基础解剖学的贡献在于它改善了人与使用工具之间的身体适应性，从手工工具到飞机驾驶室的设计，要想取得良好的身体适应性，产品的设计无疑必须考虑人的形体尺寸的不同；人类学提供了人体各种姿势的数据；生物力学则考虑肢体和肌肉的动作，确保工作时的正确姿势，并避免使用过大的力。

人类生理学的知识包括两方面内容：一方面，劳动生理学研究人体作业所需能量并设计出人类可承受的工作频率和工作载荷的标准；另一方面，营养学考虑人在某种特殊工作条件下的营养需求，如在高温、噪声、振动的条件下的最佳需求选择。

心理学与人处理信息的过程和决策能力有关。简单来说，心理学就是帮助人对他们使用的工具有更好的认知性。与此相关的主题还包括理性过程、观察、长期和短期记忆、决策与行动。在当代高科技社会中，心理学对人机工程学尤其重要。心理学对人机工程学在人–计算机交互界面、人–机交互界面、工业过程的信息表达以及培训计划、人的任务和工作的设计研究中起了很大作用。

在当今社会，信息过量的情况已很普遍。如在高度自动化水平的生产流水线上，要同时处理监视、管理和维护以及如何合理分配流水线上每人的任务，常常会增加对人脑力方面的要求。如何提高人脑信息处理和决策能力就离不开心理学的帮助。

四、 人机工程学与产品设计

（一） 人机工程学在产品设计中的作用

任何学科都有其起源和历史。著名人机工程学家伍德（John Wood）认为："当人操作和控制系统的能力无法达到系统的要求时，人们就确认了人机工程学这门学科"。"使机器适应人"的原则，是人机工程学产生的思想基础。

在人机工程学的发展过程中，人机工程学也从生产领域扩展到了生活领域，影响到人们日常生活的方方面面，大众也开始接受人机工程学的思想和观念。

我国在 1989 年成立了中国人类工效学协会。同时，在工业设计领域，人机工程学的发展几乎与设计的发展是同步的。

人机工程学的知识体系强调理论和实践的结合，重视科学与技术的全面发展。人机工程学是设计领域的技术和知识基础，其知识基础是心理学和生理学。从发展趋势看，人机工程学将更多地涉及人们的日常生活，以提高人们日常生活的舒适水平。

舒适是人的一种状态，影响舒适的因素很多，涉及心理和生理两个方面。生理主要指体力的负荷程度，包括对人的生理特性、操作方式、工作强度等因素；而人的心理负荷就相对复杂，不仅包括脑力和认知活动，还要考虑人的精神和情绪等问题。

人们在日常生活与工作中，经常会与各种产品打交道。即使是最简单的产品，如果设计得不好，也会给使用带来不便。在使用这些产品的过程中，人们会经常遇到各种不方便、不舒适甚至不安全。例如，为什么使用某些家用电器难以按照标签指示操作？为什么经过了一次长途旅行后，车的座位使你感到疼痛？为什么一些计算机工作站会使你的眼睛和肌肉感到疲劳？这些不适和不便是不可避免的吗？我们的祖先没有遇到过这个问题。他们只是简单地制造适合自己的东西。而现今，产品设计者常远离产品的最终用户。这使产品设计以用户为中心进行人机工程学的改进变得更为重要。

产品设计是一项为了人们使用而创造新型和改进产品的过程。其考虑的是功能性、可靠性、可用性以及外形和价格。

许多产品是一个由市场专家、工程师、人机工程学专家、工业设计师组成的团体设计出来的。市场专家和工程师主要负责产品的功能；人机工程学专家主要负责产品的可用性；工业设计师主要负责产品的外形。

普通用户产品的使用者通常是未经训练、没有技术和没有管理经验的，所设计的产品需适应这类使用人群的特点。

现代设计以获取新知识为核心特征。专家指出，新产品的竞争能力关键在于产品设计中新知识的含量。对已经成熟的产品，制造商常通过一系列的再设计进行改进和提高。这种再设计的程度可大可小，变化大的再设计试图创造一种全新的产品，这种产品与旧产品功能相同但更有效率，使用更方便。

再设计为人机工程学专家改进产品的合理性提供了良机，改进的手段之一就是从已存在产品的消费者处获得合理的数据，在保留那些得到广泛认可的特色和功能的基础上，将再设计的重心放在解决用户反映严重的问题上。

这种设计改进包括研究人们如何使用产品，通过与他们交谈并向他们了解产品的实际使用情况。人机工程学设计对于包容性设计尤为重要，如有的产品的设计要充分考虑特殊人群如老人和残疾人的使用。

围绕设计中对"人的因素"——人的生理和心理因素——的考虑，人机工程学和工业设计（产品设计）具有共同的研究内容和设计事项。在产品设计中，应用人机工程学原理和方法展开人机工程设计是工业设计、产品设计展开过程中的重要工作内容。

（二）人机工程学研究的内容及对产品设计的作用

可以概括为以下几个方面：

1. 为产品设计中考虑"人的因素"提供人体尺度参数

由于大多数设计涉及人，必须掌握一些人体三维尺寸。有关人体尺寸的数据是指人体测量的数据，人体测量数据通常被用来确立许多产品尺寸。例如，工作台面的高度，入口的最小尺寸，在控制件之间的间距，拉杆箱把手的尺寸，用户和控制件之间的距离等。通常恰当的数据能满足产品使用人数的 90% ~ 95%，有些例子中必须提供一种办法来调节产品以适应几乎所有用户（例如包带长度）。鞋类功能的物质表现是其结构，在生产鞋的结构过程中，使它具有一定的形状，形状必须适应人脚的解剖生理学构造和环境特征，因此必须研究人脚的生理学构造。

一般产品都是通过使用者的操作和控制来实现其特定功能的。因此产品设计需要紧紧围绕人对产品的使用方式来展开。人能否顺利和舒适地操作和使用产品，很大程度上取决于人的生理能力。人的操作和控制能力是由人的身体尺度基本限定的，人在操作和使用产品时，都要受到自身生理条件的限制。如鞋楦的前掌面是平整光滑且略有凸起的曲面，因为由脚的第一到第五跖趾关节形成的前横弓在受力时会消失，脚底板上的肌肉、脂肪等会受到挤压，当楦底前掌呈现凸起时，使鞋内腔前掌底部会凹进一些，正好容纳脚前掌上的肌肉和脂肪，从而使脚感到舒适。但应当注意到，如果鞋内腔的凹进程度过大，就会造成前横弓下榻，形成反向的弓形结构，其结果会破坏脚的正常生理机能。

人机工程学应用人体测量学、人体力学、劳动生理学、劳动心理学等学科的研究方法，对人体结构特征和机能特征进行研究，提供人体各部分的尺寸、体表面积、密度、重心以及人体各部分在活动时的相互关系和可及范围等人体结构特征参数；还提供人体各部分的出力范围、活动范围、动作速度、动作频率、重心变化以及动作时的习惯等人体机能特征参数；分析人的视觉、听觉以及肤觉等感受器官的机能特性；分析人在各种劳动时的生理变化、能量消耗、疲劳机理以及人对各种劳动负荷的适应能力，探讨人在工作中影响心理状态的因素以及心理因素对工作效率的影响等。

2. 为产品设计中"物"的功能合理性提供科学依据

如搞纯物质功能的创作活动，不考虑人机工程学的原理与方法，那将是创作活动的失败。因此，如何解决"物"与人相关的各种功能的最优化，创造出与人的生理、心理机能相协调的"物"，这将是当今产品设计中在功能问题上的新课题。

通常，在考虑"物"中直接由人使用或操作部件的功能问题时，如信息显示装置、操纵控制装置、工作台和控制室等部件的形状、大小、色彩及其布置方面的设计基准，都是以人体工程学提供的参数和要求为设计依据。

生物力学数据，主要是和人肌肉力量和举重能力有关。这些数据在建立那些需要提和拎的产品的三维尺寸和质量时必须要考虑。

生物力学是运用如杠杆等工具的力学和机械原理，分析身体各部分的结构和运动。设计产品时，必须考虑质量、重心以及抬举或移动身体部位和物体的瞬时惯性等因素。而肌肉作用力是生物力学讨论的另一方面。

身体每一部分都有自己的质量、重心和绕某轴的瞬时惯性。将各部分数值结合起来就能获得整个身体的复合数值。然而重心和惯性的复合数值并不唯一，它们随着身体位置的变化而改变。

为了研究质量、重心和人身体以及身体部位的惯性，生物力学进行了一系列重要的研究。从这些研究中获得的信息已被用来设计更好的产品。

世界上针对消费者使用某个产品是否合适的标准很少，鞋靴就是一个典型的例子。关于鞋子，究竟哪些指标和什么范围的数据对脚是合适的呢？到目前为止，还没有什么标准。Rossi 在 2000 年指出了 36 种影响鞋的合适性的因素，包括物理因素（如尺寸，形状等）和心理因素（吸引力、穿着者的风格、消费者的看法等）。随着消费者对鞋舒适性要求的不断提高，鞋样设计师和鞋生产厂商也力图分析和评估某成品鞋对穿着者的舒适性问题。

由于人脚是一种高度灵活和活动的结构，穿鞋时往往改变了脚的自然形状。人脚的这种灵活性使得它能够放进一些不同大小和形状的鞋子中，而如果鞋对脚不合适的话，这种灵活性也可能会带来一些疾患。

鞋子是以脚的形态进行设计的，根据脚型设计出来的鞋楦使制鞋加工变得简单，鞋楦是脚部形态、功能的一个载体。由于鞋楦的使用，鞋子的定型效果变得更好。通常成人的鞋楦比脚要瘦一些，如果楦的设计使鞋子不能正确地支撑人脚的各个部位，必然影响脚的舒适程度和功能的发挥。

楦后跟底面不应是一个简单的平面，而应是一个略有凸起的曲面，以便和脚后跟底部的凸起相适应，穿鞋时能增加接触面积，分散压力。脚后跟两侧的肌肉，由于压力的作用会向外涨出。

楦底心应当有适当的凹度，以便内底托住脚心，增加受力面积，使走路平稳，脚感舒适。如果脚心部位在鞋腔里得不到支撑，尤其是在穿高跟鞋时，重力只分担在前掌和后跟两处，人会觉得脚很疲劳，很不舒服。

穿鞋和赤脚最主要的差别有两个：一是鞋腔对脚的包裹，二是鞋跟部力学性能的改变。之所以引起腿部力学状态的改变，是由于在鞋腔内的脚偏离了脚的原始状态，从而引起脚跟部形状和受力部位改变。

3. 为产品设计中考虑"环境因素"提供设计准则

通过研究人体对环境中各种物理、化学因素的反应和适应能力，分析声、光、热、振动、粉尘和有毒气体等环境因素对人体的生理、心理以及工作效率的影响程度，确定人在生产和生活活动中所处的各种环境的舒适范围和安全限度，从保证人体的健康、安全、舒适和高效出发，为产品设计中考虑"环境因素"提供分析评价方法和设计准则。

鞋类的高质量是指鞋的内部形状适应人脚的解剖生理学构造，外部形状必须保证人体稳定，具备一定的结构特征和美学艺术特征。在劳保鞋和运动鞋的设计中，特别强调其保护功能，而保护功能与环境条件密切相关，不同类型的运动鞋和劳保鞋所处的使用环境各不相同，有了人机工学的研究，如何考虑环境因素的影响便容易了。

4. 为进行人－机－环境系统设计提供理论依据

人机工程学的显著特点是，在研究人、机、环境三个要素本身特性的基础上，不单纯着眼于个别要素的优良与否，而是将使用"物"的人和所设计的"物"以及人与"物"所共处的环境作为一个系统来研究，在人机工程学中将这个系统称为"人－机－环境"系统。在这个系统中，人、机、环境三个要素之间相互作用、相互依存的关系决定着系统总体的性能。本学科的人机系统设计理论，就是科学地利用三个要素之间的有机联系来寻求系统的最佳参数。如皮鞋设计不能单纯是技术、结构上的变化，也不能单纯追求款式上的更新，它应该是技术与艺术的结合，只有将这两个方面融会贯通，才能设计出成功的鞋产品。

系统设计的一般方法，通常是在明确系统总体要求的前提下，着重分析和研究人、机、环境三个要素对系统总体性能的影响，应具备的各自功能及其相互关系，如系统中机和人的职能如何分工、如何配合；环境如何适应人；机对环境又有何影响等问题，经过不断修正和完善三要素的结构方式，最终确保系统最优组合方案的实现。人机工程学为产品设计开拓了新的设计思路，并提供了独特的设计方法和有关理论依据。

虽然运动鞋的生物力学性能常按耐穿性、安全保护性、舒适性以及运动专项性等几方面进行评价，但对于一位马拉松运动员，降低能耗要求特别高，如穿跑鞋要比光脚跑慢$6 \sim 7$ min，同样，穿不同跑鞋运动消耗体能也是不同的。在这种情况下，能耗作为首要考虑的因素，当马拉松运动员的比赛鞋能穿两次参加比赛时，会被认为鞋还可以做得更轻，由此可见，马拉松运动员的比赛用鞋对耐穿性的要求发生了根本变化，鞋的重量成为最重要的影响因素。

5. 为坚持以"人"为核心的设计思想提供工作程序

一项优良设计必然是人、环境、技术、经济、文化等因素巧妙平衡的产物。为此，要求设计师有能力在各种制约因素中，找到一个最佳平衡点。从人机工程学和工业设计两学科的共同目标来评价，判断最佳平衡点的标准，就是在设计中坚持以"人"为核心的主导思想。

以"人"为核心的主导思想具体表现在各项设计均应以人为主线，将人机工程学理论贯穿于设计的全过程。人机工程学研究指出，在产品设计全过程的各个阶段，都必须进行人机工程学设计，以保证产品使用功能得以充分发挥。

社会发展、技术进步、产品更新、生活节奏紧张……这一切必然导致"物"的质量观的变化，人们将会更加注重"方便""舒适""可靠""价值""安全"和"效率"等指标方面的评价。人机工程学等新兴边缘学科的迅速发展和广泛应用，也必然会将产品设计的水准推到人们所追求的崭新的高度。

脚被称为人的"第二心脏"，其上汇集着多条经脉和穴位，有着与内脏器官连接的神经反应点。如穿不合脚的高跟鞋，或鞋底、鞋帮较硬的鞋子，时间长了引起脚的疼痛和不适便通过神经传导，会使人焦躁不安，甚至悲伤、抑郁，从而导致食欲下降。不合脚的鞋容易让脚趾挤压，脚的血液循环不畅，严重时会反射性地导致脑部摄食中枢的下丘脑外侧区供血不足，从而引起厌食。

从以"人"为核心的主导思想来看，只有符合人的脚型规律和生理功能的鞋类产品在实际穿用过程中才有充分的实用功能。为此，在评价鞋的性能时，常考虑足底压强，因为足底最大压强可反映鞋内底设计的舒适性，足底最大压强与体重之比则可消除人体体重不同带来的差异。

人机工程学作为工程应用学科，基本研究对象是人的工作，常常是针对具体的现实问题。其中许多原理认识之后常常显得非常浅显，而认识之前又常常难以发现或被忽视。

人机工程学作为应用性学科，与人的工作生活息息相关，设计生产出更加人性化、高效能的设备、工具和日常生活用品是我们努力的目标。

将人机工程学应用于革制品设计便衍生出革制品人机工学这门学科，与人机工程学相比，在研究对象上有所不同。

（三）产品的市场调研

市场调研的主要目的是确认新产品发展机会和已存在产品的改进措施。它从本质上设法找出人们将来要什么和买什么。市场调研的方式包括电话查询、问卷调查、访问、小组讨论、概念检验和各领域评测。

市场调研中常采取问卷调查的方法，问卷调查可以完成多种不同的任务。问卷获取的信息可以改变设计人员以往经验上的错误偏见，问卷获得的信息还经常用以评价用户对产品是否欢迎的情况。

问卷的问题可以是开放式的，也可以是封闭式的。开放式的问卷不设计答案，让调查对象自由回答。一般来讲，问卷答案的分析处理比较困难，并且有很多人干脆对问题不做回答。封闭式的问卷事先组织好答案选项，调查对象只需要根据选项按序选择即可。封闭式问卷通常采用多选题的形式。

E. Hannig 做了一份针对 260 名运动员的问卷调查。内容为：下面关于足球鞋的 11 个特性，哪些对你最重要？请标出你认为最重要的 5 项鞋的特征。

  A. 鞋的灵活性。

  B. 踢球时的力量。

  C. 传球、射门时的精确性。

  D. 舒适度。

  E. 帮助球产生旋转。

  F. 脚对球的感觉。

  G. 带球能力。

  H. 鞋对稳定性的帮助。

  I. 轻鞋的质量。

  J. 鞋的寿命。

  K. 对踝关节扭伤的保护。

此问卷调查的结果如图 0-1 所示。

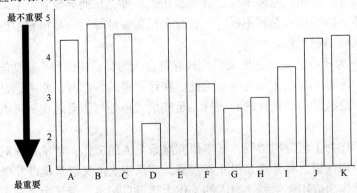

图 0-1　理想足球鞋的特性调查统计图

在产品的市场调查中，用户概况非常重要，他是一个产品目标用户特征的概况。E. Hannig 所做的有关足球鞋的调查对象是专业的足球运动员。产品市场调查的用户概况必须包含以下信息：

①年龄/性别/国籍。

②教育状况。

③对同类产品的使用经历。

④母语。

⑤母语阅读水平。

⑥外语阅读水平。

⑦身体缺陷。

⑧职业。

⑨特殊技能。

⑩行为动机水平。

市场调研提供的每一个特征的信息必须指出用户的变化性。对有些项目（如阅读水平）来说，任何一项指标应能让最低层的用户读懂。用户概况的信息将在确定设计局限性时发挥作用。表 0-1 给出了电吹风（美国）的用户概况实例。

表 0-1	电吹风的目标用户概况
年龄/岁	8 ~ 99
性别	男、女
国籍	所有
最低学历	假定无学历
对同类产品的使用经历	假定无
阅读水平/母语	假定无
身体缺陷	近视用户不能戴眼镜；除少数残疾人，大多可使用
职业	所有
特殊技能	无
行为动机水平	从低到高

市场调研后需进行一些重新设计，重新设计应该注重于那些具有重要性高、使用者满意度低的特征。

在确立设计目标的过程中，必须明确每个目标的相对重要性。这些信息成为确定最终设计方案的考虑依据。某些产品的市场需求是被技术的发展驱动的。

五、革制品人机工学的任务与研究范围

（一）革制品人机工学的任务

人机工程学这门理论与实践相结合的学科主要是研究与人的各种特点和需求相适应、

与人的生理心理结构相适应、与人的生理运动和心理运动的内在逻辑相适应，从而在人机环境系统中取得动态平衡和协调一致、而且使人获得生理上的舒服感和心理上的愉悦感，以最少、最小、最低的代价赢得最多、最大、最高的工作效率和经济效益。

革制品人机工学是从人机工程学中把革制品人机工学分解出来，并作为革制品设计的一个重要分支学科而自成体系，这是现代科学技术发展的必然趋势，是文明生产、生活、生存的象征。

革制品人机工学可以定义为：是从舒适、卫生、美观的角度为着眼点，运用人机工程学的原理和方法去解决人机结合面的舒适问题的一门新兴学科，涉及鞋类材料学等多门学科，它作为人机工程学的一个应用学科的分支，以舒适、卫生、美观为目标，以工效为条件，成为革制品设计的一个重要分支学科。

革制品人机工学的主要任务是建立合理而可行的人机系统，更有效地发挥人的主体作用，并为用户创造舒适的环境。研究目的是使革制品在设计制造上能适应人的感官和肢体动作能力，以便能方便、舒适地使用产品。舒适性是对整个人机系统的总体评价，以舒适性表达产品设计的宜人性。

人的活动效率和舒适卫生是同一事物运动变化过程中两个不同侧面的要求。人们的共同心愿是既要求活动时有收获，而且力求耗费最少的能量，获取最大的成果，同时又要求在安全、舒适、健康（包括躯体与精神两个方面的内容及其综合）、愉快的环境下进行生产或活动。

具体地说，革制品人机工学的任务是为设计者提供人体合理的理论参数，从适合人体的各种要求的角度出发，对革制品创造（设计与制造）提出要求，以数量化情报形式来为创造者服务，使设计尽可能最大限度地适合人体的需要，达到舒适卫生的最佳状态。

关心产品为人类服务的质量，这是研究者、生产者、消费者的共同愿望。所以，革制品人机工学研究的出发点为以人为本。诸如：

①人体作业的舒适范围（最佳状态）。

②人体作业的允许范围（保证工作效率）。

③革制品如何适应人的各种使用要求等。

（二） 革制品人机工学的研究范围

随着我国科技和经济的发展，人们对工作条件、生活品质的要求也逐步提高，对产品的人机工程特性也日益重视，一些品牌领域已经把"以人为本""人体工程""人性化"的设计作为产品的亮点。

人是产品最终的服务对象，是产品设计的中心。因此在产品设计中，人在使用产品过程中的行为方式、心理反映、比例尺度和人所依据的生活与文化背景，以及人与环境之间的关系等，就成为开发新产品的依据。因此在产品设计过程中，人与产品的关系，人机界面的关系都是非常重要的，他们往往决定了产品设计的成败。

革制品人机工学的基础研究方法与人机工程学的研究方法基本相同，只是研究问题的角度和着眼点不同。革制品人机工学是从革制品适合人的角度和着眼点侧重于研究人和革制品的结合面。

革制品人机工学的研究范围和内容，主要有下列几个方面：

1. 研究人机系统中人的各种特性

人机系统中人的特性是指人的生理特性和心理的综合反应。

生理特性有：人体的形态机能，静态及动态人体尺度，人体生物力学参数，人的操作可靠性的生理因素等。设计时考虑到人体尺寸及使用时的方便、舒适、美观和配套规格，分析影响舒适性的各种因素。

心理特性有：人的心理过程与个性心理特征，人在使用革制品时的心理状态。心理学研究表明，人的思维、感情、审美需求总是随着人的实践活动而发展，因而，人的物质生活水平越提高，精神文化需求便同涨。

这些特性是革制品人机工学的基础理论部分，是解决革制品设计技术问题的主要依据。

2. 各种人机界面的研究

人机界面就是人机在信息交换或功能上接触或互相影响的领域。人机界面是人机系统中人与机之间传递和交换信息的媒介。这里的"机"并非就是机器，而是人的操作使用对象。

对生活和生产领域中数量最多的工具类人机界面，主要研究其适用性和舒适性，即如何使其与人体的形态功能、尺寸范围、手感和体感等相匹配。如在箱包的设计中，提手或拉杆就成为了人机界面。在鞋的设计中应综合考虑鞋用材料的卫生性能，考虑特殊职业环境与鞋的关系等，使鞋有益健康。

3. 作业方法与作业负荷研究

作业方法与作业负荷研究包括作业的姿势、体位、用力、合理的工作器具等的研究，目的是消除不必要的劳动消耗。

如通过对不同运动时步态的分析和鞋类生物力学性能对能耗的影响等，确定鞋类的保护性能，指导鞋类的设计。

复习思考题

1. 人机工程学的研究内容对产品设计有哪些作用？
2. 阐述人机工程学与革制品人机工学的联系与区别。
3. 何为革制品人机工学？其任务与研究范围是什么？
4. 你认为革制品人机工程学在我国的应用前景如何？

第一章　人体测量的基础知识——脚的结构形态

鞋作为商品首先必须具备使用功能，然后才是满足人们的审美需求。制鞋工程师研究鞋首先要从人脚的形态结构开始，了解人脚的规律和需求，从而设计出鞋的基本模型——鞋楦，只有制作出满足人脚基本规律和使用规律的鞋楦才是我们的目的。鞋只有穿在人脚上，才能知道是否舒适，但制鞋企业又不可能去满足每一个人脚的需求，因为企业需要的是大规模生产，所以摆在我们面前的任务就有两个：①满足大多数人的需求，为了达到这一目的，我们就必须掌握人们脚型的规律；②满足个体人脚的需求，仔细了解个体脚型及使用习惯的资料，以便我们设计出满足个体需求的鞋楦。不管怎样，首先，我们必须掌握人脚型的规律，掌握人脚的形态结构的数学模型规律，研究出人脚舒适的各种影响因素和人们的使用功能，从而满足人脚的各种使用需求；其次，是满足美观需要，更好地设计出适应各国人民穿着需要的靴鞋来。

第一节　脚的生理结构及外观构型

人全身共有 206 块骨骼，小腿至脚部的骨骼共有 56 块，占全身骨骼的 27.18%。脚部骨骼的框架承担起了支撑整个身体体重的功能。脚的外形如图 1－1 所示。

一、人体下肢的骨骼结构

下肢骨骼包括髋骨、股骨、髌骨、胫骨、腓骨及足骨，与制鞋有关的是胫骨、腓骨和足骨（图 1－2、图 1－3）。

1. 胫骨

胫骨位于小腿内侧，上端粗大，向内侧和外侧突出的部分称内髁和外侧髁。两髁的上面各有一关节面与股骨相接。胫骨体的前缘锐利，直接位于皮下。胫侧骨下端内侧向下的称内踝。

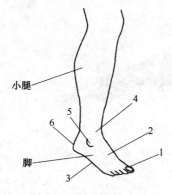

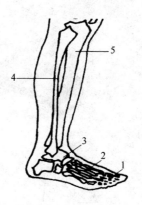

图1-1　脚的外形

图1-2　下肢骨

1—脚趾　2—脚背　3—脚心　　　　1—趾骨　2—跖骨　3—跗骨

4—脚腕　5—踝骨　6—脚跟　　　　　　4—腓骨　5—胫骨

2. 腓骨

腓骨位于小腿外侧，比胫骨细，易断。上端膨大部称腓骨小头。设计马靴的高度要低于腓骨小头10mm。因此设计低腰鞋时后帮高度控制点应注意低于外踝骨中心点10mm，否则设计出来的鞋会卡脚。肌肉组织、腱和韧带附着在骨骼上来协助其运动。

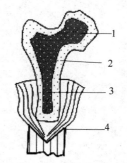

图1-3　骨的构造

1—骨松质　2—骨密质

3—骨髓腔及骨髓　4—骨膜

3. 人体的足骨骼

每只脚部共有26块骨骼，它们可以分为3个主要部分：脚后部骨骼、脚中部骨骼和脚前部骨骼（图1-4）。

在体表能看到或摸到的肌肉和骨的突起、凹陷，分别称为肌性标志或骨性标志，制鞋技术人员利用这些标志，作为脚型测量的位置，分别如下：

（1）跟骨　位于脚后跟，承担着人体很大部分的体重。

（2）距骨　在跟骨之上，其上面呈弧形面，卡在内外跟骨之间与胫腓骨构成活动幅度较大的关节。其前端与舟骨相连接。

（3）舟状骨　是一长条骨，其形状如船。其后端与距骨的前端相接，其前端自骨至外侧与第一、第二、第三楔骨相连，其外端与骰骨相连。

（4）骰骨　其状如骰，近似六面立方体。其后面接连跟骨，其前端与第四、第五跖骨相连，其内侧后端接舟状骨的外侧，其内侧前端接连第三楔骨的外侧。

（5）第一楔骨　从脚的内侧向外数第一块为第一楔骨，此骨在3块楔骨中最大，其底面大于顶面。其后端接舟状骨，外侧接第二楔骨，前端接第一跖骨。第一楔骨的内侧构成脚的内侧缘，即鞋的里窝部位。

（6）第二楔骨　此骨底面小顶面大，在第一与第三楔骨之间，后接舟状骨前面，前接第二跖骨。

（7）第三楔骨　此骨也是底面小顶面大，其外侧接骰骨，后面接舟状骨。

（8）第一跖骨　从脚的内侧数第一块为第一跖骨，在跖骨中斜度最大，长而粗。其后接第一楔骨，前接第一趾骨。

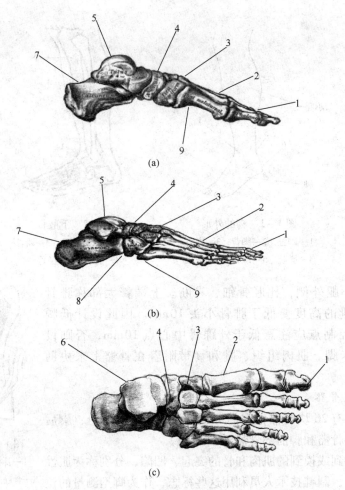

图 1-4　脚的骨骼结构

（a）内侧　　（b）外侧　　（c）顶面

1—趾骨　2—跖骨　3—楔骨　4—舟状骨　5—距骨　6—胫骨　7—跟骨

8—骰骨　9—第五跖骨粗隆

（9）第二跖骨　此骨在趾骨中最长，其斜度次于第一趾骨。其后接第二楔骨，前接第二趾骨。

（10）第三跖骨　此骨的长度和斜度次于第二跖骨。其后接第三楔骨，前接第三趾骨。

（11）第四跖骨　此骨的长度和斜度又次于第三跖骨。后接骰骨，前接第四趾骨。

（12）第五跖骨　此骨在跖骨中最短，斜度次于第四跖骨，近乎水平。后接骰骨，前接第五趾骨。

（13）趾骨　每只脚共 14 块趾骨，从内侧向外侧数第一至第五趾骨。除拇趾为两节外，其余均为三节，即从后向前数第一节至第三节。

二、　脚骨的化学成分和物理特性

成年人的骨由 1/3 的有机质（骨胶，主要是蛋白质等）和 2/3 的无机质（主要是磷酸钙等）组成。有机质和无机质的结合，使骨既坚硬而又有一定弹性。

骨的理化性质，随年龄不同而变化。小儿的骨无机质含量较少，有机质较多，因此弹性大而硬度小，容易发生变形；老年人的骨则相反，含有机质较少而无机质较多，较易发生骨折。

骨的可塑性，在人体内骨和其器官一样，经常不断地进行新陈代谢。当体内环境和体外环境发生变化时，骨在形态、结构上也可发生改变，这叫骨的可塑性。例如，骨折以后，骨质能够愈合和再生；体力劳动和锻炼，能使骨变得粗壮，长期卧床的患者，骨质变得疏松。

三、　脚骨关节的连接

脚骨之间是以关节形式连接的。它们之间连接紧密，活动性小，稳固性大，与足支持体重的机能相适应。

（1）趾间关节　趾骨之间的关节，同样具有链状结构，能够允许趾骨上下移动，从而在行走的过程中抓紧地面（图1-5）。

（2）跖趾关节　在跖骨与趾之间起连接作用的关节，是脚活动弯曲量较大的关节，是制鞋设计过程中非常重要的关节。

（3）踝关节　又称小腿关节，胫骨和腓骨的下末端的连接，是由胫、腓两骨的下端与距骨构成。关节囊前后松弛，骨外两侧都有韧带加强。踝关节能做背屈和趾屈连接运动。其结构同膝关节相似，链状的结构能够使脚部实现背屈和跖屈。踝关节是保持身体中心的重要的组织。

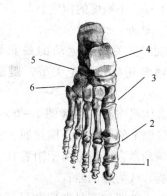

图1-5　骨的关节连接
1—趾关节　2—跖趾骨　3—跗跖关节
4—踝关节　5—距跟关节　6—跟骰关节

（4）髋关节　是下肢中唯一能够在任何一个方向上移动的关节。盆骨将下肢部分所受到的力传给身体的上部。在大腿骨的末端如球状和窝组成一个运动的关节。这种功能使得大腿骨能够向里、外、前和后运动。髋关节能够让膝关节、踝关节和脚部关节保持直立向前的状态。

（5）膝关节　大腿骨的下末端连接着膝关节的上部，胫骨和腓骨的上端连接着膝关节的下部。膝关节的链状结构能够实现最大程度的屈伸，一些小角度的内外侧转动也是可能实现的。膝关节是人体中最大的关节组织，比起其他关节组织来说，膝关节也是最容易受到损伤的组织。

（6）距下关节和跖趾关节　这两个关节都在踝关节以下，在辅助足部的背屈和跖屈的同时，在足内旋和外旋中起到了很重要的作用。足内旋和外旋需要足各功能的协调性和有效性。这两个动作帮助足部吸收来自后跟的冲击力和帮助足部形态由接触时的冲击状态转变成为一个安全的平稳状态。

（7）跟骰关节　跟骨与骰骨构成的连接。

（8）距跟舟关节　距骨、跟骨与舟状骨构成的距跟舟关节合称跗横关节。

这些关节有使足内翻（足的内侧缘向上，足心向内）、外翻（足的外侧缘向上，足心向外）的作用，它包括关节一系列的复杂的协调作用。它由三个动作组成：翻转、外展和背屈。与足内翻相反的是足外翻，它由内翻、外展和跖屈组成。

四、下肢的生理机能结构特点

1. 软骨

软骨是一种缔结体组织，其有三种类型：弹性软骨、透明软骨和纤维软骨。软骨存在于人体的关节末端、肋骨、外耳和鼻子。下肢关节中，软骨覆盖在骨骼的末端，同时也是提供一个骨骼之间的移动平面。软骨能够吸收行走中的骨之间的冲击力。

2. 韧带

韧带是一种带状或片状的坚韧的含纤维组织，主要作用是关节处连接骨骼或软骨，或支持、固定某一器官，防止其错位和脱离。关节韧带中包含着关节部分，能够在关节的移动之中提供小幅度的错位。

3. 肌肉

肌肉是关系到运动的最重要的人体组织。他们从一根骨头移动到另外一根骨头，通常还横跨几个关节。腱是一种位于肌肉纤维末端和负责肌肉与骨骼连接的纤维束。

人体肌肉有三种（图1-6）：心肌、平滑肌和横纹肌。骨骼上的肌肉都是横纹肌，也称骨膈肌。脚部骨骼本是被动器官，正是由于附着在骨骼上的横纹肌等的作用，脚才成为运动器官。

脚上的肌肉有足背肌和足底肌两部分，可使脚趾活动，当足背肌收缩时，脚趾伸展；当足底肌收缩时，脚趾弯曲。脚的大部分运动与小腿上的肌肉是分不开的。

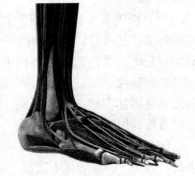

图1-6 脚的肌肉和神经[14]

4. 神经

神经刺激着肌肉主动式、被动式或是反射式的收缩。当肌肉收缩，纤维组织长度缩短。这就产生了肌肉和腱单元之间的张力。其收缩的结果是肌肉子骨与骨之间的运动。每一组肌群都有补偿或者是限制的肌细胞称为对抗肌，它的存在阻止了肌肉的过激运动。

5. 血液循环

血液循环系统滋养着身体中全部的组织，同时能够带走身体所产生的废弃物和提供自我修补的材料。

6. 皮肤

皮肤是人体表面一层保护性的组织。在移动过程中，其随着其他组织的移动而移动。皮肤中包含神经末梢、血管末梢、汗腺和毛孔。

7. 汗腺

脚部表皮中汗腺的数量大大多于身体其他部分皮肤中汗腺的数量。

五、 脚部的运动机能特点

1. 按脚印的特征区分脚型

像人的手指印一样，人们的脚印也各不相同。有两种方法来区分，分别是通过足弓和种族来区分。

足的跗骨和跖骨依靠韧带和肌腱牵拉，形成一个凸向上的弓形，称为足弓。足弓是人体直立、行走及负重的弹性装置，缓冲地面对身体的反冲击力，可保护足底血管、神经免受外来伤害。

（1）根据足弓的形态　尽管每种足弓在不同种族之间的分布不同，但是每一种种族都具有以下三种足弓，如图 1−7 所示。

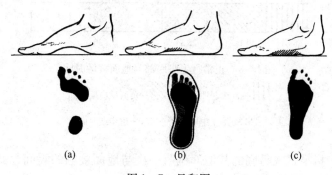

图 1−7　足印图

（a）高足弓　（b）正常足弓　（c）平足弓

①高足弓：顾名思义，这种足型具有较高的足弓，因此脚的前掌和后跟部位承担着人体行走过程中绝大部分的压力和体重。这种足弓多发生在运动员身上，也和遗传有关。

②正常足弓：这种足型能够均匀地分配人体在行走过程中的重量和压力，正常足弓能够将这些重量和压力均匀地分配到前掌、脚侧部和脚后跟。

③平足弓：已经塌陷的或较低的足弓将体重分配到整个脚的区域，特别是增大了脚侧部承担重量的责任。长途行走时，可因神经等受压而产生麻木和疼痛。

（2）根据种族的不同　由于在生理上存在种族之间的差别，同时遗传和民族穿着习惯对脚型有影响，我们将根据不同种族来区分脚型。

①黑人脚型：这种典型的脚型是前掌部分较宽，后跟部分较窄。脚趾头向外张开，同时影响着其在松软的土地上行走的方式。美国的一份研究表明，黑人在足跟部有较厚的软组织，其厚度达到 2.3cm，而一般的厚度则为 1.78cm。

②东方人脚型：典型的东方人的脚型是具有窄的前掌和稍宽的后跟。第一和第二趾头向前伸直，同时占有了很大一部分的空间，这种脚型可能是与东方人所穿的条状的鞋有关。

③白种人脚型：脚型的不同是因为受到流行趋势和不同气候区域的影响。在温暖地区，像澳大利亚和美国南部，男性的脚倾向于拥有较大和较宽、直的脚趾。

2. 男女性别上脚型的差异

女性的生物力学结构和男性有着诸多的不同，这些不同同时导致了女性在脚部功能与男性的不同。稍宽的髋骨使大腿骨与膝关节的连接产生了较男性而言稍大的角度，这个角度为15°。同时也由于这个过大的角度造成了女性膝关节受伤的几率增大。这种结构导致女性生物力学性能稍稍逊色，肌肉的支撑面积减少，但韧带、腱和软骨的位置更加精确。这种柔软性造成了女性能够用很少的能量来完成更多的运动。同时由于女性拥有着较为短小的脚，所以导致其脚部运动的速度更快，所以导致其后跟受到的冲击力也更大。

3. 不同运动状态下脚部的运动特点

（1）正常行走　正常行走过程中，按脚与地面接触为开始和以脚离开地面为结束，我们将这个过程分为以下几个阶段：脚后跟开始接触地面阶段（ICP）、脚前掌接触地面阶段（FFCP）、脚与地面全部接触阶段（FFP）和脚与地面离开阶段（FFPOP）。

正常行走这四个部分时间的分配如图1-8所示。

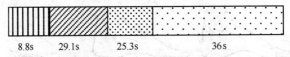

图1-8　正常行走脚底部与地面接触时间

‖‖‖—首次着地时间　　▨—负荷反应期时间

⦂⦂⦂—站立中期时间　　⸰⸱⸰—迈步期时间

①首次着地：指足跟或足底的其他部位第一次与地面接触的瞬间，此时骨盆旋前5°，髋关节屈曲30°，膝和踝关节中立位。

②负荷反应期（承重期）——双支撑期：指足跟着地后至足底与地面全面接触的一段时间，即一侧足跟着地后至对侧足趾离地。此时，膝关节屈曲达到站立时的最大值。

③站立期：指从对侧下肢离地至躯干位于支撑腿正上方时。

④迈步期（双支撑期）：指从对侧下肢足跟着地到支撑腿足趾离地之前的一段时间。

（2）慢跑　慢跑的过程中，整个脚部的运动和正常行走中的脚部运动形态一致，但是其运动的频率要稍高，其整个运动周期缩短。

慢跑和正常行走的主要区别是慢跑中后跟离地的时间早于行走，这就是说明，慢跑中体重从后跟向前掌传递的时间更快。从图1-9中可以看出，慢跑和行走有着相类似的"首次着地期"和"站立期"，这就意味着"负荷反应期"的时间要更短，跖趾关节接触地面的时间要更快。

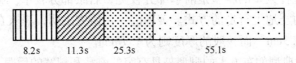

图1-9　慢跑时的脚底部与地面接触时间

较早的压力从后部向前部转移，同时由于速度的增加导致慢跑中足部承受的压力要明显大于正常行走中足部所承受的压力。

4. 不同运动状态下的脚底压力中心的轨迹运行特点

（1）正常行走　正常行走时的压力中心线与行走方向成一定的角度，如图1-10所示。

（2）慢跑 慢跑时的压力中心线与正常行走相比表现为向踵心外侧偏移，角较大，如图1－11所示。

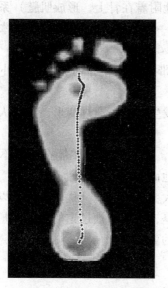

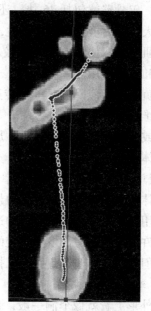

图1－10 正常行走足底压力　　　　　图1－11 慢跑足底压力中心

六、 足弓的功能表现和特点

1. 足弓的类型

足弓分为纵足弓和横足弓。纵足弓又同时存在外侧纵足弓和内侧纵足弓，如图1－12所示。

（1）纵足弓 脚的纵向一端着地者为跟骨，另一端着地者为跖骨前梢，中间不着地，由此所构成的弓为纵足弓。外纵弓由跟骨、骰骨和第四、第五块跖骨构成。

（2）横足弓 脚的横向由第一至第五趾关节、第一至第三楔骨至骰骨排列成弓形，称为横足弓。由前横弓和后横弓组成。前横弓由5个跖趾的关节构成；后横弓由3块楔骨和1块骰骨构成。

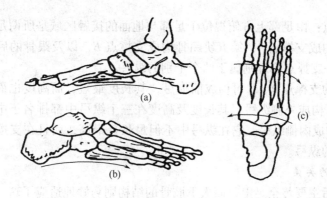

图1－12 足弓

（a）内纵弓　 （b）外纵弓　 （c）前、后横弓

2. 足弓的生理特点

足弓部位聚集足部所有单元的结构，包含了关节、韧带以及肌肉。脚实际上是一个非常复杂的结构，仅骨骼就包括26块，还有错综复杂的韧带、足底腱膜、肌肉肌腱（肌肉在两端密度增大，强度极高，没有弹性，牢牢地附着在骨上，形成肌腱）系统。由于构成脚的骨骼多而肌肉少，使脚的形态比较稳定。一般认为脚的功能为：支撑承重、吸收震荡、传递运动和杠杆作用。

正常足弓负重后相应降低，重力传达到韧带达适度紧张时，脚部内外肌就开始起作用，协助韧带维持足弓。

当人跑步或处于承受重压状态时，足弓会发生变形，通过变形，减缓人体对地面的冲击力，保护人体组织不受伤害。

幸亏足弓具有可以改变弹性及曲率的特性，我们的脚部才能在凹凸不平的地面上行走，并且把身体的体重以及移动时的力量传到地面上去。

足弓的作用在于：以个体功能结构适应最大变异的环境，犹如一具可以适应不同步速下的吸震器。许多导致足弓部发生病变的因素是，足弓部被过重的身体质量所压迫，其曲率已被压平，但是仍需跑步、走路、维持伸展的姿势。

3. 足弓的三角形力学架构

足弓部从外形上看就像个洞一般，也可以比喻为由三块弧弓所架起来的拱状物，如图1-13所示，它由与相接触的三个支撑点 A、B、C 来加以支撑，而 A、B、C 三点就犹如是三角形的三个顶点，在两支撑点间构成了足弓的三个支撑边 AB、BC 及 CA，这三个支撑边其实也就是足弓的三个弓。弓的力量主要集中（图1-14）在中心基点（箭号处）上，而且经由拱架分布到 A、B 两个支撑点上（A、B 就如同弧弓两个支撑点）。

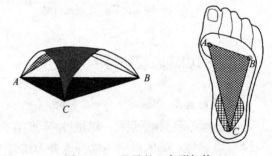

图1-13　足弓的三角形架构

足弓由内侧来看，虽然含有如上述的三个纵弓及支撑点，但其实它们彼此并不构成一等边三角形。

足弓的支撑点：由足部上方俯视位于足部与地面的接触区域是所谓足印，他们分别由第一块跖骨骨首构成支撑点 A，第五块跖骨构成支撑点 B，以及跟骨的后内和外侧结节构成支撑点 C，每一支撑点都分别属于两个个别的纵弓。

由两个前侧的支撑点 A、B 可构成前横弓，其长度最短，而高度也最低；而在两外侧支撑点 B、C 间可构成外侧纵弓，其长度及高度在三个纵弓中都排名于中间，而在内侧支撑点 C、A 则可构成内侧纵弓，它在纵弓中不但最长且最高，而且在支撑身体体重以及移动时也是最重要的纵弓。

4. 足弓与鞋的关系

人体重力最后主要传至足上，而人下肢骨的结构则巧妙地适应了这一特点，足弓像三脚架一样支撑着整个身体，把踝部传来的重力传到三个着力点上，非常合理。

（1）足弓的运动机理　脚依靠脚弓结构及附着的韧带、肌肉而产生弹性。人在站立、行走时，由胫骨、腓骨传递来的人体质量，传递至跟骨和距骨，此时，内外纵弓和后横弓始终保持弓状结构，起着弹簧的作用。运动时，可使由于体重而施于地面的冲力之反冲力得以缓减；而在站立时，前横弓仍保持弓状；行走时，人体重心前移至距趾关节部位的瞬间，前横弓的弓状消失，当人体重心继续向前移动时，前横弓又开始恢复其弓状。当脚离开地面时，弓状全部恢复。

（2）足弓与鞋及鞋楦的设计　脚内有丰富的血管，在设计时，鞋腔不要过于狭窄，否则血管就会受挤压，血液流动就会受阻，会引起疼痛和麻木，冬季容易引起冻伤（特别是脚趾）。所以在鞋楦设计时，不能片面考虑造型和流行需要，应该使楦型符合脚型特点和规律。但可以利用足弓的可调节性来协调鞋楦的基本宽度，以满足各种因

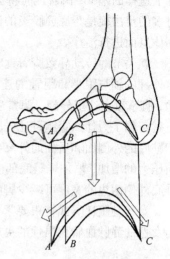

图1-14　足弓的一般架构

造型时的宽度需求（图1-15）。如高跟状态下，鞋楦的基本宽度可以适当的收缩减小，以满足美观的需要。从美观的角度来说，跟越低基本宽度越大，见表1-1。

表1-1　跟高与楦基本宽度的关系（鞋号：230）

单位：mm

跟高	楦基本宽度
15~35	78
45~60	76
70~90	75

在设计鞋楦底部凸度（即着地点）时，应注意不宜超过5mm（图1-16），因为足弓的缓冲作用有一定的范围，超出范围，脚会消耗很大的能量才能正常行走，这样会使人感觉很累。

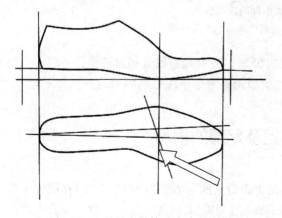

图1-15　足弓在鞋楦凸度中的应用

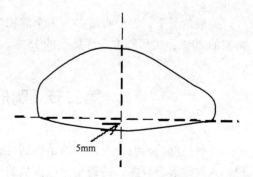

5mm

图1-16　鞋楦在着地点的横截面图

穿上鞋后，足弓的活动范围受鞋设计的影响很大。为了快速蹬离地面，可以把跑鞋的前端做得有弹性一点，鞋尖部分较高且呈半球面形。

鞋的弹性是通过在鞋底做一些凹槽和鞋底中间沿脚的中轴方向做一个凹槽来获得的。

穿上这样的跑鞋,脚着地时将会引起足弓轻微的背屈,同时可以使后蹬阶段足弓背屈减小。过多的足内旋是足底筋膜炎的诱因,通过使用纵长形足弓垫或支撑物使得足弓不负重或得到休息而进行治疗。

髋关节的转动导致脚着地时脚后跟向内、向上翻,使得脚和鞋的外侧先着地。如果脚掌外翻的轴与跟骨和距骨的连线一致,以脚跟和地面最初接触的那一点形成一个旋转运动,脚掌就在这里外翻。脚掌后部鞋底加厚,作用于脚的翻转轴的力臂就会随着增大,这也就解释了为什么穿跑鞋比光脚更容易使脚掌迅速下降。利用这个原理,在设计跑鞋时可把鞋底的外侧面和后面向外突出一些。当前脚掌着地逐渐转向脚跟着地时,随着脚跟对地面压力的增加,增加鞋跟底部内侧的宽度,同样在脚掌下落时抑制外翻。研究证明,增加鞋底外侧两边的宽度可减少脚的外翻。

女式鞋跟比男式鞋跟要紧窄一些,脚趾处稍长,鞋面高度也会稍高于同码的男款,因为女性的静脉血管比男性的更靠近皮肤,所以鞋带的处理也要松一些。

七、 脚的外观构型

脚的外观物理构型会直接影响到我们对脚型的测量,一般将脚型分为三种,如图1-17所示。

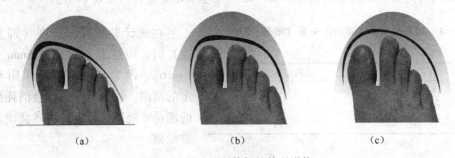

(a)　　　　　　　(b)　　　　　　　(c)

图1-17　足型前部的外观形状

(a)斜形脚(埃及脚)　(b)方形脚型　(c)尖形脚(希腊脚)

一般情况下,斜形脚最多,占全部脚型的65%;方形脚型数量相对较少,一般占全部脚型的20%;尖形脚占全部脚型的15%。在脚型调查中尽量注意到脚型的分布和变化。

第二节　畸形足及足部的损伤

了解足部的构型特点,目的是找到可满足大多数人脚穿着的鞋的规律。但在研究中发现,人脚的形态较多,特别是一些少数的畸形脚与大多数人脚的规律不一样。少数人脚的疾病和特殊脚型会影响到规律调查工作,从而使结论发生偏差,以至于最后的数据不能正常使用。因此在正常人的脚型调查中要将其去掉。但最近几年很多人和机构也在专门研究特殊的脚型从而满足他们的需要。

一、足部的损伤

1. 脚趾头的损伤

尽管脚趾头是脚部和小腿骨骼之中最小的骨骼之一，同时也是最易忽略的部位之一，但是他们却是最易受伤的部位。趾甲的问题，例如生甲质和灰趾甲是最为常见的。这些趾甲的问题经常会造成由于脚趾头与鞋子包头部位的摩擦所带来的损伤。这些损伤往往带来趾甲的变形和趾甲的损伤。

鸡眼是在脚趾头关节上面形成的硬的部分，是由于脚趾关节与包头内部的顶端的摩擦造成的。如果脚趾是弯曲的，那么像在一个锤状趾里面，关节就会变得更加突出，鸡眼就更容易形成。外科手术修正是经常使用的一种方法，可以很简单地修复锤状趾。挫伤和软组织的发炎可能是由于某人站在脚上或者一个重物的冲击而造成的。标准的医药治疗是用来帮助康复的。如果有运动损伤，那么要保证脚趾有一个坚挺的、可以起保护作用的包头。

2. 前脚掌的损伤

水泡：水泡是由于脚趾之间的摩擦导致的；也可能是由于皮肤层之间与鞋袜的剪切力造成的。

胼胝：胼胝是在脚底形成的硬的老茧，像鸡眼一样，胼胝也是由于摩擦造成的。它们通常是在跖趾关节的下方，不正常的内翻是胼胝形成的主要原因之一。穿有缓冲功能的袜子的鞋能够减少胼胝现象的发生。合适的鞋带能够使脚更加平稳，可以减少或者消除脚与鞋之间的剪切力。

3. 跖痛

这是一系列前足病痛的总称，同时跖痛的出现也意味着脚部的不平衡和过度内翻。跖痛主要出现在跖趾关节部位，出现的主要原因是：①太薄的鞋底；②由于行走的不平衡造成的跖趾关节部位压力过大；③关节囊炎；④神经瘤。

4. 籽骨炎

在拇趾关节下面有两块小的骨骼，他们作为骨骼运动的支点而存在。也正是由于这个原因，才使得他们最易受伤。在坚硬的地面上行走会造成籽骨的疼痛和发炎。同时行走中的不平衡造成过大的压力分配到这些区域。

5. 韧带的损伤

腱的发炎会影响到所有腱经过的跖趾关节。过度的拉伸或者是疲劳使用会造成腱的发炎。

6. 足弓的损伤

足弓起于后跟止于跖趾关节，损伤主要集中在纵足弓。整个足弓的形成主要依靠脚底部强力的韧带拉伸。由于承受过重的体重或者由于不正常的足内翻，纵足弓成为最易受伤的部位。

7. 踝关节的损伤

踝关节的扭伤分为内翻性扭伤和外伤性扭伤。类似行走、跑步、跳跃的运动均容易造成此类扭伤。

8. 膝部的损伤

膝关节是人体中最大的关节。它的左右运动主要在弧形的曲面上完成，控制着小腿。任何一个不规范的运动均会造成膝关节的损伤。膝部的组成部分包括膝关节、腓骨和胫骨的末端部分、软骨、肌肉和韧带。如果鞋子提供过大或者过小的牵引力，膝关节就会受到损伤。

二、 畸形脚

1. 扁平足[2]

扁平足主要表现为足弓的降低，距骨与舟状骨的距离变大或分离，距骨的头下降，脚的内侧纵弓降低，同时脚的外侧及跟骨向外翻，使支持体重的三脚架向下倾斜（图1-18）。鉴别扁平足时，从膝盖中心向下作垂线，不经过髁关节中心而移向内侧，且与脚骨前部和跟部构成的夹角在120°左右，正常人为95°左右；检查足印时，内侧凹陷消失；扁平足者行走时有痛感，为减少或避免疼感，在行走时往往不用前足内侧着地，而用后跟及外侧着地，又为了支重稳定，脚部着地稳固，故将髋关节外旋，使脚排成八字形；患者因足弓下陷，失去弹性，行走时多用脚着地，再将脚掌放平，而显出一种平踏而无起伏状的步伐。

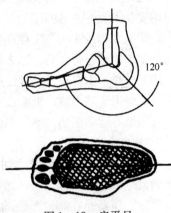

图1-18 扁平足

扁平足的患者除极小数是属于先天性的发育不正常者外，多数是因后天性的病变。如长期从事站立工作，因劳损使脚部韧带松弛；也有的因骨质软化，营养不良所引起的肌肉萎缩等原因造成。扁平足患者除应就医治疗外，还可制作矫形鞋辅助治疗脚病。如在鞋的内腰窝处加腰窝支撑弓垫，先使用软质材料，待习惯后再改用硬质片腰窝支撑弓垫；或在鞋的外部采取措施，将后跟随内侧加高加长，以便垫起足心，前掌外侧加高加长，防止足心外翻。

2. 拇外翻与拇内翻脚型

拇外翻表现为第一趾骨极度外展和第一跖骨的内收，使第一跖趾关节向内侧突出的畸形，这是一种极为常见的畸形脚（图1-19）。

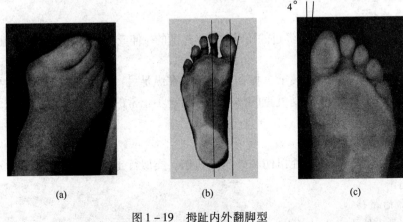

(a)　　　　　　　(b)　　　　　　　(c)

图1-19　拇趾内外翻脚型

(a) 拇外翻　(b) 拇内翻　(c) 正常

拇外翻是由于患者长期穿过窄的鞋，挤压拇趾所造成的。同时跖趾关节的突出部位，因经常受鞋的摩擦和压迫逐渐使第一跖骨的头变肥厚，严重者将出现红、肿、热、痛等症状。拇外翻患者应选购或定做合适的鞋，制鞋设计人员在设计楦型时应在保证脚生理健康的前提下，设计出美观舒适的靴鞋。

检验方法：使用足底脚印提取仪（手工、扫描仪及三维激光扫描仪等），测试时受试者脱鞋、脱袜，以正常姿势站立于仪器上，采集脚底信息。将得到足底标出轮廓线和脚印线，并标出拇趾偏移角（图1-20）。

拇趾偏移角度判定方法：在第一跖趾关节选 C 点作轴线 AB 的平行线 ab，拇趾向外踝偏移且与 ab 偏移角大于20°为拇外翻，拇趾向内踝偏移的且偏移角大于5°为拇内翻。

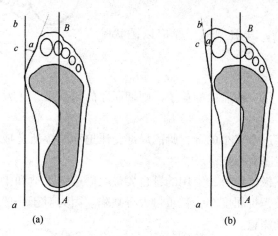

图1-20　拇趾内外翻角度确定

(a) 拇外翻　　(b) 拇内翻

3. 跟外旋与跟内旋脚型

主要以脚后跟部位的印迹状态特点来区分。跟外旋脚型指脚后跟部位的球形形状向外怀旋转；跟内旋脚型指脚后跟部位的球形形状呈向内怀旋转状态的脚型，如图1-21所示。

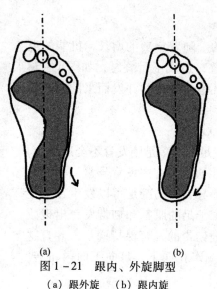

(a)　　　　　　　　　(b)

图1-21　跟内、外旋脚型

(a) 跟外旋　　(b) 跟内旋

4. 锤状趾

锤状趾表现为脚趾的趾间关节向跖骨拱起，不能伸直的一种畸形（图1-22）。绝大多数发生在第二趾的趾间关节，少数发生在第三趾。

锤状趾是由于患者长期穿窄而小的鞋，脚底部的屈趾肌的力量大于脚背上的伸趾肌，致使趾骨不能伸直而造成的。又因趾骨不能伸直，使趾端第三趾骨的头和第一跖趾关节的底部，以及第一趾骨的前端经常受到鞋的摩擦而产生胼胝或鸡眼，患者在行走时有痛感。

给锤状趾患者做鞋，其楦型的头厚应以锤状趾的高度为准。

图1-22 锤状趾

5. 老茧

这也是一种病态，是一种后生的茧子。硬韧而厚的角质层，多发生在脚掌处，也有的在脚趾之间。

老茧是因为患者穿过于窄小的鞋，脚的局部受压迫和摩擦所造成的。胼胝发展到一定程度就变为鸡眼，行走时有疼感。

老茧的患者除应积极治疗外，穿用的鞋也要最大限度的舒适和柔软。因此在设计鞋时要防止底部件过于坚硬，折屈度小，鞋重量大等缺陷。因为对于一般的老茧，当压迫和摩擦停止后，胼胝会逐渐痊愈。

6. 多汗症

汗脚是一种先天性的病态脚。患者由于汗腺失去控制机能，不仅脚部多汗，在身体的其他部位所排出的汗量也较一般人多。因为出汗过多，使皮革材料很快遭到损坏，散发出难闻的气味。

多汗症患者除应治疗外，在设计适合多汗症患者穿用的鞋时，在式样和选料上都要设法增强透气性能。

7. 重叠趾

重叠趾多是后天造成的。随着年龄的增长，机能的退化，拇趾和第二趾发生重叠，造成了重叠趾，如图1-23所示。但也有一部分重叠趾是由其他病并发而来的，如糖尿病患者的脚部重叠趾。

8. 马蹄足

马蹄足又称下垂足、尖足，大多是脑发育不全造成的，往往提示新生儿缺氧缺血性脑病、宫内发育异常、早产等多种因素引起的运动及姿势异常。马蹄足可以发生在单足或双足，在发育过程中，由于足的肌腱和韧带发育出现故障，未能与足部其他的肌腱韧带的发育保持同步，并且这些肌腱和韧带将足的后内侧牵拉向下、足向下向内扭转，

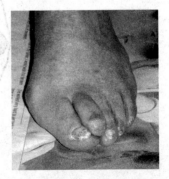

图1-23 重叠趾

使得足部的各块骨头处于异常位置上，导致足部内翻、僵硬，并且不能回到正常的位置。

复习思考题

1. 足部由哪些结构组成？
2. 足部的外观构型有哪些？
3. 足弓的构成是什么？对步态的影响是什么？
4. 足弓与鞋的关系是什么？
5. 脚部的运动机能特点是什么？
6. 脚的关节有哪些？关键的几个关节是哪几个？对设计鞋类有什么帮助？
7. 脚型的种类有哪些？
8. 脚型的结构对设计产品有哪些作用？
9. 足部损失有哪些种类？
10. 畸形脚的种类有哪些？为什么在正常的脚型调查中要将畸形脚除去？
11. 特殊脚型有哪些？哪些属于畸形脚？
12. 为什么要研究特殊畸形脚部结构？目的和意义是什么？

第二章　人体测量

人机工程学研究与人的特点和需求相适应、与人的生理和心理相适应、与人的生理运动和心理运动的内在逻辑相适应，在人机系统中取得动态平衡和协调一致，以获得生理上的舒服感和心理上的愉悦感。

人的需要可分为自然需要和社会性需要。前者是为延续生命所必需的对客观条件的需求，这是每个人所必需的。社会需要是更高层次的，如教育、娱乐、道德、秩序等，它与社会制度、国家和民族的传统及习惯等有关。动机则是满足一定需要的愿望、意图和信念。需要是人参与社会行动的基础，动机则是促使人活动的原因。由于人所处社会地位、教养程度不同，需要也有所不同。马斯洛提出了需要层次论。他认为，人的需要分为生理需要、安全需要、社交需要、尊重需要和自我实现的需要，依次由低级到高级，如图 2-1 所示。事实证明，不同人的需要层次和他受教育程度密切相关。

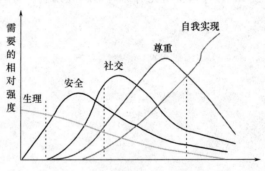

图 2-1　马斯洛的需要层次发展模式

由此可见，在人机系统中，生理需要是最基本的，即人机尺度关系设计是人类最基础的需要，也是应用最广泛的部分。人机尺度关系的设计则需分析人体的基本构造情况。

第一节　人体测量的基本知识

一、概述

人体测量学是根据人体静态和动态尺寸（如人体身高，上下肢的长度、肢体运动的角度和尺寸等）的测量资料，为产品设计和工作空间布置提供科学依据。同样也是革制品人

28

机系统设计的科学依据之一。

产品设计中人机关系的核心是人，所以，认真了解、把握人自身的各种基本条件和特点至关重要。此中，人体结构的天然尺度和必要活动空间，人们进行生产作业的天然条件和原则、规律，是设计师必须首先要了然于心的。

人机工程学数据是由人的行为，人体测量及生物力学数据，人机工程学标准与指南以及调研所得的清单构成的。与产品设计相关的设计原则和数据的使用有时是直接的，然而，在不少场合它很难被直接运用而需要仔细分析和判断。

运用人机工程学数据改进初始设计的质量，减少设计过程的重复测试，是达到最终完善设计的必由之路。当设计过程能快速收敛到一个具体方案时，产品开发时间和费用都可以大大减少。

为了使各种与人体尺度有关的设计对象能符合人的生理特点，让人在使用时处于舒适的状态和适宜的环境之中，就必须在设计中充分考虑人体的各种尺度，因而也就要求设计者能了解一些人体测量学方面的基本知识，并能熟悉有关设计所必需的人体测量基本数据的性质和使用条件。

人体测量学是一门新兴的学科，它是通过测量人体各部位尺寸来确定个体之间和群体之间在人体尺寸上的差别，用以研究人的形态特征，从而为各种设计提供人体测量数据。

人机工程学范围内的人体形态测量数据主要有两类，即人体构造尺寸和人体功能尺寸。人体构造上的尺寸是指静态尺寸；人体功能上的尺寸是指动态尺寸，包括人在工作姿势下或在某种操作活动状态下测量的尺寸。

设计对象在适合于人的使用方面，首先涉及的问题是如何适合于人的形态和功能范围的限度。例如，一切操作装置都应设在人的肢体活动所能及的范围之内，其高低位置必须与人体相应部位的高低位置相适应；而且其布置应尽可能设在人操作方便、反应最灵活的范围之内。其目的就是提高设计对象的宜人性，让使用者能够安全、健康、舒适地工作，从而有利于减少人体疲劳和提高人机系统的效率。在设计中所有涉及人体尺度参数的确定都需要应用大量人体构造和功能尺寸的测量数据。在设计时若考虑不好这些人体参数，就很可能造成操作上的困难和不能充分发挥人机系统效率。

二、　人体测量的基本术语

国标 GB/T 5703—2010 规定了人机工程学使用的成年人和青少年的人体测量术语。该标准规定只有在被测者姿势、测量基准面、测量方向、测点等符合下列要求的前提下，才是有效的。

1. 被测者姿势

（1）立姿　指被测者挺胸直立，头部以眼耳平面定位，眼睛平视前方，肩部放松，上肢自然下垂，手伸直，手掌朝向体侧，手指轻贴大腿侧面，膝部自然伸直，左、右足后跟并拢，前端分开，使两足大致呈45°夹角，体重均匀分布于两足。

（2）坐姿　指被测者挺胸坐在被调节到腓骨头高度的平面上，头部以眼耳平面定位，眼睛平视前方，左、右大腿大致平行，膝弯曲大致成直角，足平放在地面上，手轻放在大腿上。

2. 测量基准面

人体测量基准面的定位是由三个互为垂直的轴（铅垂轴、纵轴和横轴）来决定的。人体测量中设定的轴线和基准面如图2-2所示。

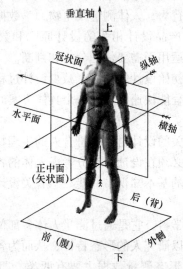

图2-2 人体测量基准面和基准轴

（1）矢状面 通过垂直轴和纵轴的平面及与其平行的所有平面都称为矢状面。

（2）正中矢状面 在矢状面中，把通过人体正中线的矢状面称为正中矢状面。正中矢状面将人体分成左、右对称的两部分。

（3）冠状面 通过垂直轴和横轴的平面及与其平行的所有平面都称为冠状面。冠状面将人体分成前、后两部分。

（4）水平面 与矢状面及冠状面同时垂直的所有平面都称为水平面。水平面将人体分成上、下两部分。

（5）眼耳平面 通过左、右耳屏点及右眼眶下点的水平面称为眼耳平面或法兰克福平面。

3. 测量方向

（1）在人体上、下方向上，将上方称为头侧端，将下方称为足侧端。

（2）在人体左、右方向上，将靠近正中矢状面的方向称为内侧，将远离正中矢状面的方向称为外侧。

（3）在四肢上，将靠近四肢附着部位的称为近位，将远离四肢附着部位的称为远位。

（4）对于上肢，将桡骨侧称为桡侧，将尺骨侧称为尺侧。

（5）对于下肢，将胫骨侧称为胫侧，将腓骨侧称为腓侧。

4. 支承面和衣着

立姿时站立的地面或平台以及坐姿时的椅平面应是水平的、稳固的、不可压缩的。

要求被测量者裸体或穿着尽量少的内衣（例如只穿内裤和汗背心）测量，在后者情况下，在测量胸围时，男性应撩起汗背心，女性应松开胸罩后进行测量。

5. 基本测点及测量项目

在国标 GB/T 5703—2010 中规定了人机工程学使用的有关人体测量参数的测点及测量项目，其中包括：头部测量点 16 个和测量项目 12 项；躯干和四肢部位的测量点共 22 个，测量项目共 69 项，其中分为：立姿 40 项、坐姿 22 项、手和足部 6 项以及体重 1 项。至于测量点和测量项目的定义说明在此不作介绍，需要进行测量时，可参阅该标准的有关内容。

此外，国标又规定了人机工程学使用的人体参数的测量方法，这些方法适用于成年人和青少年的人体参数测量，该标准对上述 81 个测量项目的具体测量方法和各个测量项目所使用的测量仪器作了详细的说明。凡需要进行测量时，必须按照该标准规定的测量方法进行测量，其测量结果方为有效。

第二节　脚型尺寸测量

前面学习了脚的结构及其相关知识，下面我们要对脚型做进一步的研究，目的是找到一个符合目标客户群体的规律，从而设计出符合规律的、舒适的鞋楦。这个目标客户群是指我们将要满足的消费者群体，比如，按人群分有学生、工人、农民、公务员等；按地区分有北方人群、南方人群等，所以，目标客户群不一样脚型规律就有差异。鞋是否合脚，实际上是看脚型与做出来的鞋吻合程度和感觉的好坏。另外一种是满足个体的需要，这种方式就可以因人而异，根据每一个人的脚型来定制鞋楦，从而做出舒适的鞋。

脚型是指脚的形状及其各部位的尺寸。脚型是设计鞋楦的主要依据。鞋是否符合人脚的穿用要求，关键在于鞋楦是否合脚型。那么，怎样才能使制鞋工厂生产有限的鞋号、型号，来适应全国几亿人不同人群的穿用要求呢？这就需要进行广泛的脚型测定的调查研究工作，包括不同的年龄、性别、种族、职业、地区。测量后进行分类整理，加上使用科学的分析方法，将近似的尺寸加以合并，制定出不同的长度（鞋号）、不同的肥瘦（型号），以及不同鞋号和型号的比例关系，以便作为生产和大众认可的标准。

一、测量脚型的工具

测量脚型的工具主要有手工测量、二维光学扫描和三维激光（三维摄像扫描）。主要目的是获得四组数据：脚型的各部位点的长度数据、脚型各部位点的宽度数据、特征部位的围度数据及特征部位点的高度数据。通过这些数据的测量和统计得到脚型的规律。

1. 手工测量

手工测量主要是通过手工的方法直接在规定的姿势状态下，复制足底印迹的方法。主要工具有：鞋用带尺和卷尺、画笔、量高仪、踏脚印器、量脚卡尺等（图 2-3）。

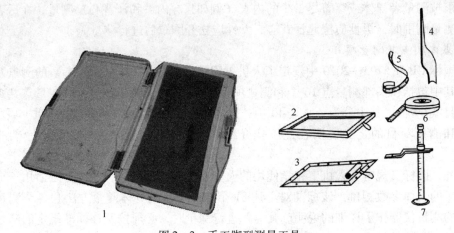

图 2 - 3　手工脚型测量工具

1—测量工具箱　2—踏脚印器　3—印油板　4—双尺画笔　5—布带尺　6—钢卷尺　7—量高仪

2. 光学 2D 图像扫描测量

通过足底光学扫描仪（图 2 - 4），能够快速地对脚底图像进行扫描，获取脚底图片，并用于后续处理分析。本仪器已获得国家实用新型发明专利。参数如下：①采用光学图像扫描；②输出格式：bmp、jpg 等位图格式；③扫描时间：25s 左右；④输出接口：USB；⑤分析：专用软件进行足底分析与底样设计。

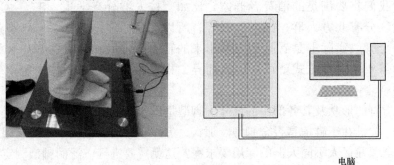

电脑

图 2 - 4　光学脚型扫描仪

3. 三维足底扫描

通过足底三维扫描，能够快速地对脚底三维图像进行扫描，获取三维脚数据，并用于后续处理分析。现在使用的三维扫描仪常用的分为光学三维扫描和激光扫描。

（1）三维光学摄像扫描仪（图 2 - 5）　参数如下：测量每次采集时间小于 3s；采集数据：每次采集数据 100 万点；输出：多种格式输出（ASC，OBJ，WRL，STL，TXT，IGS 等），可以连接多种常用三维设计软件接口。

（2）激光扫描（图 2 - 6）　通过激光测距技术用于足底扫描在制鞋业运用最早，也是较成熟的一种。

另外，国外还有一种脚型测量器，如图 2 - 7 所示。

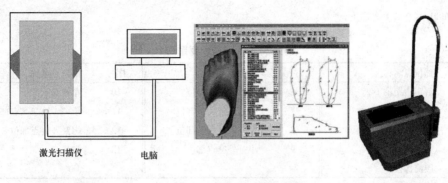

激光扫描仪　　　　电脑

图 2 - 5　三维光学足底扫描仪

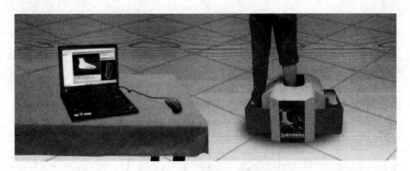

图 2 - 6　三维激光足底扫描仪

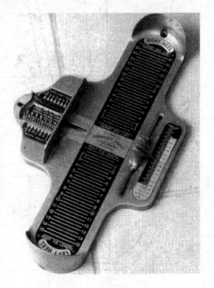

图 2 - 7　国外脚型测量器

二、　部位点的标定和测量脚型的方法

1. 测量的部位点定义

脚型长度部位点系列见表 2 - 1、图 2 - 8，脚型宽度系列见表 2 - 2，高度和围度测量

数据系列见表2-3。

表2-1   **脚型测量表——长度系列**

序号	部位点名称	序号	部位点名称	序号	部位点名称
1	后跟边距的1/2	6	前跗骨突点部位	10	小趾端点部位
2	踵心部位	7	第五跖趾关节部位	11	第一、第二叉点部位
3	外踝骨部位	8	第一跖趾关节部位	12	拇趾外突点部位
4	舟上弯点部位	9	小趾外突点部位	13	脚长
5	腰窝部位				

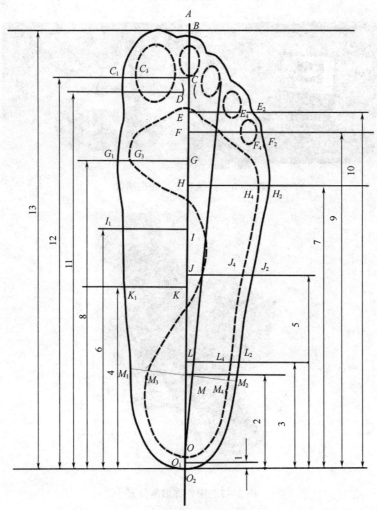

图2-8 脚型测量长度方向项目

表2-2   **脚型测量表——宽度系列**

序号	部位点名称	测量部位
1	基本宽度	$GG_1 + HH_2$
2	踵心部位里段轮廓宽	MM_1

续表

序号	部位点名称	测量部位
3	踵心部位里段脚印宽	MM_3
4	踵心部位里段边距宽	M_1M_3
5	踵心部位外段轮廓宽	MM_2
6	踵心部位外段脚印宽	MM_4
7	踵心部位外段边距宽	M_4M_2
8	腰窝部位轮廓宽	JJ_2
9	腰窝部位脚印宽	JJ_4
10	腰窝部位边距	J_4J_2
11	第五跖趾关节部位外端轮廓宽	HH_2
12	第五跖趾关节部位外端脚印宽	HH_4
13	第五跖趾关节部位边距	H_4H_2
14	第一跖趾关节部位里段轮廓宽	GG_1
15	第一跖趾关节部位里段脚印宽	GG_3
16	第一跖趾关节部位边距	G_1G_3
17	小趾端点部位轮廓宽	FF_2
18	小趾端点部位脚印宽	FF_4
19	小趾端点部位边距	F_4F_2
20	拇趾外突点部位轮廓宽	CC_1
21	拇趾外突点部位脚印宽	CC_3
22	拇趾外突点部位边距	C_1C_3
23	脚长	O_2B

表 2-3 　　　　　　　　　　脚型测量表——高度、围度系列

序号	部位点名称	序号	部位点名称	序号	部位点名称
1	跖趾围长	7	膝下高度	12	舟上弯点高度
2	前跗骨围长	8	腿肚高度	13	前跗骨最突点高度
3	兜跟围长	9	脚腕高度	14	第一跖趾关节高度
4	脚腕围长	10	膝下高度	15	拇趾高度
5	腿肚围长	11	后跟凸点高度	16	脚长
6	膝下围长				

2. 测量部位点测量的测量方法[2]

（1）跖趾围长　以第一和第五跖趾关节最突点为准，用布带尺围绕测量（图2-9）。

（2）前跗骨围长　以前跗骨的突点和第五跖骨的粗隆点以及脚心的最凹处为准，用布尺围绕测量。

（3）舟上弯点和后跟围长（简称兜跟围）　用布带尺兜住后跟，再绕经舟上弯点处进行测量。

（4）脚腕围长　用布带尺围绕脚腕最细处进行测量。

（5）腿肚围长　用布带尺围绕腿肚最粗处进行测量。

（6）膝下围长　用布带尺围绕腓骨隆下缘点进行测量。

（7）膝下高度　用钢卷尺测量腓骨粗隆点至脚底的直线距离。

（8）腿肚高度　用钢卷尺测量腿肚围长部位至脚底的直线距离。

（9）脚腕高度　用卷尺测量脚腕围长部位至脚底的直线距离。

（10）外髁骨高度　用量高仪测量外髁骨下缘点至脚底的直线距离。

（11）后跟突点高度　用量高仪测量后跟突点至脚底的直线距离。

（12）舟上弯点高度　用量高仪测量舟上弯点（距骨与胫骨交点）至脚底的直线距离。

（13）前跗骨最突点高度　用量高仪测量前跗骨突点至脚底的直线距离。

（14）第一跖趾关节高度　用量高仪测量第一跖趾关节最高处至脚底的直线距离。

（15）拇趾高度　用量高仪测量拇趾前端的高度。

（16）脚长　用量脚卡尺测量脚趾端点至后跟突点的距离。

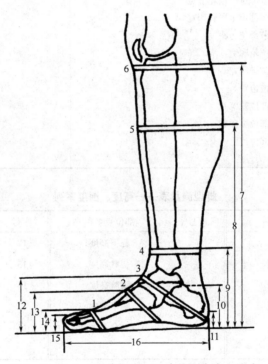

图2-9　站立（有障碍脚型）直接测高度、围度

3. 有障碍测量方法

有障碍脚型调查：即在测量脚型时，人脚是在有负荷的状态下进行测量。被测量者必须采取立正姿势，两脚叉开间隔约定俗成20cm，因为只有立正姿势，人体的重量才能均衡地落在两只脚上，从而获得较准确的数据。

脚型测量的部位和方法：进行测量先要印制脚型测量表，可使用吸墨性强的8开白色书写纸，用以记录脚型测量的各项数据及脚步印图。

先将踏脚印器木框上的胶模涂上印油，木框下铺放测量表，然后被测量者的脚轻轻压在胶模上，另一只脚踏在与木框高度相等的平台上，然后再用双脚画笔沿脚绘出轮廓线，并在踏脚印器的胶模上标画出标志点。

有障碍测量法如图 2 – 10 所示。

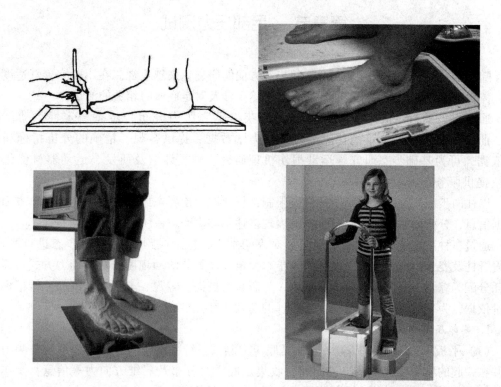

图 2 – 10　有障碍测量方法

4. 无障碍脚型调查法

即脚在没有压力的条件下进行测量，一般采取被调查者坐在椅子上进行（图 2 – 11）。这样测量主要测量脚的宽度和趾跖围长的变化规律。现多采用专用的足底光学扫描仪进行。

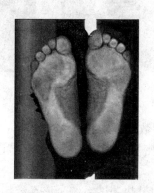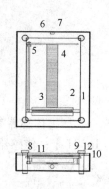

图 2 – 11　无障碍光学测量方法

1—LED 信号灯采集器　2—信号处理器　3—支撑平面　4—数据线　5—运动轴　6—USB 和电源线接口
7—USB 和电源线入口　8—螺帽　9—支撑玻璃　10—防尘遮光保护外壳　11—电机　12—支撑平面

测量脚型的部位和方法同有障碍测量法。

第三节　足部压力测试

随着鞋类科技的发展，人们对足部步态方面的研究越来越重视。在不断完善舒适度方面、体育项目方面和功能性方面的研究中必然要涉及对足底压力相关的测试。

通过对人的行走或跑步进行测试，可获得足底压力分布、步态稳定性、动作幅度、肌肉用力方式、能量消耗等综合生物力学数据，提供客观、精确的分析指标和评价依据，可为基础步态研究、运动损伤机理研究、鞋类评估及研发、运动器材优化等领域提供服务。

以往的步态测量受科学仪器的发展限制，仅获取行走姿态或足底用力方式等单方面的数据信息，分析面相对较窄，对步态的表现描述不够全面、系统。

通过多种高性能设备的结合，同时对人的站立、行走或跑步的姿态/步态进行测量，获得脊柱及姿态特征、足底压力分布、步态稳定性、关节活动幅度、肌肉用力方式、能量消耗分配等综合、全面的生物力学信息，为研究人员提供客观、丰富、精确的分析指标和评价依据，为鞋类行业中新材料、新设计的功效研究提供有力的支持。

1. 足部压力测试的内容

（1）平板压力测试系统　一般的足底压力测试系统，由压力分布平板系统与测力台合并在一起的压强三维力系统，能同时收集足底压力分布及三维方向力等信息，操作简便，精确度高，还可与其他设备同步，如图 2 - 12 所示。

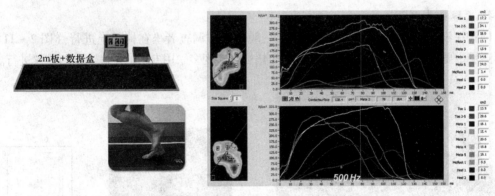

图 2 - 12　足底平板压力测试系统

压力传感器参数如下：最大采样频率：500Hz；传感器类型：压阻式；传感器数目：16384 个；传感器密度：4 个/cm^2；测试范围：0 ~ 200 N/cm^2；精确度：3.30%；重复误差：0.98%。

（2）足底压力鞋垫测试系统　该系统用于对足弓支撑和步态周期的动态分析。系统采用小巧实用的嵌入式压力传感器解决方案，描记脚的动态接触压力、支撑期以及步态周期中各种时相运动表现，如图 2 - 13 所示。该系统技术含量高，易用、便携。

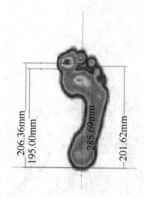
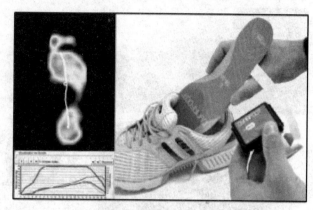

图 2 – 13　足底鞋垫压力测试系统

2. 测试项目和流程

压力的步态测试是通过图像、曲线、数据等方式表现足底压力分布特征的，如图 2 – 14、图 2 – 15 所示。

获取数据项目包括：足底 10 个分区的压力、压强、负荷变化率、足长足宽、足接触面积、足角度、足压力中心轨迹、时间分配、步态稳定性分析等。

基本流程为：测试前的培训→预测试→正式测试三次。

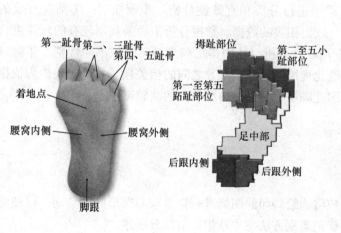
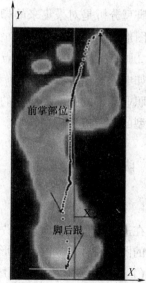

图 2 – 14　足底鞋垫压力分区

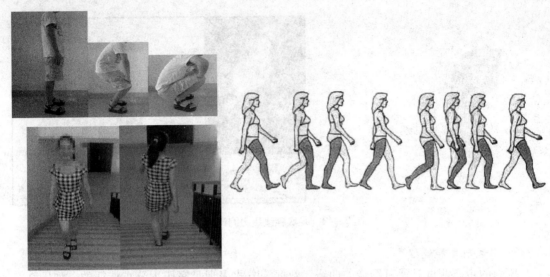

图 2 - 15　测试的姿势状态

第四节　脚型测量分析方法

脚型分析是对采集来的脚型数据进行数学分析，一般有图形分析和数据统计分析两部分。图形分析主要是对采集的图形进行分类和有效性分析。步骤如下：①筛选有效的脚型；②画特征线和标注特征点，读出相关的数据。数据分析主要是利用现有的软件进行分析，如电子表格分析及 SPSS 专用软件分析，从中得出脚型特征点，不同性别、年龄、地区、职业等脚的长度和肥瘦的变化规律以及两个参数之间的相关性。并以此规律为依据结合楦型的特点进行楦型设计。因此脚型分析也是楦型研究的基础工作。

一、脚型图形分析

1. 筛选畸形脚

在进行脚型分析时，首先应将描绘脚印的图纸进行正常脚与畸形脚的鉴别，以便将畸形脚的图纸及数据剔除。畸形脚的鉴别方法见本章第二节部分所述。

（1）拇外翻　可使用鞋用画线板或直线沿脚印图纸第一跖趾关节和后跟内侧画一直线，测量拇趾轮廓线与此直线所形成的夹角，大于 20°者为拇外翻。

（2）拇内翻　拇趾轮廓线与轴线所形成的夹角大于 10°者为拇内翻。

（3）平足　观测脚印其脚心完全着地者即为平足。

（4）高弓足　观测脚印脚心部位出现断裂者即为高弓足。

（5）跟外旋　观测脚印其后跟部位向外侧偏斜者即为跟外旋。

（6）跟内旋　观测脚印其后跟部位向内侧偏移者即为跟内旋。

2. 正常脚各特征部位标注和尺寸的测量

对于正常脚的脚印图纸的各个特征部位都要进行测量并得出数据（图2-16）。其方法如下。

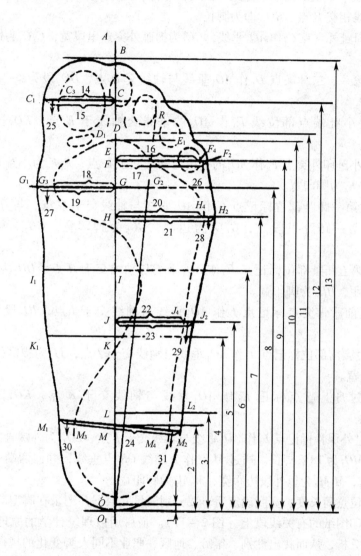

图2-16　脚型图纸分析

1—后跟边距的1/2　2—踵心部位　3—外踝骨部位　4—舟上弯点部位　5—腰窝部位
6—前跗骨突点部位　7—第五跖趾关节部位　8—第一跖趾关节部位　9—小趾外突点
部位　10—小趾端点部位　11—第一、第二趾叉点部位　12—拇趾外突点　13—脚长
14—拇趾脚印宽　15—拇趾轮廓宽　16—小趾脚印宽　17—小趾轮廓宽　18—第一跖
趾脚印宽　19—第一跖趾轮廓宽　20—第五跖趾脚印宽　21—第五跖趾轮廓宽
22—腰窝脚印宽　23—腰窝轮廓宽　24—踵心全宽　25—拇趾边距　26—小趾边距
27—第一跖趾边距　28—第五跖趾边距　29—腰窝边距　30—踵心里边距
31—踵心外边距

（1）画分踵线　在后跟部位正中脚印与轮廓线的 1/2 处设 O 点，其前端在第三趾印外侧设 R 点，OR 连线即为分踵线。

（2）画轴线　轴线的前端经过第二趾骨的中间，后端经 O 点，AO_1 即为轴线。在前端轴线上作垂直线相交 B 点。BO_1 即为脚长。

（3）通过拇趾外突点 C_1 作 AO_1 垂线，CC_1 为拇趾外突点里段宽，C_1C_3 为边距宽，CC_3 为脚印宽。

（4）通过第一、二趾叉点 D_1 作 AO_1 垂线与轴线交 D 点，DO_1 段为第一、第二趾叉点位置。

（5）通过小趾端点部位线 E_1 作 AO_1 的垂线交轴线于 E 点，EO_1 段为小趾端点部位。

（6）通过小趾印外突点 F_4 作 AO_1 的垂线与轴线交于 F 点，F_2F 为小趾外突点外段宽，F_2F_4 为边距，FF_4 为脚印宽。

（7）通过第一跖趾部位标记点 G_1 作 AO_1 垂线与轴线交于 G 点，与分踵线 OR 交于 G_2 点，GG_1 为第一跖趾里段宽，G_1G_3 为边距，GG_3 为脚印宽，GG_2 为轴线和分踵线间距。

（8）通过第五跖趾部位标记点 H_2 作 AO_1 垂线与轴线交于 H 点，HH_2 为第五跖趾外段宽，H_2H_4 为边距，HH_4 为脚印宽。

（9）通过前跗骨突点标记点 I_1 作 AO_1 垂线与轴线交于 I 点，IO_1 段为前跗骨突点部位。

（10）通过腰窝部位标记点 J_2 作 AO_1 垂线与轴线交于 J 点，JJ_2 为腰窝外宽，J_2J_4 为边距，JJ_4 为脚印宽。

（11）通过舟上弯点标记 K_1 作 AO_1 垂线与轴线交于 K 点，KO_1 段为舟上弯点部位。

（12）通过外踝骨标记点 L_2 作 AO_1 垂线与轴线交于 L 点，LO_1 为外踝骨部位。

（13）取 MO_1 为 18% 脚长。通过 M 点作分踵线 OR 点垂线，并向两端引长 M_1M_2 为踵心全宽，M_1M_3，M_2M_4 为里外段边距宽，M_3M_4 为脚印宽。

脚型各部位点间长度、宽度确定后，要分别测量其数据并记录在脚型测量表的有关栏内，或标在脚印图纸的有关线段上（图 2-17）。最后用数理统计学的原理将图纸上的数据进行统计、分析，从而找出性别、年龄、地区、职业不同人脚变化的规律，以及脚的各特征部位间相互间关系的规律。经过大量测量的人脚各部位尺寸规律，为鞋楦设计和鞋帮样设计提供了可靠的参数。

3. 捷克脚底型分析方法

图 2-18 为捷克 Tomas bata 大学 Perty 教授的足底分析方法，与我们不同的主要是增加了一些控制角度分析。如踵心偏移角、拇趾偏移角和小趾偏移角。

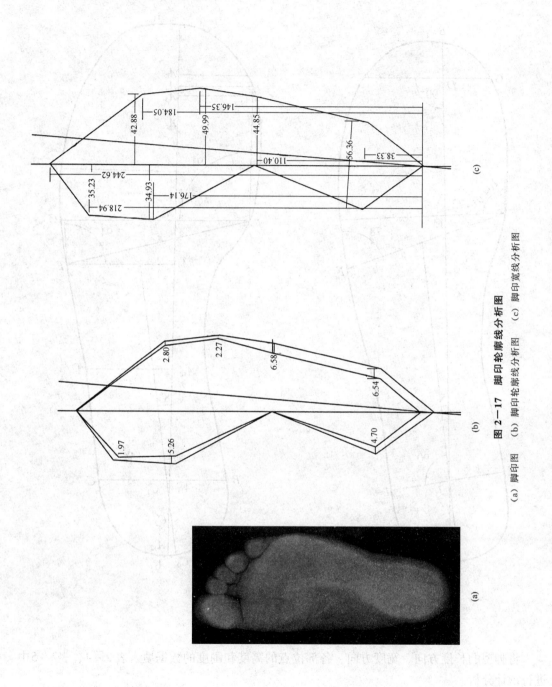

图 2-17 脚印轮廓线分析图

(a) 脚印图 (b) 脚印轮廓线分析图 (c) 脚印宽线分析图

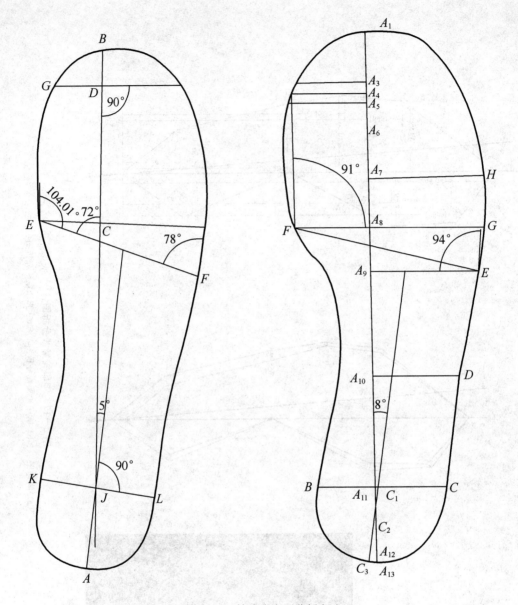

图 2 - 18　捷克脚底型分析方法

　　将脚型的长度方向、宽度方向、各部位点的高度和围度的数据填入表 2 - 4、表 2 - 5 中进行统计分析。

表2—4　脚型测量分析数据表　　　　　　　　　　　　　　　　　单位：mm

序号	年龄	性别	长度部位点测量													宽度部位点测量														
			后跟边距的1/2	踵心部位	外踝骨部位	舟上弯点部位	腰窝部位	前跗骨突点部位	第五跖趾关节部位	第一跖趾关节部位	小趾外突点部位	小趾端点部位	第一、第二趾叉点部位	拇趾外突点部位	脚长	基本宽度 GG_1+HH_2	踵心部位里段轮廓宽 MM_1	踵心部位里段脚印宽 MM_3	踵心部位里段边距宽 M_1M_3	踵心部位外段轮廓宽 MM_2	踵心部位外段脚印宽 MM_4	踵心部位外段边距宽 M_4M_2	腰窝部位轮廓宽 JJ_2	腰窝部位脚印宽 JJ_4	腰窝部位边距 J_4J_2	第五跖趾关节部位外段轮廓宽 HH_2	第五跖趾关节部位外段脚印宽 HH_4	第五跖趾关节部位边距 H_4H_2	第一跖趾关节部位里段轮廓宽 GG_1	第一跖趾关节部位边距 GG_3
1																														
2																														
3																														
4																														
5																														
6																														
7																														
8																														
9																														
10																														
11																														
12																														

表 2 − 5　　　　　　　　　脚型测量分析数据表——围度与高度分析　　　　　单位：mm

序号	围度部位点测量						高度部位点测量								
	跖趾围长	前跗骨围长	兜跟围长	脚腕围长	腿肚围长	膝下围长	膝下高度	腿肚高度	脚腕高度	外踝骨中心点高度	后跟突点高度	舟上弯点高度	前跗骨最突点高度	第一跖趾关节高度	拇趾高度
1															
2															
3															
4															
5															
6															
7															
8															
9															
10															
11															
12															

二、 测量的数据分析方法及基本数学模型规律的建立

由于群体中个体与个体之间存在着差异，一般来说，某一个体的测量尺寸不能作为设计的依据。为使产品适合于一个群体的使用，设计中需要的是一个群体的测量尺寸。然而，全面测量群体中每个个体的尺寸又是不现实的。通常是通过测量群体中较少量个体的尺寸，经数据处理后而获得较为精确的所需群体尺寸。

在人体测量中所得到的测量值都是离散的随机变量，因而可根据概率论与数理统计理论对测量数据进行统计分析，从而获得所需群体尺寸的统计规律和特征参数。

1. 均值

表示样本的测量数据集中地趋向某一个值，该值称为平均值，简称均值。均值是描述测量数据位置特征的值，可用来衡量一定条件下的测量水平和概括地表现测量数据的集中情况。对于有 n 个样本的测量值：x_1、x_2、$\cdots$、x_n，其均值为：

$$\bar{x} = \frac{x_1 + x_2 + \cdots + x_n}{n} = \frac{1}{n}\sum_{i=1}^{n} x_i$$

2. 方差

描述测量数据在中心位置（均值）上下波动程度差异的值叫均方差，通常称为方差。方差表明样本的测量值是变量，既趋向均值而又在一定范围内波动。对于均值为 $\bar{x}$ 的 n 个样本测量值：x_1、x_2、$\cdots$、x_n，其方差 S^2 的定义为：

$$S^2 = \frac{1}{n-1}[(x_1 - \overline{x})^2 + (x_2 - \overline{x})^2 + \cdots + (x_n - \overline{x})^2] = \frac{1}{n-1}\sum_{i=1}^{n}(x_i - \overline{x})^2$$

用上式计算方差，其效率不高，因为它要用数据作两次计算，即首先用数据算出 $\overline{x}$，再用数据去算出 S^2。推荐一个在数学上与上式是等价的，计算起来又比较有效的公式，即

$$S^2 = \frac{1}{n-1}(x_1^2 + x_2^2 + \cdots + x_n^2 - n\overline{x}^2) = \frac{1}{n-1}(\sum_{i=1}^{n}x_i^2 - n\overline{x}^2)$$

如果测量值 x_i 全部靠近均值 $\overline{x}$，则优先选用这个等价的计算式来计算方差。

3. 标准差

由方差的计算公式可知，方差的量纲是测量值量纲的平方，为使其量纲和均值相一致，则取其均方根差值，即标准差来说明测量值对均值的波动情况。所以，方差的平方根 S_D 称为标准差。对于均值为 $\overline{x}$ 的 n 个样本测量值：x_1、x_2、$\cdots$、x_n，其标准差 S_D 的一般计算式为：

$$S_D = [\frac{1}{n-1}(\sum_{i=1}^{n}x_i^2 - n\overline{x}^2)]^{\frac{1}{2}}$$

4. 抽样误差

抽样误差又称标准误差，即全部样本均值的标准差。在实际测量和统计分析中，总是以样本推测总体，而在一般情况下，样本与总体不可能完全相同，其差别就是由抽样引起的。抽样误差数值大，表明样本均值与总体均值的差别大；反之，说明其差别小，即均值的可靠性高。

概率论证明，当样本数据列的标准差为 S_D，样本容量为 n 时，则抽样误差 $S_{\overline{x}}$ 的计算式为：

$$S_{\overline{x}} = \frac{S_D}{\sqrt{n}}$$

由上式可知，均值的标准差 $S_{\overline{x}}$ 要比测量数据列的标准差 S_D 小 $\sqrt{n}$ 倍。当测量方法一定，样本容量越多，则测量结果精度越高。因此，在可能范围内增加样本容量，可以提高测量结果的精度。

5. 百分位数

百分位是指分布的横坐标用百分比来表示所得到的位置。用百分位可表示"适应域"。百分位由百分位数表示，称为第 x 百分位。如 50% 称为第 50 百分位。如果将一组数据从小到大排序，并计算相应的累计百分位，则某一百分位所对应数据的值就称为这一百分位的百分位数。

人体测量的数据常以百分位数 P_x 作为一种位置指标、一个界值。一个百分位数将群体或样本的全部测量值分为两部分。例如在设计中最常用的是 P_5、P_{50}、P_{95} 三种百分位数。其中第 5 百分位数是代表"小"身材，是指有 5% 的人群身材尺寸小于或等于此值，而有 95% 的人群身材尺寸均大于此值；第 50 百分位数表示"中"身材，是指大于和小于等于此人群身材尺寸的各为 50%；第 95 百分位数代表"大"身体，是指有 95% 的人群身材尺寸均小于或等于此值，而有 5% 的人群身材尺寸大于此值。

制定参考值范围有正态分布法和百分位数法，正态分布法适用于服从正态（或近似正态）分布指标以及可以通过转换后服从正态分布的指标；百分位数法常用于偏态分布的指

标。人体测量数据不符合正态分布的测量项目，其分布特征可以用累计频次的百分位和百分位数来描述。表2-6中表示出两种方法的单双侧界值。

表2-6 常用参考值范围的制定

概率/%	正态分布法			百分位数法		
	双侧	单侧		双侧	单侧	
		下限	上限		下限	上限
90	$\bar{x} \pm 1.64S_D$	$\bar{x} - 1.28S_D$	$\bar{x} + 1.28S_D$	$P_5 \sim P_{95}$	P_{10}	P_{90}
95	$\bar{x} \pm 1.96S_D$	$\bar{x} - 1.64S_D$	$\bar{x} + 1.64S_D$	$P_{2.5} \sim P_{97.5}$	P_5	P_{95}
99	$\bar{x} \pm 2.58S_D$	$\bar{x} + 2.33S_D$	$\bar{x} + 2.33S_D$	$P_{0.5} \sim P_{99.5}$	P_1	P_{99}

计算百分位数用公式：

$$P_x = L + \frac{i}{f_x}\left(\frac{xn}{100} - C\right)$$

式中　P_x——第 x 百分位

i——组距

n——样本数

L——P_x 所在组的下限

f_x——P_x 所在组的频次

C——P_x 所在组之前的向上累计频次

频数分布可为对称分布或近似正态分布和偏态分布，对称分布即集中位置在正中，两侧频数分布大致对称，偏态分布即集中位置偏向一侧，频数分布不对称。不同类型的分布，应采用相应描述指标和统计分析方法。

例：测得某地300名正常人尿汞值，其分布如表2-7所示，试用百分位数法估计该地正常人尿汞值的90%上限。

表2-7 300例正常人尿汞值表 单位：μg/L

尿汞值	例数	尿汞值	例数	尿汞值	例数
0 ~ <4	49	24 ~ <28	16	48 ~ <52	3
4 ~ <8	27	28 ~ <32	9	52 ~ <56	—
8 ~ <12	58	32 ~ <36	9	56 ~ <60	2
12 ~ <16	50	36 ~ <40	4	60 ~ <64	—
16 ~ <19	45	40 ~ <44	5	64 ~ <68	—
20 ~ <24	22	44 ~ <48	—	68 ~ 72	1

解：本例所给资料明显属于偏态分布资料，所以宜用百分位数法估计其参考值范围。计算出相应的向上累计频次和频率见表2-8。

表 2 − 8 <center>300 例正常人尿汞值频次频率表</center>

尿汞值/（μg/L）	例数	向上累计频次	累计频率/%	尿汞值/（μg/L）	例数	向上累计频次	累计频率/%
0 ~ <4	49	49	16.3	36 ~ <40	4	289	96.3
4 ~ <8	27	76	25.3	40 ~ <44	5	294	98.0
8 ~ <12	58	134	44.7	44 ~ <48	—	294	98.0
12 ~ <16	50	184	61.3	48 ~ <52	3	297	99.0
16 ~ <20	45	229	76.3	52 ~ <56	—	297	99.0
20 ~ <24	22	251	83.7	56 ~ <60	2	299	99.7
24 ~ <28	16	267	89.6	60 ~ <64	—	299	99.7
28 ~ <32	9	276	92.0	64 ~ <68	—	299	99.7
32 ~ <40	9	285	95.0	68 ~72	1	300	100

首先要找到第 90 百分位数所在组，根据累计频率第 90 百分位数在"28 ~ <32"组，因此得

$$L = 28,\ f_x = 9,\ i = 4,\ C = 267$$

$$P_{90} = L + \frac{i}{f_x}\left(\frac{90n}{100} - C\right) = 28 + \frac{4}{9}\left(\frac{90 \times 300}{100} - 267\right) = 29.33\ (\mu g/L)$$

故该地正常人尿汞值的 90% 上限为 29.33 μg/L。

在一般的统计方法中，并不一一罗列出所有百分位数的数据，而往往以均值 $\bar{x}$ 和标准差 S_D 来表示。虽然人体尺寸并不完全是正态分布，但通常仍可使用正态分布曲线来计算。因此，在人机工程学中可以根据均值 $\bar{x}$ 和标准差 S_D 来计算某百分位数人体尺寸，或计算某一人体尺寸所属的百分位数。

①求某百分位数人体尺寸：当已知某项人体测量尺寸的均值为 $\bar{x}$，标准差为 S_D，求任一百分位数的人体测量尺寸 x 时，可用下式计算：

$$x = \bar{x} \pm (S_D \times K)$$

当求 1% ~ 50% 的数据时，式中取 " − " 号；当求 50% ~ 99% 的数据时，式中取 " + " 号。

式中 K 为变换系数，设计中常用的百分比值与变换系数 K 的关系见表 2 − 9。

表 2 − 9 <center>百分比与变换系数[1]</center>

百分比/%	K	百分比/%	K
0.5	2.576	70	0.524
1.0	2.326	75	0.674
2.5	1.960	80	0.842
5	1.645	85	1.036
10	1.282	90	1.282
15	1.036	95	1.645
20	0.842	97.5	1.960
25	0.674	99.0	2.326
30	0.524	99.5	2.576
50	0.000		

②求数据所属百分率：在工作中要用到许多人体能力（如伸取、力量），知觉能力（如听觉、视觉和触觉），有氧耐力或忍耐力等。在大多数情况下，我们假定这些能力是按照正态分布规律在人群中分布的。发生在距均值1、2、3倍标准差的事件的百分率可从标准表中查到。人机工学设计的目标就是适应所考虑的能力或测量的男性和女性分布的最大百分比。

非标准正态分布是由其平均数 $\bar{x}$ 和标准差 S_D 唯一决定的，可以通过 $F(x) = \dfrac{(x - \bar{x})}{S_D}$ 转化为标准正态分布，转换后正态分布的各项性质保持不变，而标准正态分布的概率又可以通过查表求得。

当已知某项人体测量尺寸为 x_i，均值为 $\bar{x}$，标准差为 S_D 时，需要求该尺寸 x_i 所处的百分率 P 时，可查图 2-19 求得，或按 $z = (x_i - \bar{x})/S_D$ 计算出 z 值，据 z 值在表 2-10 给出的正态分布概率数值表上查得对应的概率数值 p；则百分率 P 按下式计算：

$$P = 0.5 + p$$

例：假定5岁男童的体重服从正态分布，平均体重 $\bar{x} = 19.5\text{kg}$，标准差 $S_D = 2.3\text{kg}$。

①随机抽查5岁男童的体重，分别计算体重小于16.1kg和大于22.9kg的百分率。

②试找出5岁男童中最重5%的体重范围。

解：设5岁男童体重小于16.1kg和大于22.9kg的百分率分别为 P_1 和 P_2

$$z_1 = (x_{i1} - \bar{x})/S_D = (16.1 - 19.5)/2.3 = -1.48$$

$$z_2 = (x_{i2} - \bar{x})/S_D = (22.9 - 19.5)/2.3 = 1.48$$

查正态分布表 2-10 得：$p_1 = -0.4306 \quad p_2 = 0.4306$

$$P_1 = 0.5 + p_1 = 0.5 - 0.4306 = 0.0694$$

体重大于22.9kg的百分率为总百分率（100%）减去体重小于22.9kg百分率

$$P_2 = 1 - (0.5 + p_2) = 1 - (0.5 + 0.4306) = 0.0694$$

查表 2-9 得95%变换系数 $K = 1.645$

第95百分位数体重为：

$$x_{95} = \bar{x} + (S_D \times K) = 19.5 + (2.3 \times 1.645) = 23.3(\text{kg})$$

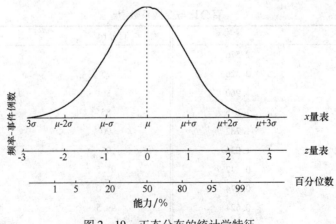

图 2-19 正态分布的统计学特征

　　故体重小于 16.1kg 和大于 22.9kg 的百分率都为 0.0694，5 岁男童中最重 5% 的体重大于 23.3kg。

表 2-10　　　　　　　　　　　　　　　正态分布表

z	样本数									
	0	1	2	3	4	5	6	7	8	9
0	0.0000	0.0040	0.0080	0.0120	0.0130	0.0199	0.0239	0.0279	0.0319	0.0359
0.1	0.0398	0.0438	0.0478	0.0517	0.0557	0.0596	0.0636	0.0675	0.0714	0.0754
0.2	0.0793	0.0832	0.0871	0.0910	0.0948	0.0987	0.1026	0.1064	0.1103	0.1141
0.3	0.1179	0.1217	0.1255	0.1293	0.1331	0.1368	0.1406	0.1443	0.1480	0.1517
0.4	0.1551	0.1591	0.1628	0.1664	0.1700	0.1736	0.1772	0.1808	0.1844	0.1879
0.5	0.1915	0.1950	0.1985	0.2019	0.2054	0.2088	0.2133	0.2157	0.2190	0.2224
0.6	0.2258	0.2291	0.2324	0.2357	0.2389	0.2422	0.2454	0.2486	0.2518	0.2549
0.7	0.2580	0.2612	0.2642	0.2673	0.2704	0.2734	0.2764	0.2794	0.2823	0.2852
0.8	0.2881	0.2910	0.2939	0.2967	0.2996	0.3023	0.3051	0.3078	0.3106	0.3133
0.9	0.3159	0.3186	0.3212	0.3238	0.3264	0.3289	0.3315	0.3340	0.3365	0.3389
1.0	0.3413	0.3438	0.3461	0.3485	0.3508	0.3531	0.3554	0.3577	0.3599	0.3621
1.1	0.3643	0.3665	0.3686	0.3708	0.3729	0.3749	0.3770	0.3790	0.3810	0.3830
1.2	0.3849	0.3869	0.3888	0.3907	0.3925	0.3944	0.3962	0.3980	0.3997	0.4015
1.3	0.4032	0.4049	0.4066	0.4082	0.4099	0.4115	0.4131	0.4147	0.4162	0.4177
1.4	0.4192	0.4207	0.4222	0.4236	0.4251	0.4265	0.4279	0.4292	0.4306	0.4319
1.5	0.4332	0.4345	0.4357	0.4370	0.4382	0.4394	0.4406	0.4418	0.4429	0.4441
1.6	0.4452	0.4463	0.4474	0.4484	0.4495	0.4505	0.4515	0.4525	0.4535	0.4545
1.7	0.4554	0.4564	0.4573	0.4582	0.4591	0.4599	0.4608	0.4616	0.4625	0.4633
1.8	0.4641	0.4649	0.4656	0.4664	0.4671	0.4678	0.4686	0.4693	0.4699	0.4706
1.9	0.4713	0.4719	0.4726	0.4732	0.4738	0.4744	0.4750	0.4756	0.4761	0.4767
2.0	0.4772	0.4778	0.4783	0.4788	0.4793	0.4798	0.4803	0.4808	0.4812	0.4817
2.1	0.4821	0.4826	0.4830	0.4834	0.4838	0.4842	0.4846	0.4850	0.4854	0.4857
2.2	0.4861	0.4864	0.4868	0.4871	0.4875	0.4878	0.4881	0.4884	0.4887	0.4890
2.3	0.4893	0.4896	0.4898	0.4901	0.4904	0.4906	0.4909	0.4911	0.4913	0.4916
2.4	0.4918	0.4920	0.4922	0.4925	0.4927	0.4929	0.4931	0.4932	0.4934	0.4936
2.5	0.4938	0.4940	0.4941	0.4943	0.4945	0.4946	0.4948	0.4949	0.4951	0.4952
2.6	0.4953	0.4955	0.4956	0.4957	0.4959	0.4960	0.4961	0.4962	0.4963	0.4964
2.7	0.4965	0.4966	0.4967	0.4968	0.4969	0.4970	0.4971	0.4972	0.4973	0.4974
2.8	0.4974	0.4975	0.4976	0.4977	0.4977	0.4978	0.4979	0.4979	0.4980	0.4981
2.9	0.4981	0.4982	0.4982	0.4983	0.4984	0.4984	0.4985	0.4985	0.4986	0.4986
3.0	0.4987	0.4987	0.4987	0.4988	0.4988	0.4989	0.4989	0.4989	0.4990	0.4990
3.1	0.4990	0.4991	0.4991	0.4991	0.4992	0.4992	0.4992	0.4992	0.4993	0.4993
3.2	0.4993	0.4993	0.4994	0.4994	0.4994	0.4994	0.4994	0.4994	0.4995	0.4995
3.3	0.4995	0.4995	0.4995	0.4996	0.4996	0.4996	0.4996	0.4996	0.4996	0.4997

续表

z	样本数									
	0	1	2	3	4	5	6	7	8	9
3.4	0.4997	0.4997	0.4997	0.4997	0.4997	0.4997	0.4997	0.4997	0.4997	0.4998
3.5	0.4998	0.4998	0.4998	0.4998	0.4998	0.4998	0.4998	0.4998	0.4998	0.4998
3.6	0.4998	0.4998	0.4999	0.4999	0.4999	0.4999	0.4999	0.4999	0.4999	0.4999
3.7	0.4999	0.4999	0.4999	0.4999	0.4999	0.4999	0.4999	0.4999	0.4999	0.4999
3.8	0.4999	0.4999	0.4999	0.4999	0.4999	0.4999	0.4999	0.4999	0.4999	0.4999
3.9	0.5000	0.5000	0.5000	0.5000	0.5000	0.5000	0.5000	0.5000	0.5000	0.5000

6. 数据采集和处理的注意事项

数据采集时应注意下述问题：①样本的大小取决于数据估计所要求的精度；②要使数据估计具有代表性，样本的选择必须随机。

根据测量结果即可进行数据处理，数据处理时可依以下步骤进行：①依测得数据大小，统计累计频数；②将累计频数换算成累计频率，计算百分位数。

根据所测得的数据进行数理统计，从而找出了不同年龄、地区、性别、职业等脚的长短肥瘦的差异规律以及脚步型各特征部位之间的关系；设计出适合我国人民脚型规律的穿用舒适、合脚的鞋楦；制定了我国的统一鞋号。

三、 数据分析方法实例

现代的数据分析一般都是借助于计算机软件，常用的软件有 Office Excel 和 SPSS 专业统计软件。现我们以专业的 SPSS 软件来介绍进行数据分析的方法。

1. 专业的统计——SPSS 软件的基本特点[5]

（1）数据录入采用表格方式，使数据集中而直观。

（2）使用该软件，只要给出分析指令，系统便自动进行数据处理，得到相应的结果。对于不懂统计方法实现的内在原理，视其为畏惧的工程人员，有了 SPSS，数理统计的计算过程将变得轻而易举。

（3）完全的 Windows 风格界面，输入数据文件以后，只需用鼠标结合简单的数据输入便可以完成操作。

（4）完善的帮助系统（包括图解帮助、在线帮助和联机帮助等），使你能更好地自学该软件。

（5）单击对话框中的"Paste"按钮，可以自动生成"Syntax"程序代码，直接运行或经过简单的编辑，就可以实现指定的功能。该功能使熟悉编程的用户节省很多工作。

（6）可以与很多其他软件进行数据交流。该软件可以打开扩展名为 . dat、. xls、slk、. dbf 和 . wk3 等的多种数据文件。该软件生成的图形可以保存为多种图形文件格式。该软件支持 OLE 和 ActiveX 技术，可以与其他相应软件进行对象的自动嵌入与链接。

2. 脚型测量数据的 SPSS 的分析程序

（1）数据的输入和保存　当打开 SPSS 后，展现的界面如图 2 - 20 所示。

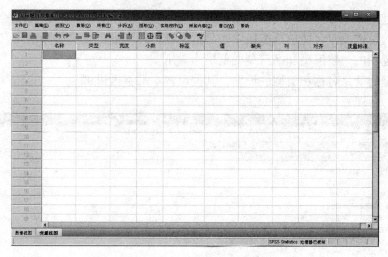

图 2-20 SPSS 17.0 界面

这是一个典型的 Windows 软件界面，有菜单栏、工具栏。工具栏下方的是数据栏，数据栏下方则是数据管理窗口的主界面。该界面和 Excel 极为相似，由若干行和列组成，每行对应了一条记录，每列则对应了一个变量。由于现在我们没有输入任何数据，所以行、列的标号都是灰色的。请注意第一行第一列的单元格边框为深色，表明该数据单元格为当前单元格。

（2）定义变量 进入 SPSS，在视图的左下角，数据编辑器包括"数据窗口"和"变量窗口"两个视区，分别定义变量的值（即数据）和变量（名称、类型等）（图 2-21）。

在"变量窗口"视区中定义变量信息。

①名称为变量名。SPSS 中变量名的定义规则与其他软件中的大同小异，具体而言，有以下一些规定：a. 变量名的第一个字符必须为字母，后面可跟任意字母、数字、句点或@、#、_、$ 等符号；b. 变量名不能以句点结尾；c. 定义时应避免最后一个字符为下划线"_"（因为某些过程运行时自动创建的变量名的最后一个字符有可能为下划线，这样有可能造成冲突）；d. 变量名的长度一般不能超过 8 个字符；e. 空格和特殊字符（如！、？、'和 * 等）不能用于变量名；f. 每个变量名必须保证是唯一的，不区分大小写；g. 下面的关键词不能用做变量名：ALL、NE、EQ、TO、LE、LT、GE、BY、OR、GT、AND、NOT、WITH。

②类型为变量类型。单击该列中的单元，将弹出"变量类型"对话框，如图 2-22 所示。对话框中列出了 8 种可选的基本变量类型：数值型（Numeric）、逗号型（Comma）、句点型（Dot）、科学计数型（Scientific notation）、日期格式型（Date）、美元型（Dollar）、

图 2-21 数据窗口和变量窗口

定制货币型（Custom currency）和字符串型（String）。只要单击要定义的变量类型的标签或标签前面的单选按钮，使单选按钮中心显示黑点，便可进行变量类型的定义。在人机工学所使用的范围内，数值型和字符型变量最为常用。

最为关键的就是名称和类型的设置，其他设置本书不做讲解。

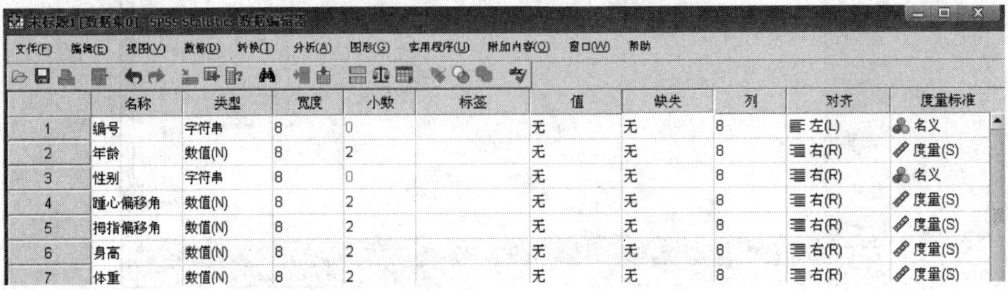

	名称	类型	宽度	小数	标签	值	缺失	列	对齐	度量标准
1	编号	字符串	8	0		无	无	8	左(L)	名义
2	年龄	数值(N)	8	2		无	无	8	右(R)	度量(S)
3	性别	字符串	8	0		无	无	8	右(R)	名义
4	踵心偏移角	数值(N)	8	2		无	无	8	右(R)	度量(S)
5	拇指偏移角	数值(N)	8	2		无	无	8	右(R)	度量(S)
6	身高	数值(N)	8	2		无	无	8	右(R)	度量(S)
7	体重	数值(N)	8	2		无	无	8	右(R)	度量(S)

图 2－22　变量设置

（3）输入数据　在方框内直接键入需要的数据即可（图 2－23）。操作方法同 Excel。同时 SPSS 可以打开 txt 文本和 Excel 的数据格式，之间可以进行相互的转换。

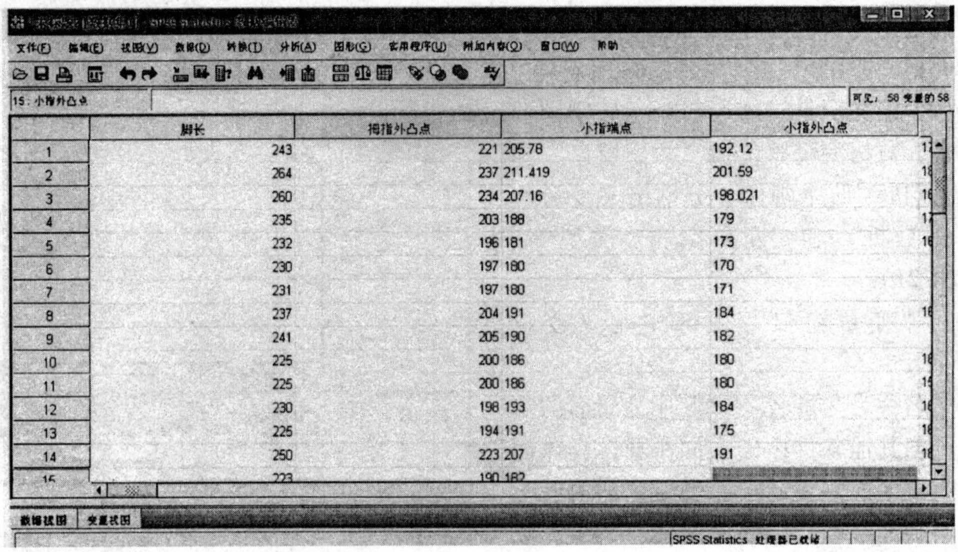

	脚长	拇指外凸点	小指端点	小指外凸点
1	243	221	205.78	192.12
2	264	237	211.419	201.59
3	260	234	207.16	198.021
4	235	203	188	179
5	232	196	181	173
6	230	197	180	170
7	231	197	180	171
8	237	204	191	184
9	241	205	190	182
10	225	200	186	180
11	225	200	186	180
12	230	198	193	184
13	225	194	191	175
14	250	223	207	191

图 2－23　数据输入

（4）保存数据　选择菜单 File（文件）→Save（保存），弹出的对话框如图 2－24 所示。单击保存类型列表框，可以看到 SPSS 所支持的各种数据类型，有 DBF、FoxPro、Excel、ACCESS 等，这里我们仍然将其存为 SPSS 自己的数据格式（＊. sav 文件）。

（5）数据的分析　由于该软件运用于各行各业进行统计分析，功能十分强大，但是基于本书所用到的功能仅有数据描述、基础的数据分析及回归方程的构建，因此本书将对以上三个方面的内容进行详细的叙述。

（6）SPSS 实现　选择菜单中“Analyze（分析）”→“Descriptive Statistics（数据分析）”选项，打开对应的子菜单，该子菜单中提供了多个过程，可以实现样本数据的描述。

图 2 - 24 数据保存

下面分别进行介绍。

① 频数分析过程：分析→数据分析→频率描述。

该过程通过数据的频数分析来达到整理数据的目的，利用该过程，得到一系列描述数据分布状况的统计量。

② 变量名列表框：对话框左侧的变量名列表框中列出了当前数据文件中所有变量的变量名。在变量名列表框中单击文件名以后，单击对话框中间的箭头按钮，将变量名移到该列表框中。选定变量名以后，将对选定变量的数据进行频数分析。该对话框中各选项的名称如图 2 - 25 所示。

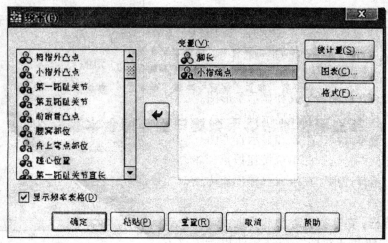

图 2 - 25 频率描述

（7）统计量描述　如图2-26所示。

四分位数：选择此项，计算并显示四分位数。

制点：选择此项，在后面的输入框中输入数值，假设 p（p 为 2~100 之间的整数），则计算并显示 p 分位数。

百分位数：选择此项，在后面的输入框中输入数值，可以有选择地显示百分位数。

再输入"集中趋势"计算并显示描述中心趋势的统计量。均值计算平均数；中位数计算并显示样本数据的中值；众数计算并显示众数；合计计算并显示数据的累加值。

假设数据已经分组，而且数据取值为初始分组的中点，选择"中点分组"项，计算百分位数统计和数据的中位数。

离散：计算并显示描述数据离散趋势的统计量。标准差计算并显示样本数据的标准差；方差计算并显示样本数据

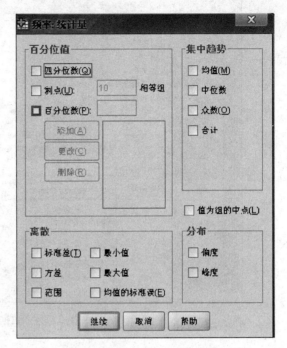

图2-26　频率分析统计量描述

的方差；范围计算并显示样本数据的极差；最小值计算并显示样本数据的最小值；最大值计算并显示样本数据的最大值；均值的标准误差计算并显示均值的标准误差。

分布：描述数据分布的统计量。偏度显示样本数据的偏度和偏度的标准误差；峰度显示样本数据的峰度和峰度的标准误差。

（8）图表描述　如图2-27所示。

图表类型方框：在该方框内进行选择，确定图形输出类型。

无：默认选项。选择此项，不生成和显示图形。

条形图：选择此项，生成和显示条形图。

饼图：选择此项，生成和显示饼图。

直方图：选择此项，生成和显示直方图。

生成普通曲线：选择此单选按钮以后，本复选框变为可用，选择此项，在生成和输出直方图时添加正态曲线。

图表值方框：在"图表类型"方框内选择"条形图"单选按钮和"饼图"单选按钮以后，该方框内的选项变为可用。选择此项，确定生成图形时

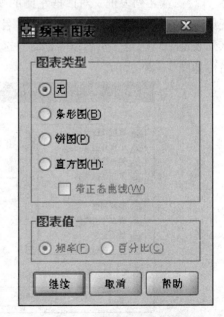

图2-27　频率分析图表描述

条形（对于条形图）的长度或扇区（对于饼图）面积的度量。

频率单选按钮：为默认选项。选择此项，用分类变量不同取值对应的个案数作为度量。

百分比：选择此项，用分类变量不同取值对应个案数占总个案数的百分数作为度量。

（9）格式设置　如图 2 - 28 所示。

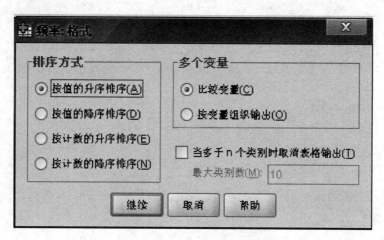

图 2 - 28　频率分析格式设置

排序方式：设置表中数据的排列顺序。

按值的升序排列：选择此项，按照变量值的大小升序排列。

按值的降序排列：按照变量值的大小降序排列。

按计数的升序排列：按照变量值出现的频数升序排列。

按计数的降序排列：按照变量值出现的频数降序排列。

显示方式：确定表格的显示方式。

单独显示：选择此项，将对应于各变量的统计量显示在一张单独的表中。

分别列表显示：将对应于各变量的统计量分别列表显示。

频数输出范围：选择此项，在后面的输入框中输入数值，确定频数表输出的范围，即输出数据的组数不得大于输入框中输入的数值。默认时该数值为 10。

统计量描述（"分析"→"数据分析"→"数据描述"，设置方式与"频率描述"的相同。

（10）例子

针对 25 个足形的样本进行统计量的描述，以图 2 - 23 中的数据为例。

脚长频率分布见表 2 - 11，频率分布图如图 2 - 29 所示。

表 2 - 11　　脚长频率分布

脚长/mm	频率/次	百分比/%	有效百分比/%	累积百分比/%
213	1	4.0	4.0	4.0
218	1	4.0	4.0	4.0

续表

脚长/mm	频率/次	百分比/%	有效百分比/%	累积百分比/%
219	1	4.0	4.0	12.0
223	1	4.0	4.0	16.0
225	3	12.0	12.0	28.0
226	1	4.0	4.0	32.0
230	4	16.0	16.0	48.0
231	1	4.0	4.0	52.0
232	1	4.0	4.0	56.0
235	1	4.0	4.0	60.0
237	1	4.0	4.0	64.0
241	1	4.0	4.0	68.0
243	1	4.0	4.0	72.0
250	1	4.0	4.0	76.0
258	1	4.0	4.0	80.0
260	1	4.0	4.0	84.0
264	1	4.0	4.0	88.0
267	2	8.0	8.0	96.0
269	1	4.0	4.0	100.0
合计	25	100.0	100.0	

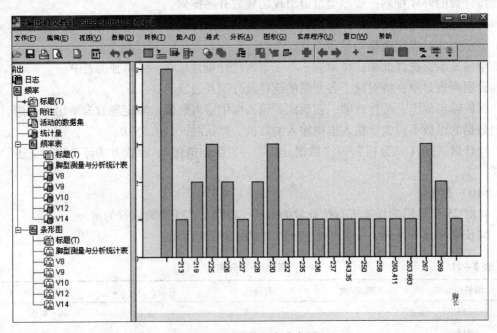

图 2-29　脚长频率分布图

从表2-11、图2-29中得出有关脚长分布的情况。从表2-12可以看出关于脚长的基本数据信息，如样本数量、最大值、最小值、平均值以及标准差。

表2-12 脚长描述统计量

有效样本数 N	极小值/mm	极大值/mm	均值/mm	标准差/mm
25	213	269	237.95	17.096

（11）方差分析——t 检验

t 检验是用小样本检验总体参数，特点是在均方差未知的情况下，可以检验样本平均数的显著性。

①单样本的均值检验：对于单个正态总体并且方差未知的情况，用下面的统计量来检验其平均数的显著性（假设样本均值与总体均值相等，即 $\mu = \mu_0$）。

$$t = \sqrt{n}\,\frac{\overline{X} - \mu_0}{s}$$

当原假设成立时，上面的统计量应该服从自由度为 $n-1$ 的 t 分布。

② 独立样本的均值比较：应用 t 检验，可以检验独立的正态总体下样本均值之间是否有显著差异。检验前，要求进行比较的样本相互独立，并且服从正态分布。因此需要首先对将要进行均值比较的样本做独立性检验和正态分布检验。

$$t = \frac{\overline{X} - \overline{Y}}{\sqrt{\dfrac{S_x^2}{m} + \dfrac{S_v^2}{n}}}$$

进行两个独立正态总体下样本均值的比较时，根据方差齐与不齐两种情况，应用不同的统计量进行检验。

方差不齐时，统计量为

$$t = \frac{\overline{X} - \overline{Y}}{S_w \sqrt{\dfrac{1}{m} + \dfrac{1}{n}}}$$

式中 $\overline{X}$、$\overline{Y}$——样本1和样本2的均值

S_x^2、S_v^2——样本1和样本2的方差

m、n——样本1和样本2的数据个数

方差齐时，采用的统计量为

$$S_w = \sqrt{\frac{(m-1)S_x^2 + (n-1)S_r^2}{m + n + 1}}$$

式中，S_w 为两个样本的标准差，它是样本1的方差和样本2的方差的加权平均值的方根，当两个总体的均值差异不显著时，该统计量应服从自由度为 $m + n - 2$ 的 t 分布。

③成对样本的均值比较：观测数据常有配成对子的情况，如用两种不同热处理方法加工的某种金属材料的抗拉强度、采用新的教育方法前后学生的成绩等。应用 t 检验可以对成对样本的均值进行比较。

成对样本的均值比较 t 检验假设这两个样本之间的均值差异为零，用于检验的统计量为式中，$n-1$ 为自由度，n 为数据对数。

$$t = \frac{\overline{x} - \overline{y}}{\sqrt{\dfrac{\sum_{t=1}^{n} (x_1 - y_1)^2 - [\sum_{t=1}^{n} (x_1 - y_1)]^2/n}{n(n-1)}}}$$

④SPSS 实现：选择主菜单中"分析"→"均值比较"→"单样本 t 检验"，对该对话框及其次级对话框中的选项进行设置，可以进行单个正态样本的均值检验。对话框中各选项的名称如图 2 – 30 所示。

图 2 – 30　单样本 t 检验

检验变量：用中间的右箭头按钮从左边的原变量名列表框中将变量名转移到该列表框中，则对应变量名对应的变量数据将进行均值检验。

检验值：在该输入框中输入总体均值。默认值为 0。

将脚长等变量输入到"检验变量"列表框，进行单一样本的均值比较。结果见表 2 – 13、表 2 – 14。

表 2 – 13　　　　　　　　　　　　脚长单个样本统计量

样本数 N	均值/mm	标准差/mm	均值的标准误差/mm
25	237.95	17.096	3.419

表 2 – 14　　　　　　　　　　　　脚长单个样本检验

				差分的95%置信区间	
t	df	Sig.（双侧）	均值差值	下限	上限
69.590	24	0.000	237.590	230.89	245.01

检验值 = 0

注：t—t 检验；df—自由度；Sig.—差异性检验的显著值；Sig 值即为 P 值。

由表 2 – 14 中的显著性可得出以下结论：在 t 为 69.590、自由度为 24 时，该组中脚长差异十分显著。

　　然后，如果需要对两个样本的差异进行比较和分析，需要进行"独立样本 t 检验"。在菜单中选择"分析"→"均值比较"→"独立样本 t 检验"，激活独立样本 t 检验，如图 2-31 所示。

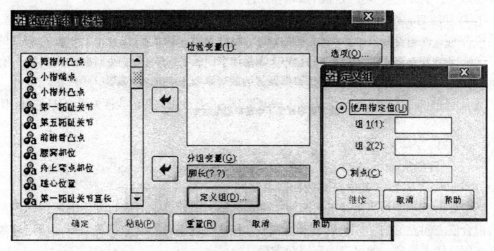

图 2-31　独立样本 t 检验

　　检验变量：用中间的右箭头按钮从左边的原变量名列表框中将变量名转移到该列表框中，则对应变量名对应的变量数据将进行均值检验。

　　分组变量：选中分组变量，并在"定义组"中设置需要分析的两组名称，如图 2-31 所示。

　　结果见表 2-15、表 2-16。

表 2-15　　　　　　　　　　　　　　　　脚长组统计量

性别	N	均值/mm	标准差/mm	均值的标准误差/mm
男	8	259.8430	9.07161	3.20730
女	17	228.1176	5.12204	1.24228

表 2-16　　　　　　　　　　　　　　　脚长独立样本 t 检验结果

方差	方差方程的 Levene 检验		均值方程的 t 检验					差分的 95% 置信区间	
	F	Sig.	t	df	Sig.（双侧）	均值差值	标准误差值	下限	上限
假设方差相等	3.634	0.069	11.245	23.000	0.000	31.72535	2.82116	25.88934	37.56137
假设方差不相等			9.224	9.168	0.000	31.72535	3.43948	23.96634	39.48436

　　注：F—组方差值。

从表 2-15、表 2-16 中可以看出，男生和女生之间脚长差异（$P < 0.01$）十分显著。

（12）回归分析——关联方程 在实际生活中，某个现象的发生或某种结果的得出往往与其他某个或某些因素有关，但这种关系又不是确定的，只是从数据上可以看出有"有关"的趋势。回归分析就是用来研究具有这种特征的变量之间的相关关系，回归分析有多种分析方法，下面主要介绍线性回归和非线性回归。

① 线性回归：线性回归假设因变量与自变量之间为线性关系，用一定的线性回归模型来拟合因变量和自变量的数据，并通过确定模型参数来得到回归方程。根据自变量的多少，线性回归可有不同的划分。当自变量只有一个时，称为一元线性回归；当自变量有多个时，称为多元线性回归。

② 一元线性回归：一元线性回归研究因变量与一个自变量之间的线性关系。其回归模型为

$$y = b_0 + b_1 x$$

式中 y——因变量

x——自变量

b_0、b_1——待定参数（其中 b_1 称为回归系数）

通常采用最小二乘法来确定上面两个待定参数，即要求观测值与利用上面回归模型得到的拟合值之间差值的平方和最小。差值平方和达到最小时的模型参数便作为待定参数的最终取值，代入模型，便可以确定回归方程。

③ 回归系数的显著性检验：给定以上模型和实测数据以后，总可以得到待定参数的拟合值，但由此确定的回归方程式不一定有意义。因此，需要对得到的回归系数做显著性检验，即检验回归系数是否为 0，如果为 0，则说明因变量与自变量无关，回归方程无意义。回归系数的显著性检验有多种方法，下面介绍 F 检验法、t 检验法、P 检验法和相关系数检验法。

a. F 检验法：为了对回归方程做显著性检验，首先将观测值和拟合值差值的平方和（SS）分解为回归平方和（SSR）和残差平方和（SSE），用以下统计量进行检验

$$F = \frac{SS_R}{SS_E/(n-2)}$$

式中，n 为数据组数。当 F 值大于一定的临界值时，拒绝原假设，认为因变量与自变量之间是相关的。

b. t 检验法：做 t 检验时取下面的统计量

$$t = \sqrt{\sum_{i=1}^{n} (x_i - \bar{x})^2 \frac{b_1}{\sigma}}$$

当该统计量大于一定的临界值时，拒绝原假设，认为因变量与自变量之间是相关的。

c. P 检验法：假定某一参数的取值，选择一个检验统计量（例如 z 统计量或 Z 统计量），该统计量的分布在假定的参数取值为真时应该是完全已知的。从研究总体中抽取一个随机样本计算检验统计量的值，计算概率 P 值（观测的显著水平），即在假设为真时的前提下，检验统计量大于或等于实际观测值的概率。

如果 $P \leq 0.01$，说明是较强的判定结果，拒绝假定的参数取值。

如果 $0.01 < P < 0.05$，说明较弱的判定结果，拒绝假定的参数取值。

如果 $P \geq 0.05$，说明结果更倾向于接受假定的参数取值。

d. 相关系数检验法：

取下面的统计量

$$R = \frac{\sum\limits_{i=1}^{n} (x_i - \bar{x})(y_i - \bar{y})}{\sqrt{\sum\limits_{i=1}^{n} (x_i - \bar{x})^2 \sum\limits_{l=1}^{N} (y_i - \bar{y})^2}}$$

R 称为相关系数。当相关系数的绝对值大于一定的临界值时，拒绝原假设。

④SPSS 实现：选择菜单"分析"→"回归分析"→"线性回归分析"过程分析，如图 2 - 32 所示。

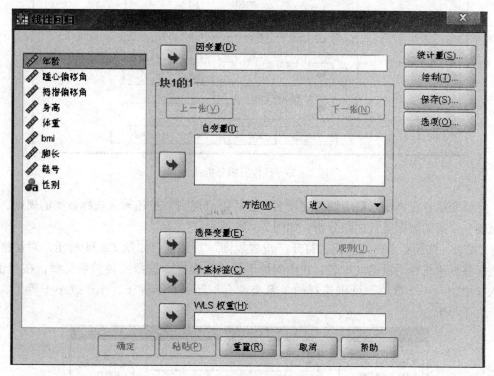

图 2 - 32　线性回归分析（一）

因变量：从左边的源变量名列表框中用右箭头按钮输变量名到该输入框中，对应变量作为因变量。

自变量：在该列表框中输入变量名，对应变量作为自变量。进行一元回归时，在该列表框中输入一个变量名；进行多元回归时，在该列表框中输入多个变量名。

"下一张"按钮：单击该按钮，可以在"自变量"列表框中输入新的自变量集合，以便同时研究不同自变量集合与因变量之间的关系。

"上一张"按钮：单击该按钮，"自变量"列表框中显示前一套自变量集合。

"方法"下拉式列表框：在该控件中选择进行回归分析的方法。有进入、逐步、删除、向后、向前 5 种方法，"进入"输入框中输入数值，作为评判进入值的标准值，当某变量的 F 显著性概率小于该数值时，此变量进入回归方程式；在"删除"输入框中输入数值，作为评判剔除值的标准值，当变量的 F 值大于该数值时，从回归方程式中剔除该变量。

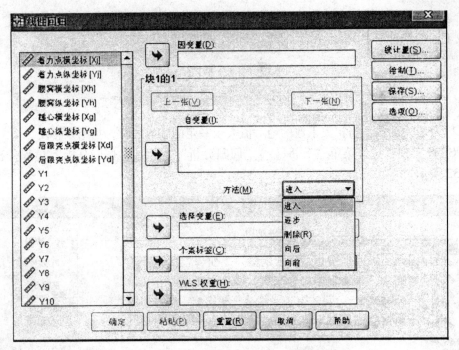

图 2-33　线性回归分析（二）

选择变量：在该输入框中输入变量名，然后用"规则"按钮输入选择数据的规则，确定对哪些个案的数据进行回归分析，如图 2-33 所示。

"规则"按钮：单击该按钮，打开"设置规则"对话框，如图 2-34 所示。对话框中左侧标签显示选择变量的变量名；在中间的下拉式列表框中选择一种关系类型；在"值"输入框中输入一个数值。可供选择的关系类型有：等于、不等于、小于、小于等于、大于、大于等于。

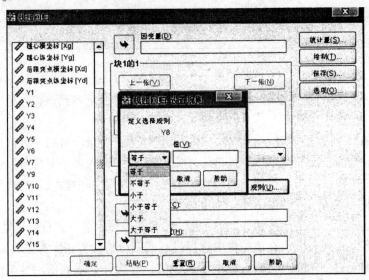

图 2-34　线性回归分析设置规则

个案标签：数据输出标签。（WLS权重）将需要的变量加权处理，如图2-35所示。

线性回归系数：统计量分析，如图2-35所示。

估计：默认时选择此项。计算并显示回归系数。

误差条图的表征：选择此项，计算并显示预测区间。

协方差矩阵：选择此项，计算并显示回归系数的方差-协方差矩阵，矩阵的对角线上为方差，对角线下为协方差。

模型拟合度：该方框中的选项进行有关残差的设置。

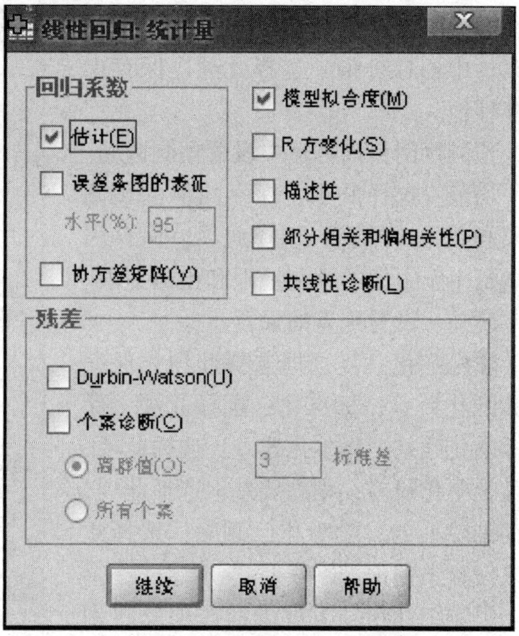

R方变化：默认时选择此项。选择此项，计算并显示相关系数、相关系数的平方、调整的相关系数、标准误差和变量分析表。选择此项，显示增删一个独立变量时相关系数的变化。如果增删某变量时相关系数变化较大，则说明该变量对因变量的影响较大。

图2-35　线性回归统计量分析

描述性：选择此项，显示变量数据的均值、标准离差和单侧条件下的相关矩阵。

部分相关和偏相关性：选择此项，显示部分相关和偏相关矩阵。

共线性诊断：选择此项，进行共线性诊断。

线性回归分析图如图2-36所示。

Y输入框和X输入框：在这两个输入框中分别输入变量名，则对应变量的数据作为图形Y轴和X轴。

标准化残差图：在该方框内选择将要生成的图形的类型。

图2-36　线性回归图分析

DEPENDNT—因变量　ZPRED—标准化预测值　ZRESID—标准化残差　DRESID—剔除残差　ADJPRED—调节预测值　SRESID—学生化残差　SDRESID—学生化剔除残差

线性回归保存选项如图2-37所示。

预测值：该方框中为预测值选项。

未标准化：选择此项，在当前文件中保存非标准化预测值；标准化：选择此项，保存标准化预测值；调节：选择此项，保存调节的预测值；均值预测值的标准误差：选择此项，保存均值预测值的标准误差。

距离：该方框中为距离选项。

马氏距离：选择此项，保存马氏距离；库克距离：选择此项，保存 Cook's 距离；中心杠杆值：选择此项，保存中心杠杆值。

预测区间：该方框中设置预测区间。

均值：选择此项，保存均值的预测上限和下限；单值：选择此项，保存因变量每个个案值的预测上限和预测下限。

残差：设置残差的保存。

非标准化：复选框选择此项，保存非标准化残差；标准化：选择此项，保存标准化残差；学生化残差：选择此项，保存学生化残差；剔除残差：选择此项，保存剔除残差；学生化已删除：选择此项，保存学生化剔除残差。

影响统计量：方框中的选项反映剔除某个案以后的变化情况。

DfBeta：选择此项，计算并保存 Beta 差值，该值反映剔除某个案的数据以后回归系数的变化情况；标准化 DfBeta：选择此项，计算并保存标准化的 Beta 差值；DfFit：选择此项，计算并保存拟合差值，该值反映由于剔除某个案数据，预测值的变化情况；标准化 DfFit：选择此项，计算并保存标准化的拟合差值；协方差比率：选择此项，计算并保存剔除某个案数据前后协方差矩阵的比率。如果该比率接近于 1，说明该个案对协方差矩阵的影响较小。

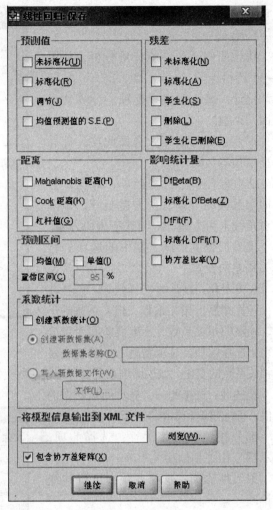

图 2 - 37　线性回归保存选项介绍

⑤举例：同样列举某班级学生脚长与跖围的线性关系。所用数据同前面所列举数据一致，主要结果见表 2 - 17、表 2 - 18。

表 2 - 17　　　　　　　　　　　　　脚长与跖围的相关性

		脚长	跖围
脚长	Pearson 相关性	1.000	0.957 *
	显著性（双侧）		0.000
	N	27	27
跖围	Pearson 相关性	0.957 *	1.000
	显著性（双侧）	0.000	
	N	27	27

*. 在 0.01 水平（双侧）上显著相关。

表 2 – 18　　　　　　　　　　　　脚长与跗围的关联性分析

模型		平方和	df	均方	F	Sig.
1	回归	4436.002	1.000	4436.002	271.618	0.000
	残差	408.295	25.000	16.332		
	总计	4844.296	26.000			

表 2 – 19　　　　　　　　　　　　脚长与跗围的线性回归关系

模型		非标准化系数		标准系数	t	Sig.
		b	标准误差	试用版		
1	常量	47.182	10.477		4.504	0.000
	脚长	0.717	0.044	0.957	16.481	0.000

如表 2 – 19 所示，根据线性方程 $y = b_0 + b_1 x$，我们得到了 $b_0 = 47.182$，$b_1 = 0.717$，那么方程为：跗围 = 47.182 + 0.717 × 脚长。也就是说当脚长增加 10mm，基宽增加 7.17mm。除了方程的构建，还需要考虑该方程的有效性，通过查看表 2 – 18 中 Sig. = 0.000，小于 0.05，所以得出跗围和脚长的线性回归关系是有效的。图 2 – 38 就是根据回归方程所构建的关于跗围的直方图。

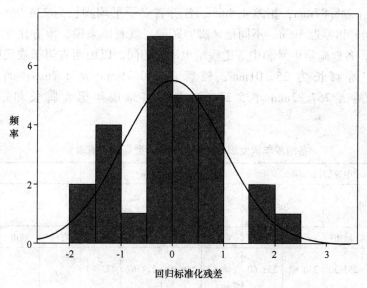

图 2 – 38　线性回归分析数据回归频率分析图

四、　脚型分析结果与数学模型的建立

1. 脚型与年龄和性别的关系

从分析的结果我们可以看出年龄越小，脚型变化越快。1 ~ 4 岁时脚长的年增量为 10mm 左右，跗围年增量约为 9mm；4 岁以后脚长和跗围的年增量逐年减小，到 12 ~ 13 岁前，脚长年增量约为 7mm，跗围年增量约为 6mm。城市男孩的脚一般在 19 岁左右基本上停止发育，

城市女孩的脚在17岁左右就停止发育。农村的男女孩的脚停止发育期较城市约推迟一年。年龄越小，男女脚型差异也越小，就像体型，外貌难于区分男女婴儿一样。随着年龄的增长，男女脚型差异越来越大（图2-39），全国农村男子中等脚长为252.1mm，农村成年女子中等脚长仅为232.11mm，相差20mm。当脚长均为250mm时，全国农村成年男子中等跖围为253.53mm，农村成年女子中等跖围仅为243.09mm，两者相差10mm多。

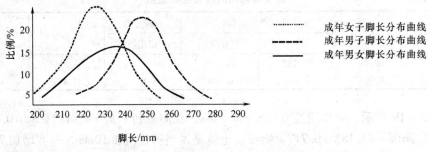

图2-39　全国男女脚长的分布曲线[2]

2. 脚型与地区的关系

不同地区的脚型，其差异也很大。如新疆男子农民脚长为256.35mm（均数），广东省男子农民只有248.87mm，相差4.8mm。江苏省女子平均脚长为234.96mm，贵州省女子为230.02mm，相差近5mm。不同地区脚的跖围，就农民来说，南方比北方肥。由于这些差别的存在，各地确定中号和中等肥瘦型也不能相同。以山西省男子农民脚型与福建省比较，前者中等脚长为255.01mm，较后者250.31mm大4.7mm；而跖围前者为252.59mm，较后者257.82mm小5.23mm。现将各地成年男女脚长和跖围数据列于表2-20。

表2-20　　　　　各地成年男女脚长、跖围和中等型号型一览表[3]

省（市）	中等脚长/mm				跖围/mm				中等型号			
	男		女		男（脚长 250mm）		女（脚长 230mm）		男		女	
	农村	城市	农村	城市	农村	城市	农村	城市	农村	城市	农村	城市
1. 北京	251.54	253.20	230.62	233.60	248.52	246.00	224.67	223.83	（三半）不到	（三）	（二）不到	（二）不到
2. 河北	253.61	251.03	233.01	232.17	251.53	247.14	225.57	225.52	（三半）多	（三）多	（二）	（二）
3. 山西	255.01		230.64		249.23		224.08		（三半）不到	（三）	（二）不到	
4. 内蒙古	251.28		231.15		246.76		225.84		（三）		（二）	
5. 辽宁	253.90	252.86	233.66	234.09	250.08	245.12	228.12	224.08	（三半）	（三）不到	（二半）不到	（二）不到

续表

省（市）	中等脚长/mm				跗围/mm				中等型号			
	男		女		男（脚长 250mm）		女（脚长 230mm）		男		女	
	农村	城市	农村	城市	农村	城市	农村	城市	农村	城市	农村	城市
6. 黑龙江	251.94	252.03	232.02	233.02	250.43	247.90	228.36	223.85	（三半）不到	（三）多	（二半）不到	（二）不到
7. 陕西	253.73		231.09		251.70		225.93		（三半）多		（二）	
8. 甘肃	250.52		231.09		251.58		231.42		（三半）多		（三）不到	
9. 新疆	256.35		234.16		255.32		231.23		（四半）不到		（三）不到	
10. 山东	254.52	253.83	234.04	234.37	253.23	245.27	228.75	223.14	（四）	（三）不到	（二半）	（一半）多
11. 上海	251.47	251.06	233.40	273.53	255.27	244.54	231.37	224.01	（四半）不到	（二半）多	（三）不到	（二）不到
12. 安徽	251.30		232.25		256.34		231.80		（四半）不到		（三）不到	
13. 江苏	254.43		234.96		253.38		228.61		（四）		（二半）	
14. 浙江	252.51		231.95		254.97		228.18		（四）多		（二半）不到	
15. 福建	250.31	249.26	232.42	230.91	257.59	249.20	233.35	226.50	（四半）不到	（三半）不到	（三）多	（二）多
16. 广东	248.87	247.82	230.49	229.38	253.25	250.41	233.11	227.92	（四半）多	（三半）	（三）	（二半）不到
17. 湖南	251.08		231.78		260.06		232.68		（五）		（三）	
18. 湖北	250.63	249.45	231.55	230.34	255.60	247.12	230.21	223.36	（四半）不到	（三）	（二半）多	（一半）多
19. 四川	249.32	248.10	230.65	228.59	253.19	246.83	230.61	223.97	（四）	（三）	（二半）多	（二）不到
20. 贵州	249.62		230.02		255.13		229.94		（四）多		（二半）多	
平均	252.10	251.34	232.11	232.10	253.53	246.54	224.37	224.41	（四）	（三）	（二半）	（二）不到

3. 与职业的关系

职业不同，其脚型长度差异较小，但不同脚的肥瘦相差较大。我国城市成年男子平均脚长为 251.34mm，农村成年男子平均脚长为 252.1mm，相差不到 1mm，而跗围两者相差达 7mm（一个肥瘦型）。

4. 全国成年男女跗围的分布情况

根据全国脚型分析结果，相同脚长的跗围差别较大，成年男女可达 80~100mm，儿童为 50~60mm。现以全国成年男子脚长 250mm、女子脚长 230mm 为例，其分布情况见表 2-21。

从以上两个表中可以看出，为了更好满足广大人民不同肥瘦脚的穿鞋需要，必须在相同的鞋号里，安排几个不同的肥瘦型。

5. 脚的各特征部位与脚长的关系

脚的各特征部位长度与脚长成简单的正比关系。用数学式表示如下：

$$脚的长度部位系数 = \frac{脚的各特征部位长度}{脚长} \times 100\%$$

脚的主要特征部位长度系数见表 2-22。

6. 脚的各特征部位宽度、围度与基本宽度和跗围之间的关系

脚的各特征部位宽度和脚的基本宽度之间，脚的各特征部位围度与跗围之间，以及基本宽度与跗围之间，同样存在着简单正比关系。即：

$$宽度系数 = \frac{各特征部位宽度}{基本宽度} \times 100\%$$

$$围度系数 = \frac{各特征部位围度}{跖趾围度} \times 100\%$$

$$基本宽度系数 = \frac{基本宽度}{跖趾围长} \times 100\%$$

$$基本宽度 = 第一跖趾里宽 + 第五跖趾外宽$$

成年及儿童脚型的几个主要宽度和围度尺寸见表 2-22。

7. 脚长和跗围的关系

脚长和跗围之间虽不呈简单正比关系，但可用直线回归方程来表示。

$$y = ax + b$$

式中　a——回归系数

　　　　b——常数

　　　　x——脚长

　　　　y——跖趾围长

例如：

$$农村男子跗围 = 0.685\,脚长 + 82.28$$
$$农村女子跗围 = 0.686\,脚长 + 71.59$$

注：a、b 数值是根据统计计算得出的。

上式表明：脚越长，跗围越大。成年人脚长每变化 10mm，跗围变化约 7mm，这就是确定脚型尺寸系列等差的基础。

全国儿童及成年男女脚型跗围尺寸见表 2-23。

表2-21　　　　　　　不同职业成年男女脚长、跗围和中等型号一览表[4]

职业	中等脚长/mm		跗围/mm		中等肥瘦型	
	男	女	男	女	男	女
山地农民	250.83	230.75	252.95	227.43	(四)	(二半)不到
水地农民	251.48	232.67	254.83	230.99	(四)多	(三)不到
旱地农民	252.81	232.42	252.21	227.92	(四)不到	(二半)不到
渔民	253.84	233.25	256.22	230.51	(四半)不到	(二半)多
煤矿工人	252.62		249.45		(三半)	
林业工人	253.31		249.92		(三半)	
机械工人	252.47		245.21		(三)不到	
钢铁工人	252.06		247.46		(三)多	
石油工人	251.82		249.15		(三半)不到	
地质工人	250.21		249.52		(三半)	
纺织工人		232.54		223.73		(一半)多
机关干部	250.86	230.94	243.88	222.83	(二半)多	(一半)
医务工作者	250.13	230.12	243.04	222.81	(二半)	(一半)
文艺工作者	250.07	230.91	244.08	223.86	(二半)多	(二)不到
山地农民	250.83	230.75	252.95	227.43	(四)	(二半)不到
商业工作者	249.88	231.39	244.06	223.74	(二半)多	(一半)多
运动员	256.72	240.26	248.20	225.51	(三)多	(二)
大学生	249.80	231.67	247.78	255.97	(三)多	(二)

表 2-22　全国成年男女及儿童中等型号脚型尺寸[164]

单位：mm

编号	部位	成年				儿童					
		男子		女子		大童		中童		小童	
		规律	250 (三)(四)	230 (二)(三)	规律	215 (二)	规律	180 (二)	规律	规律	145 (二)
1	脚长	100%脚长	250	230	100%脚长	215	100%脚长	180	100%脚长	100%脚长	145
2	拇趾外突点部位	90%脚长	225	207	90%脚长	193.5	90%脚长	162	90%脚长	90%脚长	130.5
3	小趾端点部位	82.5%脚长	206.3	189.8	82.5%脚长	177.4	82.5%脚长	148.5	82.5%脚长	82.5%脚长	119.6
4	小趾外突点部位	78%脚长	195	179.4	78%脚长	167.7	78%脚长	140.4	78%脚长	78%脚长	113.1
5	第一跖趾关节部位	72.5%脚长	181.3	166.8	72.5%脚长	155.9	72.5%脚长	130.5	72.5%脚长	72.5%脚长	105.1
6	第五跖趾关节部位	63.5%脚长	158.8	146.1	63.5%脚长	136.5	63.5%脚长	114.3	63.5%脚长	63.5%脚长	92.1
7	腰窝部位	41%脚长	102.5	94.3	41%脚长	88.2	41%脚长	73.8	41%脚长	41%脚长	59.5
8	踵心部位	18%脚长	45	41.4	18%脚长	38.7	18%脚长	32.4	18%脚长	18%脚长	26.1
9	后跟边距	4%脚长	10	9.2	4%脚长	8.6	4%脚长	7.2	4%脚长	4%脚长	5.8
10	跖趾围长	70%脚长+常数	246.5 253.5	225.5 232.5	90%脚长+常数	212	90%脚长+常数	180.5	90%脚长+常数	90%脚长+常数	149
11	前跗骨围长	100%跖围	246.5 253.5	225.5 232.5	100%跖围	212	101.00%跖围	182.31	102.42%跖围		152.61
12	兜跟围	131%跖围	322.92 332.09	295.41 304.58	130%跖围	275.6	130.3%跖围	235.19	129.59%跖围		193.09
13	基本宽度	40.30%跖围	99.3 102.2	90.9 93.7	40%跖围	84.8	40.34%跖围	72.81	40.54%跖围		60.4
14	拇趾外突点轮廓里段宽	39%基本宽度	38.73 39.86	35.45 36.54	41%基本宽度	34.77	42.17%基本宽度	30.70	42.59%基本宽度		25.72
15	拇趾外突点里段边距	4.66%基本宽度	4.63 4.76	4.24 4.37	4.5%基本宽度	3.82	4.05%基本宽度	2.95	4.03%基本宽度		2.43

序号	名称											
16	拇趾外突点脚印外段宽	34.34%基本宽度	34.10	35.10	31.21	32.17	36.5%基本宽度	30.95	38.12%基本宽度	27.76	38.56%基本宽度	23.29
17	小趾外突点轮廓外段宽	54.1%基本宽度	53.72	55.29	49.18	50.69	56.9%基本宽度	48.25	58.62%基本宽度	42.68	58.93%基本宽度	35.59
18	小趾外突点外段边距	4.32%基本宽度	4.29	4.42	3.93	4.05	4.2%基本宽度	3.56	4.09%基本宽度	2.98	4.25%基本宽度	2.57
19	小趾外突点脚印外段宽	49.78%基本宽度	49.43	50.87	45.25	46.64	52.7%基本宽度	44.69	54.53%基本宽度	39.70	54.68%基本宽度	33.03
20	第一跖趾廓里段宽	43%基本宽度	24.70	43.95	39.09	40.29	42.6%基本宽度	36.12	42.14%基本宽度	30.68	42.29%基本宽度	25.54
21	第一跖趾里段边距	6.94%基本宽度	6.89	7.09	6.31	6.50	6.1%基本宽度	5.17	5.58%基本宽度	4.06	5.42%基本宽度	3.27
22	第一跖趾脚印里段宽	36.06%基本宽度	35.81	36.86	32.78	33.79	36.5%基本宽度	30.95	36.56%基本宽度	26.62	36.87%基本宽度	22.27
23	第五跖趾轮廓外段宽	57%基本宽度	56.60	58.25	51.81	53.41	57.4%基本宽度	48.68	57.86%基本宽度	42.13	57.71%基本宽度	34.86
24	第五跖趾脚印外段边距	5.39%基本宽度	5.35	5.51	4.90	5.05	6%基本宽度	5.09	5.64%基本宽度	4.11	5.93%基本宽度	3.58
25	第五跖趾脚印外段宽	51.61%基本宽度	51.25	52.74	46.91	48.36	51.4%基本宽度	43.59	52.22%基本宽度	38.02	51.782%基本宽度	31.28

续表

编号	部位	成年 男子 250 (三)	(四)	女子 230 (二)	(三)	规律	大童 215 (二)	规律	中童 180 (二)	规律	小童 145 (二)	规律
26	腰窝轮廓外段宽	46.37	47.73	42.45	43.76	46.7% 基本宽度	39.77	46.9% 基本宽度	34.42	47.28% 基本宽度	29.69	48.49% 基本宽度
27	腰窝外段边距	7.12	7.33	6.52	6.72	7.17% 基本宽度	6.36	7.5% 基本宽度	5.73	7.87% 基本宽度	4.86	8.03% 基本宽度
28	腰窝脚印外段宽	36.25	40.40	35.93	37.04	39.53% 基本宽度	33.41	39.4% 基本宽度	28.69	39.41% 基本宽度	24.43	40.44% 基本宽度
29	踵心全宽	87.23	69.19	61.54	63.43	67.7% 基本宽度	58.26	68.7% 基本宽度	50.17	68.91% 基本宽度	42.47	70.31% 基本宽度
30	踵心外段边距	7.58	7.80	6.94	7.15	7.63% 基本宽度	6.44	7.6% 基本宽度	5.31	7.29% 基本宽度	4.45	7.37% 基本宽度
31	踵心里段边距	6.24	9.50	3.45	8.71	9.30% 基本宽度	7.72	9.1% 基本宽度	6.44	8.85% 基本宽度	5.48	9.08% 基本宽度
32	踵心脚印全宽	50.14	51.89	46.15	47.57	50.77% 基本宽度	44.10	52.0% 基本宽度	38.42	52.77% 基本宽度	32.53	53.86% 基本宽度

注：成年男女
- 一型回归方程：跖围=0.7 脚长+57.5
- 二型回归方程：跖围=0.7 脚长+64.5
- 三型回归方程：跖围=0.7 脚长+71.5
- 四型回归方程：跖围=0.7 脚长+78.5
- 五型回归方程：跖围=0.7 脚长+85.5

大、中、小童
- 一型回归方程：跖围=0.9 脚长+11.5
- 二型回归方程：跖围=0.9 脚长+18.5
- 三型回归方程：跖围=0.9 脚长+25.5
- 四型回归方程：跖围=0.9 脚长+32.5
- 五型回归方程：跖围=0.9 脚长+49.5

表 2-23　全国儿童及成年男女脚型跖围型距尺寸系列

单位：mm

鞋号

型号	90	95	100	105	110	115	120	125	130	135	140	145	150	155	160	165	170	175	180	185	190	195
一型	92.5	97	101.5	106	110.5	115	119.5	124	128.5	133	137.5	142	146.5	151	155.5	160	164.5	166	173.5	178	182.5	187
二型	99.5	104	108.5	113	117.5	122	126.5	131	135.5	140	144.5	149	153.5	158	162.5	167	171.5	179	180.5	185	189.5	194
三型	106.5	111	115.5	120	124.5	129	133.5	138	142.5	147	151.5	156	160.5	165	169.5	174	178.5	183	187.5	192	196.5	201

范围标注：婴儿　小童　中童

鞋号

型号	200	205	210	215	220	225	230	235	240	245	250	255	260	265	270	275	280	285	290	295	300
一型 成年人	191.5	196	200.5	205	209.5	214	218.5	222	225.5	229	232.5	236	239.5	243	246.5	250	253.5	257	260.5	264	267.5
二型 成年人	198.5	203	207.5	212	216.5	221	225.5	229	232.5	236	239.5	243	246.5	250	253.5	257	260.5	264	267.5	271	274.5
三型 成年人	205	210	214.5	219	223.5	228	232.5	236	239.5	243	246.5	250	253.5	257	260.5	264	267.5	271	274.5	278	281.5
四型 成年人			225.5	229	232.5	236	239.5	243	246.5	250	253.5	257	260.5	264	267.5	271	274.5	278	281.5	285	288.5
五型 成年人			232.5	236	239.5	243	246.5	250	253.5	257	260.5	264	267.5	271	274.5	278	281.5	285	288.5	292	295.5

范围标注：大童　成年女子　成年男子

第五节　鞋号标准系列

鞋号是鞋的长短和肥瘦的统一标志。

过去我国生产的皮鞋、布鞋、胶鞋、塑料鞋，鞋号十分杂乱。大多数地区生产的民品鞋是采用法国鞋号即法码。军用鞋则用代号，如1号、2号、3号……数字越小鞋越大，数字越大鞋越小。新中国成立前，有的地区生产的布鞋采取市寸号。鞋号的表示方法也不统一，有的是以阿拉伯数字来表示，很早以前布鞋还采用我国古老的数码如一二三来表示鞋号。

过去各地区生产的鞋类产品，虽也有肥瘦的差别，但都没有肥瘦的标志。而且，各种旧鞋号都是以楦底样或楦全长来编制，不考虑给多长和多肥的脚来穿用，因此造成同是一个人穿用不同品种、不同式样的鞋，而不是同一个鞋号。

为了做到穿用不同地区、不同品种、不同式样的鞋都是同一个鞋号，必须制定以脚长和脚的肥瘦为基础的统一鞋号。

一、国外鞋号概况

当前国际市场上鞋号很复杂，几乎每个国家都有自己的鞋号，这对国际贸易极为不利。为此，国际标准化组织成立了"国际标准鞋的尺码、名称及表示方法的委员会"，成员国已有40多个。该组织自成立以来，进行了根据脚的尺寸来决定鞋的尺码及其名称和表示方法的标准化研究。决定了国际标准尺码的长度等差5mm和7.5mm并用的系列。一般生活用鞋以5mm为长度等差，运动鞋和特殊工作用鞋以7.5mm等差。至于跖趾围长的等差，因为各国人民脚型规律差距较大，所以很难统一，目前尚在研究过程中。

为了了解当前世界上比较通用的法国、英国以及其他国家鞋号的编号方法，现摘要介绍一些。

1. **法国鞋号**（FRENCH SIZES）

法国鞋号是以楦底样长为基准的鞋号。

法国鞋号在欧洲大陆较普遍采用，也是我国在新中国成立前和新中国成立初较为普遍采用的一种鞋号。

法国鞋号相邻鞋号间的长度等差，即一个鞋号=2/3cm=6.67mm。

相邻鞋号间的肥度差，即跖围等差分为4mm和5mm两种。

若将法国鞋号的长度等差按5mm折算，则其跖围号差是3.0mm和3.7mm。

以上数据值表明，与我国统一鞋号跖围等差3.5mm相比较，法国鞋号跖围等差为4mm，鞋越大越瘦，鞋越小越肥。法国鞋号跖围等差为5mm的，鞋越大越肥，鞋越小越瘦。

法国鞋号的儿童鞋号为16～32号，成年人的鞋号与儿童鞋号是连续编排的。

2. 英国鞋号 （ENGLISH SIZES）

英国鞋号在英、美等国通用。相邻鞋号间的长度等差 1/3in，即 8.46mm（1in = 25.4mm），半个号 = 4.23mm。

相邻鞋号间的肥度等差，即跖围等差有三种，分别为 5、5.4、6mm。半个号分别为：2.5、2.7、3mm。

英国鞋号又分为儿童鞋号和成年人鞋号两种。

儿童鞋号为 $1 \sim 13\frac{1}{2}$ 号，每号之间有半个号。儿童鞋以 4in（101.6mm）为起始码，码差为 1/3in，即 8.46mm（半码，4.23mm）。儿童鞋 1 码为 $\left(4 + \frac{1}{3}\right)$ in，即 110.066mm。儿童鞋范围是 1 ~ 13 码，成年男女鞋则在此基础上为 1 ~ 13 码，即

成人鞋 1 码 $= 8\frac{1}{3} + \frac{1}{3} = 8\frac{2}{3}$（in）$= 220.12$（mm），2 码 $= 9$in $= 228.6$mm。

3. 美国鞋号

美国鞋号与英国鞋号近似，长度等差也是 1/3in（8.46mm），跖围等差为 1/4in 即为码差（6.35mm）。唯一差别是美国鞋号的楦底样长是 1/12in 为基数进行计算的，即美国与英国同一鞋号比较相差 2.1mm。

美国鞋号全系列也是 26 个号，中间有半个号，分两个档次，儿童鞋号和成年人鞋号均为 1 ~ 13 号。

二、　我国的统一鞋号

1. 统一鞋号

（1）长度号差　长度号差即相邻鞋号之间的长度号差数。

我国的统一鞋号是以脚型作为制定鞋号的基础，以 mm 为度量单位，以 5mm 为一个号，其表示方法为 250、255、260 等凡脚长在 248 ~ 252mm（居中值为 250mm）者穿 250 号鞋；凡脚长在 253 ~ 257mm（居中值为 255mm）者穿 255 号鞋号，依次类推，这与世界各国目前所使用的以鞋内底长的厘米制鞋号有根本区别。我国的统一鞋号是以脚长为基础，随着鞋的品种式样的不同，鞋号的内底长度有一定的变化。因此可以保证同一人穿任何品种和任何式样的鞋，都穿同一鞋号。所以人们只要知道自己的脚长是多少毫米，就可直接知道应穿几号鞋。

（2）跖围号差　跖围号差即相邻鞋号之间的跖围型差数。

鞋除了长度号差外，还有肥瘦的差异。根据脚型尺寸调查结果，成年人男女脚长每变化 10mm，跖围变化 6.85mm，接近 7mm。因此我国统一鞋号规定跖围号差为 7mm，半个号之间跖围差 3.5mm，即在同一型号的相邻鞋号之间，其跖围相差 7mm。

（3）型差　同一长度的鞋号中，型与型之间的跖围型差数即为型差。

根据脚型调查结果表明，在相同脚长的人员中，跖围相差很大，全国成年男女相差达

80 ~ 100mm，儿童相差 50 ~ 60mm。因此，必须在相同的长度号中安排几个肥瘦型，儿童分三个型，成年男女分五个型。一型最瘦，五型最肥。同一长度的鞋号中型与型之间跖围互差数为 7mm，半型差 3.5mm。

人们只要知道自己的脚长是多少毫米，是几型肥瘦，就可以在全国任何地方，买任何品种和式样的鞋，买同一号型，穿着都能基本合适。

（4）统一鞋号的表示方法 自 1997 年我国"四鞋"统一鞋号以来，对生产用鞋楦和各类鞋产品的号型的表示方法为：230 号或 230#。

2. 统一鞋号的分档和中间号

由于年龄和性别的差异，并考虑到设计需要以及鞋楦和制鞋生产上的需要，需要将统一系列鞋号划分为若干档，并确定出每个档次的中间号（表 2 – 24）。

表 2 – 24　　　　　　　　　　　鞋号分档情况

分档		一般鞋号		特大鞋号
		鞋号范围	中间号	
童鞋	婴儿	90 ~ 125	110	—
	小童	130 ~ 160	145	—
	大童	165 ~ 195	180	—
中人鞋		200 ~ 230	215	—
成人鞋	女	210 ~ 250	230	≥255
	男	230 ~ 270	250	≥275

3. 中国鞋号与法国鞋号、英国鞋号的换算

以男女素头皮鞋为例，中国鞋号与法国鞋号、英国鞋号的换算如图 2 – 40 所示。

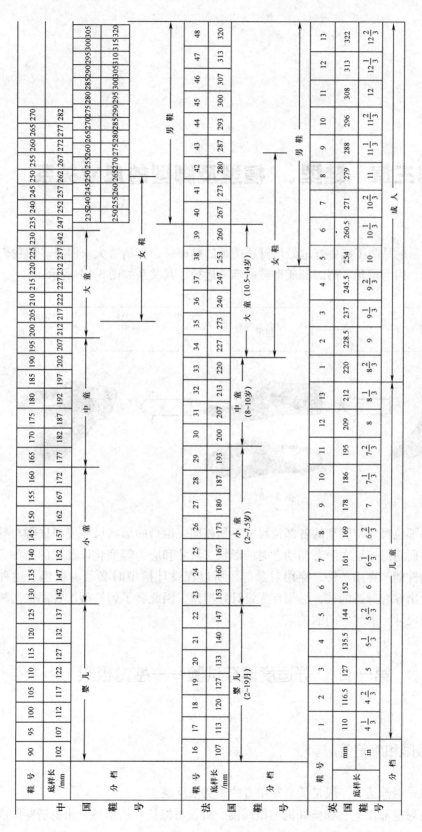

图2-40 中国鞋号与法国鞋号、英国鞋号的换算

第三章 鞋型、楦型及脚型的尺寸关系

研究鞋的目的是为了能更好地做出舒适美观的鞋产品，为消费大众服务。但我们首先要从楦型开始，因为楦是了解脚和成型鞋的唯一途径。其关系如图3-1所示。

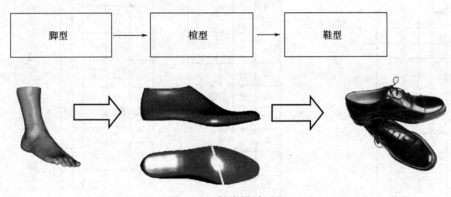

图3-1 鞋类设计过程

楦型的各部位尺寸与脚型的各部位尺寸不尽相同。楦型的形状尺寸要根据脚与鞋之间种种复杂关系而定。如鞋在静态和动态时的形状、尺寸和应力等变化以及鞋的品种、加工工艺、原材料性能、穿用条件、穿用对象等。所以在设计楦型时必须考虑到上述种种因素。为了设计出穿着舒适的鞋，必须首先设计好楦型，因此要了解楦型的各部位与相对应的脚型各部位尺寸、形状之间的关系。

第一节 舒适度试穿试验——感觉极限

一、 感觉极限和感差值

鞋，穿着是否舒适，一般是依靠穿用者的感觉来反映。

鞋与脚在对应部位上（如脚跖围与楦跖围、脚长与楦长）所能感觉出的适穿限度称感觉极限。最舒适的鞋楦尺寸（鞋的内空尺寸）与对应脚的尺寸之差数称为感差值。

由于各种鞋的结构、原材料性能、加工工艺以及穿用对象和穿用习惯不同，因此不同的鞋就有不同的感觉极限和不同的感差值。

二、 感觉极限试验的目的

1. 确定感觉极限

如已知某人的脚长和跖围，应该穿多大的鞋呢？可以根据他的脚长和跖围，做出大小不同的鞋若干双试穿，让其一人试穿。从中可以找到几双鞋可以穿用，有的会感到大了些，有的感到小了些，有的感到合适。如果超出上述范围就会明显感到不合脚了。

2. 确定感差值

已知某人的脚长和跖围，对于这样的脚究竟穿多大的鞋合适呢？经过试穿总可找到一双最合适的鞋。就可根据这双最合适的鞋的尺寸与对应脚的尺寸算得感差值。用公式表示为：

$$感差值 = 最适合楦尺寸 - 对应脚部位尺寸$$
$$感差值 = 最适合楦底样长 - 脚长$$
$$感差值 = 最适合楦跖围 - 脚跖围$$

3. 确定型差值

同一脚长，其跖围相差很大。为了满足不同肥瘦脚型的需要，势必要在同一长度号中安排几种不同肥瘦的鞋。

确定型差值的重要依据是感觉极限，并结合系列等差的协调性来考虑，如经过试穿，对于跖围为 246mm 脚的适穿范围是 242～248mm，那么感觉极限就是 248 - 242 = 6mm，这 6mm 就作为型差值的依据之一，再结合系列等差的协调性，调整为 7mm。

三、 感觉极限的试验方法

1. 研究好楦体

在做某个部位感觉极限试验之前，首先要对楦体进行仔细研究，要使楦体既符合脚型规律，又要结合国内外畅销鞋楦的状况，使所设计的楦体以适穿性能最大为最好。

2. 试验的步骤

（1）确定试验项目　在一般情况下，感觉极限试验只做脚的长度和跖围两个项目。因为，这两个项目是确定鞋楦标准尺寸系列的基础。

（2）选脚型　在做感觉极限试验之前，应挑选一批符合脚型规律的有代表性的三种脚型，肥脚、瘦脚、中型脚。在条件允许的情况下，一到五型鞋都要有最理想的脚型。

（3）制作试穿用鞋　在做跖围感觉极限试验时，以所选的脚跖围为依据，在楦底样长不变的情况下，其跖围以所选脚跖围为准，依次增减 3mm 为一挡，制作 5～7 双鞋。例如脚跖围为 250mm，其试穿鞋的楦跖围尺寸应包括 259、256、253、250、247、244、241mm 共 7 种。

在做长度感觉极限试验时，如选脚长为 250mm，在跖围不变的情况下，其试穿鞋的长度应包括 250、252、254、256、260、262、264、266、268mm 共 9 种，根据鞋类产品和式样之不同，做长度感觉极限试验时，还应考虑到鞋楦式样的需要的前头放余量，所以试穿鞋的长度必须做相应的调整。

（4）购置试穿用袜　在试穿时，穿袜与否、袜子的厚薄，都将直接影响试穿结果。因此，在做感觉极限试验时，要考虑到这一因素。为了使试验结果有较好的准确性，要根据鞋的品种选择适当的试穿袜。如凉鞋可选用尼龙丝袜，春秋季穿用的鞋，选用尼龙弹力袜。总之，试验条件要符合客观规律。

（5）试穿时应注意事项

①试穿人不得知道所试穿鞋的主要特征部位尺寸，如鞋的长度和围度尺寸。

②试穿人必须实事求是地报告对试穿鞋的感觉情况。

③根据观察者和试穿者的反映，确定哪双鞋最舒适穿用，哪些鞋不可以穿用。从而得出每个人的感差值和感觉极限范围。

④把三种不同脚型的感觉极限加权平均，综合分析比较。得出三种不同类型的感觉极限。以此作为制定某一品种鞋的系列标准。

⑤根据观察者和试穿者的反映，做好试穿记录。

四、舒适度合脚性专家分析法

鞋合脚性检查的目的是为了使试穿者的脚型与测试鞋型相匹配，避免因脚型不符对试穿和评价结果的影响，以提高试穿调查和评价的效果。将脚型特征部位的位置和尺寸与鞋楦按下列要求进行对照评定。

1. 合脚性评定准则

（1）脚长的符合性　脚长满足下面公式时，即认定为脚长符合要求。

$$鞋号 - 2 \leqslant 试穿者脚长 \leqslant 鞋号 + 2$$

（2）第一跖趾突点位置合脚性　试穿者脚部第一跖趾突点与制作测试鞋所用的鞋楦在基准轴线上的位置差在相邻最小鞋号的长度差等差满足下列式子，即认定为脚型与鞋的第一跖趾突点位置相符。

$$鞋号 \times 72.5\% - 2 \leqslant 试穿者脚第一跖趾关节突点 \leqslant 鞋号 \times 72.5\% + 2$$

（3）第五跖趾突点位置符合性　试穿者脚部第五跖趾突点与制作测试鞋所用的鞋楦在基准轴线上的位置差在相邻最小鞋号的长度差等差满足下列式子，即认定为脚型与鞋的第五跖趾突点位置相符。

$$鞋号 \times 63.5\% - 2 \leqslant 试穿者脚第五跖趾关节突点 \leqslant 鞋号 \times 63.5\% + 2$$

（4）腰窝位置符合性　试穿者脚部腰窝与制作测试鞋所用的鞋楦在基准轴线上的位置在相邻最小鞋号的长度差等差满足下列式子，即认定为脚型与鞋的腰窝位置相符。

$$鞋号 \times 41\% - 2 \leqslant 试穿者脚第五跖趾关节突点 \leqslant 鞋号 \times 41\% + 2$$

（5）楦的基本宽度符合性　制作测试鞋所用的鞋楦的第一跖趾里宽、第五跖趾外宽、腰窝外宽、踵心里宽、踵心外宽分别处于试穿者脚印线宽度和脚轮廓线宽度之间，即认定为脚与鞋宽度相符。

$$无障碍的脚印宽 \leqslant 试穿者脚的宽度 \leqslant 无障碍的脚印轮廓宽$$

（6）跖围符合性　试穿者脚跖围、楦跖围、跖围感差值、型差值满足下列式的，即认定为脚与鞋跖围相符。

$$无障碍脚跖围 \leqslant 试穿者脚跖围 \leqslant 有障碍脚的跖围$$

（7）前跗围符合性　试穿者脚的跗围满足下列式的，即认定为脚与鞋跗围相符。

$$无障碍脚跗围 \leqslant 试穿者脚跗围 \leqslant 有障碍脚的跗围$$

2. 符合性检查记录

评价小组应记录符合性检查中取得的信息、数据、图纸等，如试穿者编号或代码、联系电话、脚型测量的数据和图纸，鞋楦测量的数据、符合性评定的结果、确定的鞋楦型号等，见表3－1。

表3－1　　　　　　　　　　合脚性评价体系表

评价目标	第一级		第二级		第三级		第四级		评价值
	项目	权重	项目	权重	项目	权重	项目	权重	
鞋的合脚性等级 F	鞋头 F_1	$W_1 =$	鞋头宽度 F_{11}	$W_{11} =$	鞋头宽度静态感觉 F_{111}	$W_{111} =$	小趾鞋头静态宽度感觉 F_{1111}	$W_{1111} =$	$E_{1111} =$
							拇趾鞋头静态宽度感觉 F_{1112}	$W_{1112} =$	$E_{1112} =$
					鞋头宽度动态感觉 F_{112}	$W_{112} =$	小趾鞋头动态宽度感觉 F_{1121}	$W_{1121} =$	$E_{1121} =$
							拇趾鞋头动态宽度感觉 F_{1122}	$W_{1122} =$	$E_{1122} =$
			鞋头高度 F_{12}	$W_{12} =$	鞋头高度静态感觉 F_{121}	$W_{121} =$			$E_{121} =$
					鞋头高度动态感觉 F_{122}	$W_{122} =$			$E_{122} =$
	跖趾部位 F_2	$W_2 =$	跖趾宽度 F_{21}	$W_{21} =$	跖趾宽度静态感觉 F_{211}	$W_{211} =$			$E_{211} =$
					跖趾宽度动态感觉 F_{212}	$W_{212} =$			$E_{212} =$
			跖趾高度 F_{22}	$W_{22} =$	跖趾高度静态感觉 F_{221}	$W_{221} =$			$E_{221} =$
					跖趾高度动态感觉 F_{222}	$W_{222} =$			$E_{222} =$
			跖趾围长 F_{23}	$W_{23} =$	跖趾围长静态感觉 F_{221}	$W_{231} =$			$E_{231} =$
					跖趾围长动态感觉 F_{222}	$W_{232} =$			$E_{232} =$
	前跗部位 F_3	$W_3 =$	前跗静态压力 F_{31}	$W_{31} =$					$E_{31} =$
			前跗动态压力 F_{32}	$W_{32} =$					$E_{32} =$
	后跟部位 F_4	$W_4 =$	后跟弧线 F_{41}	$W_{41} =$	后跟弧线静态服脚感觉 F_{411}	$W_{411} =$			$E_{411} =$
					后跟弧线动态服脚感觉 F_{412}	$W_{412} =$			$E_{412} =$
			后跟两侧 F_{42}	$W_{42} =$	后跟两侧静态抱脚感觉 F_{421}	$W_{421} =$			$E_{421} =$
					后跟两侧静态抱脚感觉 F_{422}	$W_{422} =$			$E_{422} =$
			踵心宽度 F_{43}	$W_{43} =$	踵心宽度静态压力 F_{431}	$W_{431} =$			$E_{431} =$
					踵心宽度动态压力 F_{432}	$W_{432} =$			$E_{432} =$

续表

评价目标	第一级		第二级		第三级		第四级		评价值
	项目	权重	项目	权重	项目	权重	项目	权重	
鞋的合脚性等级 F	腰窝部位 F_5	$W_5 =$	侧帮贴脚性 F_{51}	$W_{51} =$	腰窝侧帮静态贴脚感觉 F_{511}	$W_{511} =$			$E_{511} =$
					腰窝侧帮动态贴脚感觉 F_{511}	$W_{512} =$			$E_{512} =$
			腰窝中底 F_{52}	$W_{52} =$	腰窝中底静态托脚感觉 F_{521}	$W_{521} =$			$E_{521} =$
					腰窝中底动态托脚感觉 F_{522}	$W_{522} =$			$E_{522} =$
	前跷 F_6	$W_6 =$				$W_{611} =$			$E_6 =$

第二节 楦型与脚型的尺寸关系

一、 脚型的尺寸变化

1. 脚型的季节变化与脚型的影响

在一般情况下，同一双脚的尺寸冬季最小、夏季最大。在夏季，脚为了维持正常的生理机能，会增加向外界散热，微血管和肌肉等有所扩张。冬天则相反，脚为了减少热量的散失，不仅微血管不扩张，而且整个脚都有一定程度的收缩，但也有人冬天发生冻脚而红肿，脚的尺寸则增大。

2. 荷重的影响

当人体负重时，脚的尺寸变化很大，因为负重程度的不同，脚的尺寸变化也不等。脚长增加 1~3mm，跖围增加 4~12mm。在负重的情况下脚的尺寸变化，不仅可用脚弓下降来解释，而且还由于各骨块间有较大的骨块间隙被韧带和肌肉所充垫，使跖趾关节能在某种程度上横向被压缩而伸张。脚底的脂肪层，在脚骨的压力下厚度被挤压，而使脚的长度和宽度有所伸张。

3. 长时间行走的影响

在长时间行走或负重行走后，脚长的变化可达 5mm 左右，跖趾部位的宽度可达 3~4mm。长时间行走后由于肌肉、韧带疲劳和松弛导致脚弓下降；另外由于长途行走，脚部的微血管扩张，脚部发胀。

4. 脚跟抬高的影响

当脚跟离开支持面时，全部负荷移到跖骨头和脚趾上，同时脚弓也有一定的负重，由于脚的前部负荷着体重，脚趾伸直，从而引起的长度有所增加。

5. 左右脚尺寸的差异

人们大多习惯右手劳动，左肩荷重，因为生活习惯和劳动的影响，造成左右脚的尺寸不一样，通常是右脚的尺寸大于左脚。

二、 楦型与脚型的尺寸关系

鞋楦的底部区分几种不同的长度，为了叙述方便，先将这几种不同的长度概念介绍如下（图 3 − 2）。

楦底样长——指楦底前后端点的曲线长度。

楦底长——指楦底前后端的直线距离。

楦全长的曲线长度——指楦底样长与后容差之和。

楦全长——指楦底前后端点与楦后跟突点的直线距离。

放余量——在楦底轴线上，脚趾端点到楦底端点的长度。

后容差——楦底后端点与后跟突点间的投影距离。

楦斜长——楦的前端点到楦统口的后端点之间的距离。

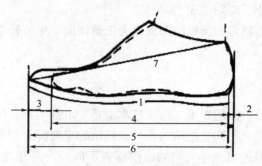

图 3 − 2　鞋楦与脚型的关系

1—楦底样长　2—后容差　3—放余量　4—脚长　5—楦底长　6—楦全长　7—楦斜长

1. 脚长与楦长

脚长是设计鞋楦底样长的依据，无论哪一种结构，任何式样的鞋楦，其楦底样长都要比脚长大。这是因为人在行走时，脚在鞋内要有活动余地。如果鞋和脚一样长，就会顶脚而不能穿用。此外，步行时鞋底随着脚的跖趾关系的折曲而折曲，而鞋底的折曲半径，脚的跖趾部位在鞋内要向前移动，移动距离在 5 ~ 10mm。所以楦底样长必须要大于脚长，其关系用公式表示如下：

$$楦底样长 = 脚长 - 后容差 + 放余量$$

2. 放余量

为了保证脚在鞋内有一定的活动余地，鞋楦的底样长要大于脚长。所以脚趾端点至楦底前端点这一段距离，就叫作放余量。放余量除了有保证脚在鞋内的活动余地这一因素外，还有鞋的品种和鞋前头式样的因素，如超长三节头鞋楦的放余量达 30mm，而素头皮鞋楦的放余量仅 20mm。布鞋则更小，男布橡筋鞋的放余量只有 10mm。由此可见，鞋的品种不同以及鞋的式样不同，其放余量的差异是很大的。

3. 后容差

人脚后跟都有一定的凸度，为了使鞋穿着跟脚，所以鞋楦后跟部位也相应的要有凸度。各类鞋楦由于制鞋的原材料、式样、结构之不同，其后容差也有一定的差异。如皮鞋的后跟部有主跟，塑料满帮凉鞋的后跟也较坚实，所以后容差就大一些，胶鞋的后容差就小一些，布鞋的就更小，否则在生产上不容易套帮，穿着时也容易坐跟。

三、 脚跖围与楦跖围

人脚的跖趾关节部位是在走路时发生弯曲的关键部位，并承受着体重和劳动的负荷。如果鞋楦的相应部位跖围处理不当，不仅穿着不舒服，还容易造成鞋的跖趾部位早期破损。所以鞋楦的跖趾部位的肉体安排是很重要的。根据感觉极限试验，以及鞋的造型设计需要，楦跖围与脚跖围不可能处理得一模一样。根据感觉极限试验，成年男女各类鞋楦趾围与脚跖围的关系如下：

解放胶鞋：楦跖围小于脚跖围 3.5mm。

素头皮鞋：楦跖围小于脚跖围 3.5mm。

橡筋布鞋：楦跖围小于脚跖围 4.5mm。

塑料凉鞋：楦跖围小于脚跖围 3.5mm。

由于儿童脚处于发育阶段，所以楦跖围应大于脚跖围。年龄越小，楦跖围越大。

四、 脚跗围与楦跗围

根据人脚测量调查，人脚的跗围与跖围基本上是 1:1 的关系。但是，人脚的脚心部位凹度很大，限于鞋类品种之不同，结构的差异，鞋楦的里腰窝部不可能与人脚的脚心部位一样的有凹度，所以人脚的跗围是与楦的跗围随着不同的产品和式样，而有一定的差异。如皮鞋的鞋内装有铁勾心，鞋楦的里腰窝就可处理得近似脚型。那么楦跗围可以小于脚跗围而大于楦跖围。布鞋楦的里腰窝较平坦，脚心与内底间隙较大。所以楦跗围就势必大于脚跗围。

总之跗围如果过小了，鞋会压脚背；跗围过大了，鞋不跟脚。

五、 脚的兜跟围长与楦的兜跟因素

兜跟围长是设计高筒靴的主要尺寸之一，因为穿脱鞋时脚要通过这一部位。另外，脚的后跟至脚弯部位，前后活动范围较大，如在下蹲比站立姿态的尺寸有显著增加，在站立时为 322mm，下蹲时则为 337mm，增加了 15mm。因此确定楦的兜跟围尺寸时，必须考虑这一因素。所以，楦的兜跟围尺寸一般大于脚的兜跟围约 20mm。

六、 脚与楦的基本宽度

基本宽度 = 第一跖趾里宽 + 第五跖趾外宽（楦底）

在已知跖趾围长的基础上，如果基本宽度过宽了，将会导致楦体相应部位的上部扁塌，跖趾关节部位就会产生压脚现象；如果基本宽度不是应有的宽度，就会造成夹脚。因此在设计鞋楦的跖趾部位的宽度和围度时，除考虑到接近于脚型之外，还应结合品种、用途、后跟的高度等因素。根据脚型测量，后跟垫高 25mm 时，跖趾基宽比后跟不垫高的减少 1～2mm。所以，跟高的楦基宽度要小于跟低的宽度。

如跟高 80mm 女浅口鞋楦的基本宽度为 75.1mm，而跟高 20mm 女浅口鞋楦的基本宽度为 78.9mm。前者比后者减少 3.6mm。

七、 脚与楦的踵心宽度

脚的踵心部位是人体重量和劳动负荷的主要承受部位。人在站立时，脚的踵心两侧肌肉要有所膨胀。

所以楦的踵心部位要稍大于脚的踵心部位，即脚的踵心部位在鞋内有一定的间隙，使脚的踵心部位既不受挤压而又不左右移动。

八、 脚与楦的前后跷

1. 前跷

人脚在不负重悬空自由状态下，由跖趾部位向前至脚趾部位会自然跷起，与脚底平面形成一定的角度。根据观测，该跷度约为 15°，这就是脚的自然跷度。

鞋楦的跷高是指楦底前端点在基础坐标里的高度。鞋楦的前跷高是根据脚的自然跷度，结合鞋的品种、结构式样以及材料等因素而定的，所以各种鞋的前跷高不尽相同。穿着前跷高适当的鞋，走路轻快，不易疲劳，还可减轻鞋底前尖的磨损和帮面弯曲处的褶皱。前跷不得过高，过高了将使前掌部位凸起，使鞋底面着地面积减小，加速磨耗，穿着不舒适；前跷也不得过低，否则，将会造成鞋底前端早期磨损，帮面起皱过大。

前跷的高度是随着后跷高度（后跟高度）的增加而减少，一般说后跟越高，前跷越小，但也有平跟鞋楦的前跷高度等于或大于后跷高度。这是因为这种鞋楦的放余量较小，款式轻便，虽然没有后跟高，仍应保持前跷一定的高度，以适应脚的自然跷度。

根据感觉极限试验证明，成年人的鞋楦前跷高度以 15mm 左右为适宜，大于此限则感到脚趾向上搬起而不舒适，造型也不美观；低于此限就会产生中帮褶子过大而且集中，鞋底前端早期磨损。

2. 后跷

后跷高是指楦底后端点在基础坐标里的高度。

人在行走时，为了使脚的跖趾部位保持适当的弯曲角度，并维持人体的正常平衡，鞋要有一定高度的后跟。其作用是，人在走路时必须把脚抬起才能迈步。假设抬起的高度为 50mm，而穿着跟高为 25mm 的鞋时，由于鞋后跟高度减少了人体向前所需提起脚跟高度的一半。从而节省了人在行走时抬脚跟的能量。装有一定高度后跟的鞋，还可使人体重量理想地分布于脚的各个部位，使人在行走或劳动时感到轻快。

鞋跟的高度要有一定的极限。当脚跟抬起时，以跖趾关节至脚跟为一边，其与地面所形成的夹角约为 10°为适宜。在此范围内人体的大部位重量可以落在脚跟上，体重的少部分落在跖趾关节部东半球。上述夹角所对应的边，等于后跟高度。随着脚的长短，后跟高度有所增减。幼儿的鞋后跟以 3～10mm 高为极限，小学生应为 15mm 以下，成年人以 20～30mm 为最佳高度，若超过上述限度，上述角度就增大，人体重量相应地向前移，即导致人体的大部分重量要移至跖趾关节部位来承担，这不仅会加剧趾部的变形，人站立或行走时也缺乏稳定感。

随着人民生活水平的不断提高，要求鞋类产品不仅具有价值，而且日趋重视欣赏价值。年轻人喜欢穿用后跟高度偏高的产品，应在适当的场合穿用，但应尽量避免在劳动或锻炼时穿用。

复习思考题

1. 季节变化对脚型尺寸的影响有哪些？
2. 楦型与脚型的关系是怎样的？
3. 放余量是什么？它在鞋楦中起到什么作用？
4. 后容差是什么？
5. 前跷和后跷是什么？

第四章　鞋楦设计

鞋楦的形状是根据脚的外形和穿用要求以及鞋的品种、制鞋工艺要求等，经过美化整饰制成的。鞋楦的各个部位都是非常圆滑的曲面，它似脚非脚，其中某一部分似乎近似于某一类型的几何体，但又不完全相像。总之，鞋楦的楦面是一个多向弯曲的自由曲面。因此，这就给鞋楦设计工作带来了先天性的困难。

以往的鞋楦设计主要依靠制楦人员的技术和经验来实现，在试制过程中往往要经过反复的共同商讨、反复修改、最后制成符合制鞋所需要的鞋楦。毫无疑问，这种方法存在着很多缺点，如缺乏系统完整的技术资料、试制周期长、技术传授比较困难。为了扭转这种局面，国家标准局于 1983 年颁发了国家标准《中国鞋号及鞋楦系列》；对鞋楦的底样设计，我国原轻工业部制鞋工业研究所早已提出了设计方法，至于鞋楦的其他剖面的设计方法，近年来也已研究出来。总之，在鞋设计方面有了不少新的突破，但还需要继续不断探索，使鞋楦设计工作日臻完善。

第一节　鞋楦设计的基本知识

一、鞋楦的分类

鞋楦的分类是根据鞋类品种来确定的，即做什么鞋，用什么鞋楦，但有时在同一类鞋楦中也有相互代用的现象，即一楦多用。如用三节头鞋楦代素头鞋楦。鞋楦的大体结构如图 4 - 1 所示。鞋楦的分类可分为以下几种：

①按鞋类品种分类：皮鞋楦、布鞋楦、胶鞋楦、塑料鞋楦。

②按鞋类式样分类：在各鞋类品种中，按照产品式样又分为若干种。如素头鞋楦、三节头鞋楦、舌式鞋楦、凉鞋楦等。

③按性别、年龄分类：分为小童、大童、中人、男、女以及中性鞋楦。

④按鞋楦材质分类：分为木质、铝质、塑料鞋楦等。

⑤按季节分类：棉鞋楦、单鞋楦、凉鞋楦。

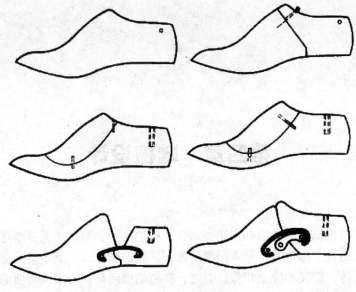

图 4 – 1　鞋楦结构

⑥按制鞋工艺分类：分为绷帮用楦、排楦、套帮用楦。

二、　鞋楦设计的有关规定

（1）鞋楦底样长及其长度各特征部位点的跖围，按《GB/T 3293.1—1998 鞋号》和《GB/T 3293—2007 中国鞋楦系列》的标准尺寸，不得变动。

（2）鞋楦底盘宽度（包括拇趾里宽、小趾外宽、第五跖趾外宽和踵心全宽等）也按 GB/T 3293—2007 的标准确性尺寸，但允许在所列尺寸的基础上加减半个型，即楦底各部位宽度可在加减半个型的范围内任意取值。

（3）除上述两项外，GB/T 3293.1—1998 和 GB/T 3293—2007 标准所列尺寸，均为参考尺寸。

（4）楦体造型除应依照 GB/T 3293—2007 标准外，本着舒适美观的要求自行设计。

（5）关于超长度的规定。超长度是指超过放余量规定的尺寸，称为超长度。

在严格按照 GB/T 3293—2007 标准规定的同号楦底样各特征部位点及宽度尺寸的基础上允许放余量加长：男鞋 5mm，女鞋 3mm。

超长度的规定只适用于除劳保鞋、硫化鞋、人造革鞋、全空凉鞋、女浅口鞋和童鞋以外的其他皮鞋，不适用于胶鞋、布鞋、塑料凉鞋。

（6）鞋楦加工偏差的规定，楦底样长为不大于 0.5mm；楦跖围为不大于 1.0mm。

三、　鞋楦的名称

鞋楦的名称包括鞋的种类、鞋楦的后跷高度、穿用对象及款式四部分组成，如：

L—20 男素头鞋楦：即后跷高为 20mm 男素头皮鞋楦；

R—40 女轻便鞋楦：即后跷高为 40mm 女轻便鞋；

C—25 女橡筋鞋楦：即后跷高为 25mm 以下的女橡筋布鞋楦；

P—25 童全空凉鞋楦：即后跷高为 25mm 以下的童全空塑料鞋楦。

（L 即 Leather 的缩写；R 即 Rubber 的缩写；C 即 Cotton 的缩写；P 即 Plastic 的缩写。分别用以表示皮、胶、布、塑料鞋）。

第二节　鞋楦底样设计

一、 设计原则

（1）鞋楦底样各特征部位系数必须以我国人民脚型规律为依据。应参照本书表 2 – 22 所列数据，并根据所设计品种，参照国标 GB/T 3293—2007《中国鞋楦系列》所列有关数据。

（2）鞋楦底样设计既要考虑脚的生理特点，还要考虑造型美观以及节约原则等因素。

二、 楦底样设计方法

现以 250 号男素头皮鞋楦为例，其设计方法如下：

（1）在图纸上绘任意直线作为轴线 AO'，取 $OO' =$ 后容差 5mm。

取 $AO =$ 楦底样长 = 脚长 + 放余量 – 后容差 = 250 + 20 – 5 = 265 （mm）

（2）在 AO 轴线标出楦底样的各部位点，如图 4 – 2 所示。

①脚趾端点部位 $OB =$ 脚长 – 后容差距 250 – 5 = 245 （mm）

②拇趾外突点部位 $OC = 90\%$ 脚长 – 后容差距 225 – 5 = 220 （mm）

③小趾外突点部位 $OD = 78\%$ 脚长 – 后容差 195 – 5 = 190 （mm）

④第一跖趾部位 $OE =$ 脚长 72.5% – 后容差 = 181.3 – 5 = 176.3 （mm）

⑤第五跖趾部位 $OF = 63.5$ 脚长 – 后容差 = 158.8 – 5 = 153.8 （mm）

⑥腰窝部位 $OG = 41\%$ 脚长 – 后容差 = 102.5 – 5 = 97.5 （mm）

⑦踵心部位 $OH = 18\%$ 脚长 – 后容差 = 45 – 5 = 40 （mm）

（3）除踵心部位 H 和脚趾端点 B 外，在 AO 各部位点上作 AO 的垂线，并标出各部位宽度尺寸，如图 4 – 3 所示。

①拇趾里宽 $CC_1 =$ 拇趾外突点脚印里段宽 + 约 9% 拇趾外突点里段边距 = 34.1 + 4.93 × 9% = 34.1 + 0.44 = 34.5（mm）

②小趾外宽 $DD_1 =$ 小趾外突点脚印外段宽 + 约 32% 小趾外突点外段边距 = 49.43 + 32% × 4.29 = 49.43 + 1.37 = 50.8（mm）

③第一跖趾里宽 EE_1 = 第一跖趾脚印里段宽 + 约 23% 第一跖趾里段边距 = 35.81 + 23% × 6.80 = 35.81 + 1.58 = 37.4（mm）

④第五跖趾外宽 FF_1 = 第五跖趾脚印外段宽 + 约 255 第五跖趾外段边距 = 51.25 + 25% × 5.35 = 51.25 + 1.34 = 52.6（mm）

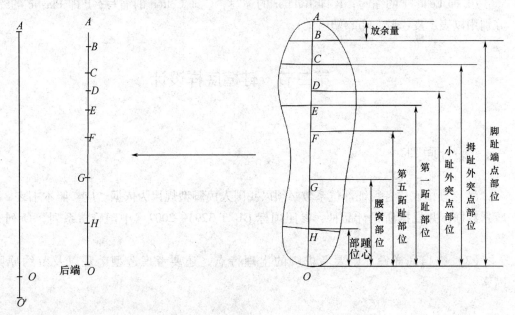

图 4-2　楦底样设计步骤 1——长度方向部位点的确定

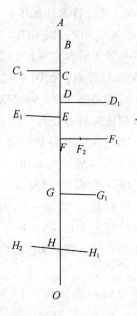

图 4-3　楦底样设计步骤 2——宽度方向部位点的确定

⑤腰窝外宽 GG_1 = 腰窝脚印外段宽 + 约 12% 腰窝外段边距 = 39.25 + 12% × 7.12 = 39.25 + 0.86 = 40.1（mm）

（4）作分踵线 OF_2　在 F_1F 线上从 F_1 点截取 $F_1F37.4$ 取 F_2 点，再将 F_2 和 O 点直线连接为分踵线。

（5）作踵心全宽 HH_2 = 踵心脚印全宽 + 约 54% 踵心里段边宽 + 约 60% 踵心外段边距 = 50.41 + 54% × 9.24 + 60% × 7.58 = 50.41 + 5 + 4.60 = 60（mm）

$$H_1H_2 = H_1H_3 + H_3H_2$$

（6）作楦底样轮廓线，用圆滑曲线连接 $OH_1G_1F_1D_1AC_1E_1H_2$ 各点，如图 4 – 4 所示。

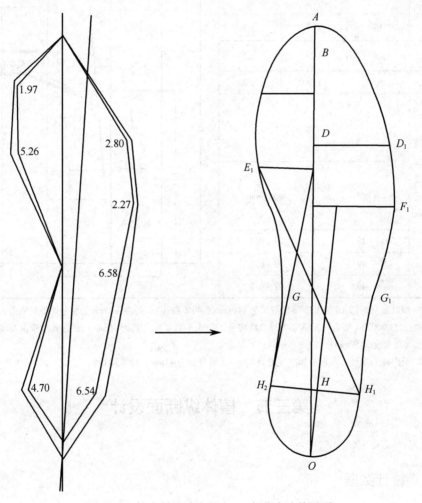

图 4 – 4　楦底样设计步骤 3——部位点连接圆顺

三、　楦底样后身标准化设计

楦后身标准化即以腰窝部位点特定的位置 AB 为计算后身系列型号编码规则的基准，设计实例见表 4 – 1。

表 4 – 1 　　　　　　鞋厂女鞋楦底样设计实例（尺码：230）

编码规则						15D900　23A　图示（单鞋楦底样）
年份	季节	楦号代码	尺码	后段型		
2015	D	900	230	A　　B　　C		

		参数			
腰窝部位	型号	宽度	后身长度/mm	宽度等差/mm	
	A	46	110	±2	
	B	48	110	±2	
	C	50	110	±2	

		参数	
后段踵心部位	后踵部位长度规定41mm（18%脚长）	宽度/mm	宽度/mm
		49	49±0.7
		49	49±0.7
		49	49±0.7

说明：1. 型以腰窝部位 AB 为基准（后身长为 110mm 处 49% 脚长），等差 ±2mm 为型号的编码依据；

　　　例：15C90023A 型为：2015 年春季 900 楦号 230 号 A 型（腰窝宽为 46mm，如是 B 型腰窝宽度为 48mm，C 型腰窝宽度为 50mm）。

　　　2. 后跟踵心宽度：本后身标准规定为 50mm（后身长为 41mm，18% 脚长）。

第三节　楦体纵断面设计

一、鞋楦设计数据

楦体纵断面设计的数据可参照国际 GB/T 3293—2007《中国鞋楦系列》中有关数据。

二、楦体断面设计方法

现以 250 号男素头皮鞋楦为例，其设计方法如图 4 – 5 所示。

（1）在鞋楦底样设计图的基础上，作 AO' 的平行线为楦体纵断面的基线 $A_1O'_1$，两线相距约为 80mm。

（2）连接 E_1、F_1，与 AO_1 相交于 J 点，过 J 点作 AO'_1 的垂线，与基线 A_1O_1 相交于 J_1 点。此点为跖趾部位的弯曲中心，也即前掌度凸点。

（3）作前跷线 以 J_1 为圆心，以 $J_1A_1 = 97$mm 为半径向前画弧，再以 A_1 为圆心，以前跷高 18mm 为半径向前画弧，两弧相交于 A_2 点，连接 J_1A_2 为前跷线。

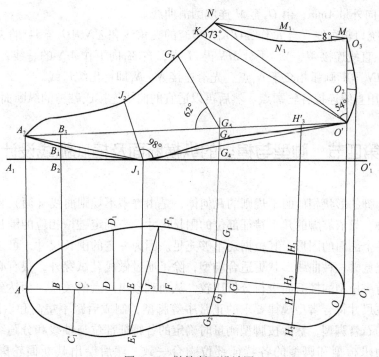

图 4 - 5 鞋楦断面设计图

（4）作后跷线 以 J_1 为圆心，以 JO'_1 为半径向后画弧，再以 O'_1 为圆心，以后跷高 25mm 为半径画弧，两弧相交于 O' 点，连接 J_1O' 即为后跷线。

（5）作跷平线 直线连接 A_2O'。

（6）作楦后身高控制线 过 O' 点作 A_1O_1 的垂线，截取高 70mm 为 O_3 点。

（7）作踵心凸度控制线 在 H 点作 AO 的垂线，与跷平线 A_2O' 相交得 H_3 点，由 H_3 点向下量踵心凸度 4mm。

（8）作腰窝控制线 作 $\angle GG_1G_2 = 12°$，G_1G_2 线与 OA 线交于 G_3。过 G_3 点作 AO 的垂线，与后跷线相交于 G_4，并交于跷平线 G_5。

（9）作头厚控制线 过 B 点作 AO 的垂线，交前跷线于 B_1 点。

（10）作兜跟线 作 $\angle J_1O'K$ 为 39°（此角度随后跟高度的变化而增减），$O'K$ 为兜跟线。

$$O'K = 1/2 \times 兜跟围长 - 20 = 1/2 \times 322 - 20 = 141\,(\text{mm})$$

（11）作跗围线 截取 G_4G_5 线段的 1/3 设 G_6，作 G_6G_7 线与跷平线交角 60°（女楦为 57°，男高腰鞋楦为 59°）。

$$G_6G_7 = 1/2 \times 跗围 - 50 （女楦为 46） = 1/2 \times 243.5 - 50 = 71.75\,(\text{mm})$$

（12）作跖围线 作 $\angle J_2 J_1 O'$ 为 98°。

$J_1 J_2$ = 跖围 × 0.2 − 3.4（女高跟为 1.4mm，女圆口—带为 2.1mm，男高腰为 2mm）= 243 × 0.2 − 3.4 = 45.2（mm）

（13）作头厚线 从 B_1 向下量 3mm 得 B_2 点，过 B_2 点向上作 $J_1 A_2$ 的垂线，在此垂线上截取头厚 20mm 设 B_3 点。

（14）作后身轮廓线 将 $O'O_3$ 三等分，自下而上标出两个点，在两个点上分别作 $O'O_3$ 的垂线，O_2 点向外量 4mm，由 O_2 至 M 连成圆滑曲线。

（15）作统口轮廓线 自 K 作 $\angle O'KN = 73°$ 的夹角线和 $\angle NO'O_3 = 54°$ 的夹角线，两线相交于 N 点，直线连接 M、N，平分 MN 得 M_1 点，自 M_1 向下作 MN 的垂线，再以 M 点为圆心作 $\angle M_1 M N_1 = 8°$ 画弧相交于 N_1 点，光滑连接 N、N_1 即得出统口线。

（16）先用直线连接各轮廓点。然后再以适宜的曲线连接成鞋楦的纵断面。

第四节　脚型与楦型的纵横断面及楦底弧线设计

鞋楦是和脚的形状相似的不规则的几何体，是由许多不规则曲线（面）构成的。因此在设计鞋楦时，只依靠脚的几个特征部位的围长尺寸，来确定鞋楦相应的围长尺寸，或者设计出鞋楦各个剖面的图形，其根据还不够充足。因为一定的围长尺寸，可以做成不同形状的曲线。究竟哪一种曲线形状更适合脚型，除了通过做成鞋试穿外，很有必要用脚型的纵横断面与对应楦型的横断面进行分析比较，从而观察出两者的关系。为达到此目的，可将各特征部位尺寸符合脚型规律要求的正常中等脚型，制成后跟不垫高和后跟垫高 25mm的不同姿态的石膏脚型，然后按脚型测量时确定的各特征部位与轴线和分踵线垂直的断面分别锯开，力求楦型和脚型的各特征部位吻合一致。然后绘出其断面轮廓图进行分析比较。

一、断面

图 4−6 是脚型的后跟部位与鞋楦纵断面的比较。从图中可以看出，鞋楦由于造型的需要以及保证脚在鞋内有一定的余度，所以鞋楦的纵断面大于脚的纵断面。

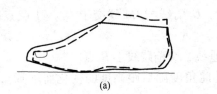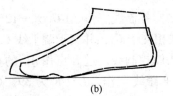

（a）　　　　　　　　　　　　　（b）

图 4−6　后跟部位与鞋楦断面的比较

（a）后跟不垫高　　（b）后跟垫高

二、 横断面

1. 拇趾外突点部位

图4-7是拇趾外突点部位的横断面。从图中可以看出拇趾外突点部位脚的横断面呈波浪形，脚在鞋内的活动量也较大，如果楦型和脚型一样，不仅脚在鞋内难以活动，在制鞋工艺上也难以使用帮面符楦。因此鞋楦的这一部位首先要考虑到脚的生理要求并应结合造型，使这一部位的曲线自然而圆滑。

2. 小趾外突点部位

图4-8是小趾外突点部位的横断面。脚的这一部位的活动量最大，所以楦型大于脚型，其曲线也要自然圆滑。

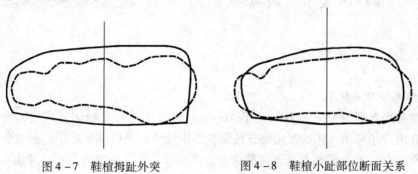

图4-7 鞋楦拇趾外突 　　　图4-8 鞋楦小趾部位断面关系
点部位断面关系

3. 第一跖趾部位

图4-9是第一跖趾部位的横断面。从图中明显看出楦型比脚型大得多。这样的造型使做成的鞋比较美观。由前头较平坦向跗围处逐渐升高，形成曲线美。

4. 第五跖趾部位

图4-10是第五跖趾部位的断面。这一部位的楦体造型与第一跖趾部位同理，也是由平坦逐渐升高，使鞋的外形美观。

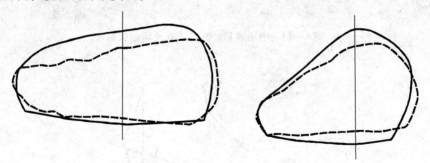

图4-9 第一跖趾部位鞋楦断面关系 　　图4-10 第五跖趾部位鞋楦断面关系

5. 腰窝和踵心部位

如图4-11和图4-12所示，这两个部位有一共同特点，楦型的断面呈葫芦状，与脚型差异较大，楦型的统口部位狭窄。对低腰鞋来说后帮低于统口，当脚穿入鞋内后帮上口自然撑开而符脚，不致使后帮发生敞口现象。对高腰鞋来说，虽然后帮高于楦统口，但后帮上口较柔软，脚穿入鞋内，使后帮上口自然撑开而符脚。

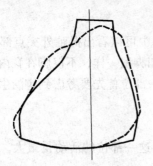

图 4 - 11　腰窝部位鞋楦断面关系　图 4 - 12　踵心部位鞋楦断面关系

三、楦底弧线设计流程

1. 三维足型轮廓提取

将三维足型数据模型输入 Delcam Powershape 软件中，首先标记部位点，绘制底样中轴线，建立用户坐标系，然后运用动态截面获取中轴线，最后在足型中轴轮廓线的底弧曲线上标注部位点（前掌着地点、腰窝部位点、踵心部位点、后跟突点）并导出二维轮廓矢量图，如图 4 - 13、图 4 - 14 所示。

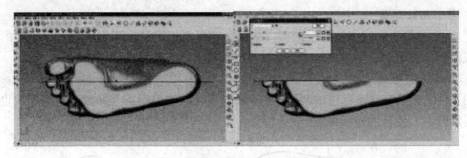

图 4 - 13　中轴线和坐标系建立及动态截面

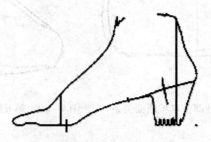

图 4 - 14　足形二维轮廓图

2. 二维足型轮廓处理

将二维足型轮廓输入 Coreldraw 进行数据处理，具体操作如下所述。

（1）建立坐标系 将后跟部位最突点在水平面的投影点定为坐标系原点 O。底弧曲线以突点为起点，沿 X 轴负方向和 Y 轴正方向延伸，至前掌着地点 J 点为止。曲线上各点距 O 点水平距离为 X 轴的坐标值，距 O 点垂直距离为 Y 轴的坐标值，如图 4–15 所示。

（2）建立部位点坐标 找到曲线上标注的各部位点（前掌着地点、腰窝部位点、踵心部位点、后跟最突点），依次测量各点距 X 轴的距离以及距 Y 轴的距离。

（3）建立标准点坐标 以 O 点为起点，间隔 10mm 依次作 X 轴的垂线，直到曲线结束为止，得到垂线与曲线的交点 15 个。利用平面软件的测量工具，依次测量各交点距 X 轴的距离，以及曲线终点（即前掌着地点）距 Y 轴的距离，如图 4–16 所示。

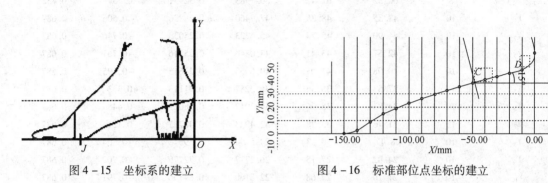

图 4–15 坐标系的建立　　　　　　　　图 4–16 标准部位点坐标的建立

（4）数据导入 将各点的坐标的绝对值分别导入数据分析软件 SPSS 的表格中，以便后期分析。

3. 数据分析

使用 SPSS 对数据进行基本统计分析，过大或过小的数据对分析结果有一定的影响，不能反映数据的总体特征。因此，必须找出这些错误的数据，然后分析确定是否删除。现将统计分析的基本步骤如下。

首先通过"箱图"分析方法，从视觉的角度观察变量值的分布情况。在"箱图"分析中，最上方和最下方的线段分别表示数据的最大值和最小值，"箱图"的上方和下方的线段分别表示第三、四分位数和第一、四分位数，"箱图"中的粗线段表示数据的中位数。另外，"箱图"中在最上方和最下方的星号和圆圈分别表示样本数据中的极端值。

然后通过分析"$Q–Q$ 图"（"$Q–Q$ 图"是用变量数据分布的分位数与所指定分布的分位数之间的关系曲线来进行检验的）以及偏度分析检查数据是否符合正态分布。当数据符合正态分布时，图中各点近似呈一条直线。通过观察偏度系数同样也能够检验数据分布的正态性。若偏度系数属于 $[-1,1]$，则认为符合正态分布。

最后描述数据的基本特征。主要考察数据的极小值、极大值、均值、方差和标准差。

实验数据均采用三次脚型扫描的平均值。

4. 随跟高的变化底弧的变化

对部位点和标准点的坐标值进行描述性分析，得到各项目的极小值、极大值、均值、标准差、方差（表 4 – 2）。通过描述统计量可知 19 个点的坐标均值，以便后续分析使用。

表 4 – 2　　　　　　　　　　　　　50mm 跟高数据描述性分析

部位点	统计量						偏度 标准误差
	N	极小值	极大值	均值	标准差	偏度	
着地点 X	10	149.25	152.92	151.87	1.61595	− 0.443	0.687
腰窝 X	10	78.45	91.28	83.887	3.82497	0.512	0.687
腰窝 Y	10	26.56	29.91	28.2287	1.24668	0.072	0.687
踵心 X	10	37.32	38.08	37.7847	0.28460	− 0.825	0.687
踵心 Y	10	40.61	41.48	41.1607	0.26728	− 0.814	0.687
后跟突点 Y	8	60.32	61.42	60.7983	0.32931	0.757	0.752
Y_1	10	47.35	48.35	47.9460	0.29896	− 0.506	0.687
Y_2	10	44.90	45.74	45.4223	0.25033	− 0.746	0.687
Y_3	10	42.57	43.41	43.0840	0.25016	− 0.761	0.687
Y_4	10	40.08	41.05	40.6063	0.27615	− 0.195	0.687
Y_5	10	37.53	38.56	38.0287	0.31113	0.333	0.687
Y_6	10	34.83	35.96	35.3017	0.38022	0.448	0.687
Y_7	10	31.76	33.28	32.4923	0.48757	0.122	0.687
Y_8	10	8.47	30.33	29.5200	0.59540	− 0.304	0.687
Y_9	10	24.82	27.15	26.2717	0.72779	− 0.707	0.687
Y_{10}	10	21.10	23.68	22.8160	0.84106	− 0.791	0.687
Y_{11}	10	16.95	20.16	18.9633	0.97027	− 0.762	0.687
Y_{12}	9	13.80	16.20	14.7537	0.86602	0.770	0.717
Y_{13}	10	6.16	11.47	9.0197	1.50215	− 0.161	0.687
Y_{14}	10	1.12	5.21	2.5390	1.33608	0.992	0.687
Y_{15}	10	0.00	0.00	0.0000	0.00000	—	—

5. 底弧曲线绘制

通过描述性分析得到各点均值，录入 SPSS 表格中，使用 Chart – Builder 进行足型底弧的新曲线绘制，以 50mm 跟高为图例，如图 4 – 17、图 4 – 18 所示。

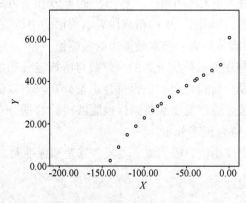

图 4 – 17　点图（50mm 跟高）

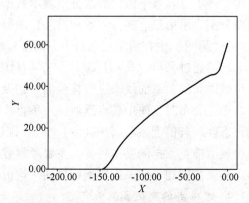

图 4 – 18　曲线图（50mm 跟高）

6. 新底弧曲线绘制

将 SPSS 得到的曲线点图和线图导入 Coreldraw 平面软件中，进行曲线的圆顺，得到不同跟高（10～90mm）的足型底弧曲线，如图4－19 至图4－28 所示。

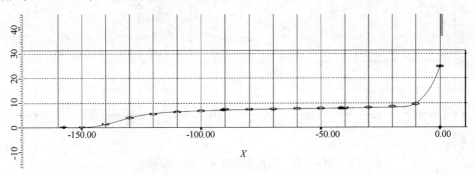

图 4－19　新底弧曲线（10mm 跟高）

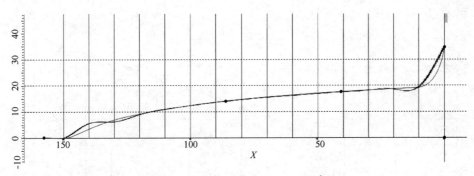

图 4－20　新底弧曲线（20mm 跟高）

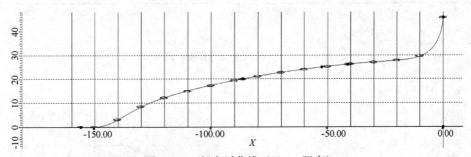

图 4－21　新底弧曲线（30mm 跟高）

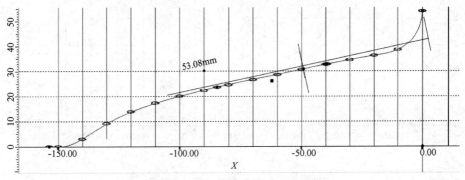

图 4－22　新底弧曲线（40mm 跟高）

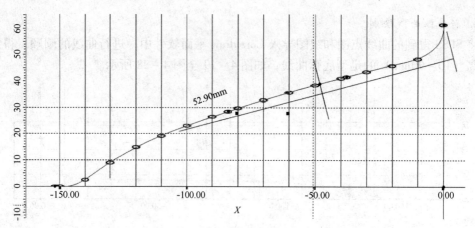

图 4 – 23 新底弧曲线（50mm 跟高）

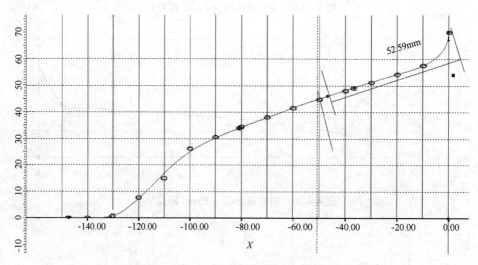

图 4 – 24 新底弧曲线（60mm 跟高）

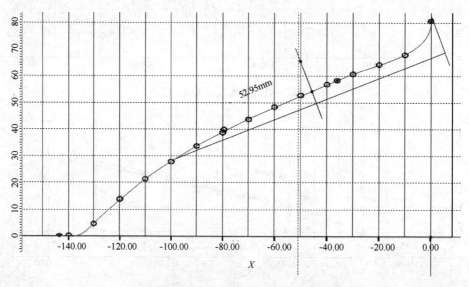

图 4 – 25 新底弧曲线（70mm 跟高）

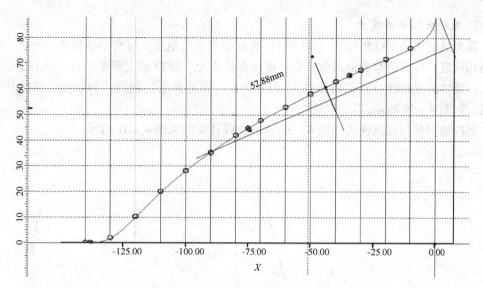

图 4 – 26　新底弧曲线（80mm 跟高）

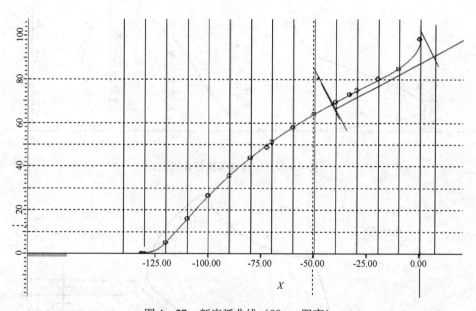

图 4 – 27　新底弧曲线（90mm 跟高）

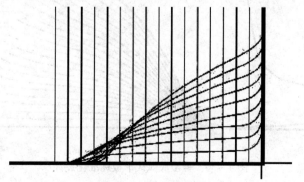

图 4 – 28　新底弧曲线总

103

7. 鞋楦底弧卡板建立

首先绘制水平基础坐标线（*AB* 线），将鞋楦前掌着地点 *J* 与水平基础坐标重合，标记前跷和后跷。标记前掌着地部位 *J* 点，前跷部位 *N* 点，腰窝部位高度 *G* 点，踵心部位高度 *H* 点，跟口位置高度 *O* 点，后跷高度部位 *M* 点；完善其余控制线，即得到参考鞋楦底弧卡板，如图 4 – 29 所示。

其次绘制鞋楦底弧曲线如图 4 – 30 所示，设计实例如图 4 – 31 所示。

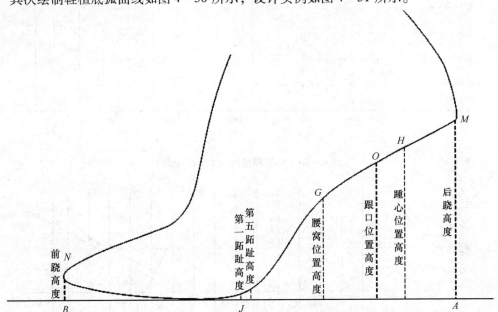

图 4 – 29　鞋楦底弧线设计规范

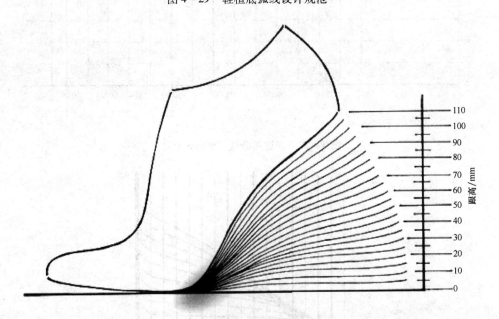

图 4 – 30　鞋楦底弧线卡板标准化设计

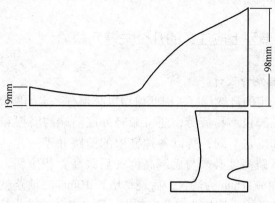

图 4-31　鞋楦底弧设计实例

8. 腰窝凹度设计

腰窝凹度是指楦底腰窝部位相对于前掌和踵心凸度点的凹进程度。脚底腰凹度部位的构造是弓状结构，称为足弓，因此，脚底腰呈凹状。腰窝凹度与跟高的关系见表 4-3，腰窝设计，如图 4-32 所示。

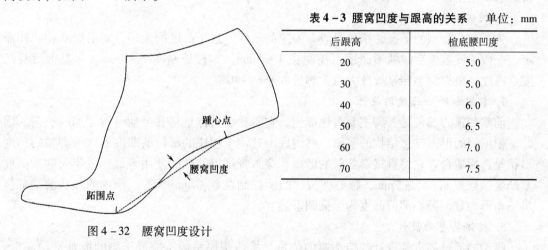

图 4-32　腰窝凹度设计

表 4-3　腰窝凹度与跟高的关系　　　单位：mm

后跟高	楦底腰凹度
20	5.0
30	5.0
40	6.0
50	6.5
60	7.0
70	7.5

第五节　关于楦体的造型与设计

对于楦体造型与设计，是关系到成鞋造型美观的一项关键性的工作，不同结构的产品鞋楦，对于楦型的要求也有一定的差别，就是同一品种的鞋，也由于采用成型工艺不同，因此对鞋楦造型设计要求也有差别，有的品种的鞋楦可以通用，但有的鞋楦就不能通用，这是因为制鞋工艺条件的要求，例如，缝制鞋和胶粘工艺的鞋楦造型基本上可以通用，模压鞋楦和注塑鞋楦也可以通用。

鞋的品种有许多种，如按帮样结构大致可分为橡筋式、圆口式、带式、舌式、耳式、拉链式以及各种式样的棉鞋等。

从工艺来讲，有缝制、注塑、注胶、胶粘、模压等工艺。由于工艺要求不同在楦体造型上有不同的区别。

一、 在鞋楦设计与造型上应注意的几个关键问题

1. 楦体的前跷和后跷的设计

人的脚本身就有一定的自然跷度，因此楦型也必须有一定的跷高。如果穿着有一定跷度的鞋，走路就轻快，脚也不易疲劳，还可减轻外底前端的磨损和帮面褶皱及围条开线等。由于各种鞋式样和工艺不同，所以各种鞋楦的前跷并不一样，要根据鞋的品种、结构、式样而定。但是前跷高度必须与后跷高度（后跟高）相协调。如舌式鞋楦250#后跷高44mm时，前跷高14～17mm为适合，后跷每增长10mm时前跷就降低1mm。但是也有由于工艺和品种式样的要求。楦的前掌凸度较大，因此鞋楦前跷也比较高。

2. 楦体"后身高"的设计

楦体的后身高是根据鞋的品种而设计的，一般应高于鞋后帮高度20mm左右。高腰鞋楦和低腰鞋楦的后身有较大的差别，一般高腰鞋楦后身高设计控制在脚长的40%左右，而低腰鞋楦后身高应控制在脚长的28%左右，如男舌式鞋楦后身高70mm。鞋楦后身高是指楦底后端点至楦统口后点的直线距离。

3. 楦体后身凸度的设计

为了适应脚型的形态，楦后身应有一定的凸度，这个凸度的大小，要根据品种式样而定，一般的皮鞋楦后跟弧形凸度可控制在4～5mm，布鞋控制在2～4mm。但是楦后身凸度点高度，根据脚型测量统计大致为脚长的8%～10%。

4. 前掌和踵心凸度的设计

前掌和踵心部位是人脚主要着地部位，它承受着人体重量和劳动时所增加的负荷。因此，根据脚的形态自然结构的要求，鞋内底上这两个相应的部位的凹度形状与脚型的凸度形状是否相适合，它将直接影响脚的健康和穿着舒适以及鞋的使用寿命。成年人的鞋楦前掌凸度一般控制在5～7mm，踵心部位的凸度控制在3～4mm为好。凸度的形状前掌部位呈三角形为宜，踵心部位凸度为半椭圆形适宜。

5. 楦体头厚的设计

脚型的拇趾高度是设计鞋楦头厚的依据。楦体头厚一般不应低于脚的拇趾平均高度，但是根据不同的品种和美化楦体造型的需要，某些品种楦体头厚也可以略低于拇趾高度，根据脚型规律拇趾平均高度21mm。为了适应各种鞋各种头式的造型要求，一般的皮鞋楦头厚可以控制在16～20mm，超长皮鞋楦头厚20～23mm，布鞋楦头厚15～18mm。

6. 楦体统口的设计

楦体统口长和统口宽以及统口的形状，要根据胶、皮、布鞋楦的工艺要求而设计，皮鞋楦（缝制和胶粘工艺）的鞋楦统口一般都为曲线形状。而模压和硫化工艺以及布鞋楦统口大部分都是平口或斜口，这些差别主要是因为制鞋工艺的需要而决定的，例如，男青年布鞋楦统口长90～110mm，统口宽25～27mm。

7. 楦体底心凹度的设计

底心凹度可根据鞋的品种而设计不同的大小凹度，如一般有铁勾心结构的鞋楦底心凹度就适当加大一些，一是可托住脚心，穿着舒适；二是楦体造型美观好看。此鞋楦一般的

底心凹度在5~8mm，高跟皮鞋7~12mm，而一般布鞋为2~6mm，如果底心凹度过大容易造成鞋后帮敞口，如果过小穿着不舒适。

二、 在楦体上几个主要部位的肉体安排

楦体各部位的肉体安排，是根据脚型的形状而设计的，在设计楦体造型时，一方面要考虑穿着舒适，另一方面要使楦体造型有线条美观好看，同样部位，同样尺寸，如果肉体安排得不适合，会影响穿着舒适性和美观效果。

1. 楦体跖趾部位的肉体安排

由于楦底样的跖趾部位宽度小于脚型，所以在设计第一跖趾部位肉体时，要以楦体底边向上必须有十分饱满的肉体，只有足够的肉体才能容纳脚的相应部位。楦体的第五跖趾部位与第一跖趾部位一样，但突出的肉体不能太多，要比第一跖趾更为圆滑饱满，而且要有足够的厚度，以适应因楦底宽度减少而脚的肉体增加的厚度，只有这样才能符合脚型。

2. 楦体腰窝部位的肉体安排

脚有腰窝部位，由第一跖趾部位向后至里踝骨下方，沿足弓里怀上方有一条突出的肉体，所以鞋楦这一部位的肉体需要饱满，在皮鞋楦来讲，这一部位的肉体安排越接近脚型越好，这样才能使富于弹性的鞋帮托住脚的腰窝，不但穿着舒适，而且还可减轻跖趾部位和踵心部位的压力，否则会因肉体过小容纳不下脚的肉体使鞋帮容易变形，在脚的第五跖趾部位向后，至外踝骨下方也有一条突出的肉体，但是它比里怀肉体小而且低，因为脚型楦体相应部位需要饱满，所以使这一部位肉体安排得要靠下一些。但是，在模压鞋楦的里腰窝肉体安排有所不同，必须清晰明显地表现出楦底边的"子口"，否则就容易因子口不严出现跑胶现象。

3. 楦体踵心部位的肉体安排

楦体踵心部位两侧肉体宽度应接近于脚的相应部位宽度，由踵心部位向前的两侧肉体要适当加大，向后的两侧肉体稍有减少，但里外应基本相称，里侧肉体要靠上，外侧肉体要靠下一些，这样鞋后跟部位正好包住脚。一般鞋楦踵心部位肉体宽度要大于楦底宽度5~8mm，要根据制作鞋的工艺而定。

复习思考题

1. 鞋楦分类有哪些？
2. 鞋楦的设计流程是什么？要注意哪些？
3. 楦体纵断面的设计方法是什么？
4. 脚型与楦型的纵断面有什么区别？

第五章　与足部运动功能相关的鞋类性能

足既是人体的支承器官，又是运动器官，人体运动大都需要借助于足的运动才能实现，人们都希望足在运动过程中既灵活，稳定性又好。而足的运动状态与其受到的作用力密切相关，我们可以从运动学和动力学等不同的角度出发，分析研究足在运动中表现出来的生物力学性能以对足的运动能力进行评判。

鞋对足运动功能的影响很大，鞋类的品种繁多，不同种类的鞋有着不同的特点和穿着要求，需要对鞋的性能进行研究。

鞋的使用过程除了穿着阶段以外，还包括穿上、脱下、保养等辅助阶段。鞋的使用性能包括在使用过程中，与环境发生关系的全阶段的性能。

鞋的性能研究包括：鞋的功能研究、使用需求研究、鞋与环境研究等几个方面。

第一节　鞋的功能与结构

现代人类大都穿着鞋进行运动，鞋在人体的运动中起着什么作用呢？鞋对人体的运动能力有没有影响呢？这便是这一节我们要讨论的问题。

一、鞋的功能

鞋的功能涉及面很广，不同的人有不同的看法。个别专家认为鞋只有一个功能，即具有大量历史发展侧面的特征。但大多数人认为鞋类具备许多功能。

尽管观点不同，但人们都认为：鞋的功能是和谐统一的，每方面都受限于其余方面，并由其余方面补充和进一步精确。由于鞋的用途不同，功能间的相互关系也在改变。

为使功能成为现实对象，应赋予具体的物质形式。鞋类功能的物质表现是结构（造型和尺寸，材料及其相互关系和结合工艺），鞋的结构伴随科学技术的进步不断发展，并服从于功能和用途。

在鞋的生产过程中，应使其具有一定的造型，适应人足的解剖生理学构造（内部形状）和环境特征（外部形状）。

鞋的外部形状必须保证人体稳定，具备一定的结构特征和美学特征。结构有助于完成给定的功能。

表达结构美学特征的，首先是鞋的形状（艺术款式），因此，功能与造型两者并重，缺一不可。

鞋的造型不应影响功能，但有相对的独立性，它不仅应适合于使用目的，还应富于表达力。造型使鞋与环境有所区别，又协调统一，既表现鞋的特点及用途，又为人穿着鞋提供可能。

鞋类的高质量，表明找到了合适的结构，能够同时保证造型和功能，以最佳形式完成鞋类的功能。

鞋的形状和功能性融合在一双鞋上，穿着效果上整体不可分离。在不同的穿着场合，侧重不同的方面。穿着目的明确的运动鞋和劳动保护鞋等特殊鞋以功能性为主，流行鞋穿着的场合以款式为主。设计功能性越强、目的性越强的鞋，越需要对人体进行周密的研究，同时选择具有一定功能的材料。

随着时间的推进，鞋类的功能、结构和形状都在变化、改进和发展。鞋类的发展历史分为几个阶段。

二、　鞋类功能性的发展

1. 鞋类功能性的发展

鞋类的功能，首要是物质上的保护功能。

远古时期，就已经有了鞋。鞋的出现与原始人的劳动不可分割，人们为了适应环境，为了保护身体不受恶劣环境——寒冷、湿气、热沙、尖石、荆棘等的伤害，发明了鞋。

在鞋类发展的初期，原始人过的是游牧生活，他们跟随动物群——牛、熊和鹿群游动，同时，有些动物向人类发出危险的信号。动物肉是人的主要食物，动物皮被用于覆盖居所和身体。人们对图腾动物崇拜如神，并从各方面仿效。人们相信人与兽有亲属关系，并可转化为兽的化身，最简单的方法是把兽皮披在身上，兽皮的各部位便成为人类服装的相应部分。

原始鞋来自图腾动物后腿的皮，称为图腾脚掌。鞋类的功能、结构及材料和谐地融合在一起。

鞋类减轻了不良环境对人的侵害，原始人却认为保护功能的实现是因为与图腾是亲属。他们对鞋寄托了魔法功能。

鞋类的功能，其次是社会功能。

原始图腾演变为氏族，鞋类获得氏族形态。在氏族社会，人处于所在氏族的保护。尽管有季节变化和年龄、性别上的差异，人们的服装和鞋都统一为氏族式样，反映了重要的社会功能，即表明人们属于某一共同体，最初属于图腾族，后来属于氏族。

同氏族（或图腾族）的成员，才有权穿同类型的鞋。在13世纪古代挪威的法典中，记录了加入氏族的仪式。在仪式中，加入氏族的人，必须穿宗教仪式用的特制鞋，表示加入追随行列。鞋具有宗教仪式功能。

氏族社会解体，阶层社会随之出现，在确定等级方面，鞋开始具有识别功能。由于阶层分化和氏族崩溃，显贵们希望与同部族的其他人群有所区别。鞋类获得装饰和威望的功能。

古罗马人把朱红色（紫红色）作为权力的象征。古罗马的元老穿朱红色的鞋。

比较早的时候，就有人认识到，鞋类影响足的构造和可进行功能缺陷的矫正。古希腊医师希波克拉底，在治疗内翻足时，主张穿用铅制鞋。由此可见，鞋类具备预防和治疗功能。

2. 现代鞋类的功能

鞋类有助于保护人的健康、便于工作和休息。现代鞋类的功能一般分为受需要制约的功能和与环境条件有关的功能两类。

足既是支承、缓冲的器官，又是运动（移动）器官，同时与环境进行代谢。足主要在鞋内发挥作用。鞋类的主要功能之一是应能有助于足发挥作用，即保证足在站立和运动时的舒适性，必要时，预防疾病（预防）或有助于恢复丧失的功能，即具有矫正功能。

保证新陈代谢是鞋的另一个主要功能。家居鞋帮助人休息。运动鞋有助于达到运动的目的。

鞋同时具有美学功能，对人体的外观影响很大。鞋的美学功能，有助于造成一定的视觉效果和心理知觉。如舞台鞋具备一定的艺术形象和演出效果。

用于恪守一定仪式（婚礼、丧礼等）的鞋，具有仪式功能。

保护功能是鞋类的基本功能之一。鞋保护人足不受物理、化学和生物环境的损伤，保护人体不沿支承面滑动。

目前，鞋出现了一些新的保护功能。因偏远地区有限的照明条件，有人提出穿发光鞋，以保证沿通行车辆的道路行走时的安全。在照明很好的城镇，也会有局部地区照明不佳，在鞋上使用反光材料，当车灯照射时，能让驾驶员看到行人，有利于安全。

有时鞋还具有一些其他功能。例如，展览会上或橱窗上的鞋具有广告功能；博物馆陈列的鞋，表现情报功能。

有的鞋在鞋跟、外底空腔、可拆卸的前掌和其他部位，可以隐藏贵重物品或安放塑料鞋套，便于在潮湿的天气使用。鞋具备辅助性的密室功能。

3. 鞋类造型的发展

鞋类的发展过程反映了人类社会的形成和发展历史。

每个时代的建筑艺术、构筑物、展装和鞋等，都有一定的形态特征。

最初，"图腾脚掌"充当氏族鞋，随着图腾族被新的社会形式——氏族取代，鞋便出现了新的造型。氏族社会的瓦解和阶层社会的出现，推动了鞋类造型的不断变化。

古风鞋极其简单，最常见的是特别简单的简易满帮凉鞋，按足底支承面形状仿制的软木或编绳外底，用编织精巧的小带系在小腿上，不对称，前尖无帮（前空），不挤脚趾，后跟部位有鞋帮。

12 世纪，出现了歌德式（高直式）建筑艺术。尖鞋头与歌德式教堂削尖的垂直线条大体一致。时尚的影响越来越大，经常出现刁钻古怪的式样，大大减弱了鞋的功能。9 世纪在欧洲风行过长前尖鞋。14 世纪，有一项法令规定官职等级制度，对鞋前帮尺寸的要求：公和亲王鞋前帮长分别为 2.5ft（75cm）和 2ft（60cm）；骑士鞋前帮长 1.5ft（45cm）；富裕市民鞋前帮长 1ft（30cm），平民鞋前帮长 0.5ft（13cm）。

15 世纪，窄而长的鞋前尖让位于笨拙的特宽（可达 16cm）前尖。

在 12 ~ 13 世纪的波斯，能看到有鞋跟的鞋。1547 年，法国人就知道了带鞋跟的鞋。意大利和西班牙的宫廷贵族，早就穿过高跟鞋。

前尖过分向上弯曲的高跟鞋，与鞋匠手艺的提高有关，也与这样的结构适合于使用目的有关。在东方不仅用鞋跟面刺"马掌"，也用鞋前尖刺"马掌"。

17 世纪的妇女穿柔软的鞋，许多追求时尚的女人，希望显得高一些，爱穿厚底鞋，有时鞋底厚到无人搀扶无法走路的程度。威尼斯贵夫人穿过鞋底厚度达 52 cm 的鞋。

17 ~ 18 世纪时髦鞋的特征是轻巧、漂亮。方头、漂亮高跟、大花结、宽鞋钎的男便鞋最时髦。女便鞋的鞋跟很高，并具有特殊的弯度。这种鞋跟一直流传到今天，名为法国鞋跟。

18 世纪，矮跟、尖头的靴子，更换为高跟、方头、长鞋舌的北欧式鞋。

17 ~ 18 世纪的鞋类造型不合理，那时的鞋窄而短，左、右足相同，军队里规定必须左、右脚交替穿。

19 世纪初，受法国资产阶级革命的影响，简单而构造合理的鞋成为时髦。构造不复杂而粗糙的木底鞋最时髦。不过，到 19 世纪 20 年代，长前尖的鞋又成为时髦。妇女穿黑色皮革做的中跟或高跟高腰靴，用珠母做鞋扣，衬鲜红色鞋里。男子穿的是矮跟半筒靴。

纵观鞋类造型的发展过程可知，最初的鞋造型简洁，是因为原始人做鞋时，工具简陋。随着制鞋技术的发展，人们一方面从鞋的穿着寿命出发不断改进结构，鞋跟、勾心和刚性主跟等随之出现；另一方面从美学观点出发不断创新鞋的外观，鞋的结构与外观快速发展，但是，对穿着舒适性的关注却很少，鞋的性能经常与人足的生理学特征不协调，只是追随时髦的要求变化。

随着生活水平的提高，文化和贸易的发展，人类的活动增加了新的内容，穿鞋条件也具有一些新特点。同龄人足的尺寸增加，足结构不正常的人数增加。消费者对鞋质量的要求越来越高。随着流行的变化，鞋款式的变化越来越快，也越来越明显；鞋无形损耗（指过时）的期限缩短。

鞋类花色品种不断增加，鞋部件用人造及合成材料的品种也增加。新结构的鞋越来越多，为适应消费者的要求，为改变鞋的内部形状、尺寸、鞋内微气候、摩擦和美学性能等提供了可能性。

鞋结构的改进，要求不同领域的专家广泛研究。需要制鞋工程师、人类学家、生理学家、矫形外科医师、卫生学家、社会学家、化学工程师、计算技术工程师和机械工程师等的通力合作。鞋结构的改进必须考虑穿鞋主体，人足的特点，从足的生理特点和运动性能出发，为人类从事不同的运动提供相应结构的鞋，以适应穿着环境和运动特点。

第二节　足的生物力学性能

一、生物力学概述

生物力学是用力学原理研究物体生命活动规律的一门学科，是由力学、解剖学、生理学和生物学等学科相互渗透而产生的一门边缘科学。生物力学技术在鞋类设计开发的应用中获得了突飞猛进的发展，成为国际知名品牌鞋的核心技术。

生物力学的研究范围包括整个人体，足部生物力学的研究是其中重要的一部分。足部生物力学研究的兴起是几个方面因素共同作用的结果。首先，从临床角度来说，随着糖尿病治疗手段的不断改进，尽量延长患者的生命已经成为可能，但同时糖尿病并发症糖尿病足的发病率不断上升，医学工作者迫切地想知道糖尿病足等病理现象的原因，生物力学开始进入这一领域的研究。其次，从市场角度来说，各种功能鞋和运动鞋有着很大的消费市场，消费者往往要求这类鞋具有特殊功能、穿着舒适并具有保护作用，生物力学研究可以方便地指导这些鞋类的设计。最后，从技术角度来说，电子测量技术和计算机技术为足部生物力学研究提供了可能。研究人员可以利用多种测量技术获得足底压力和剪切力，并用计算机加以处理，利用 CAD 系统和专业有限元分析软件对足部建模和分析。总之，足部生物力学研究正处于一个方兴未艾的阶段。

二、 足的运动生物力学研究的基本方法及原理

1. 运动生物力学概述

运动生物力学是科学高度分化下的高度结合，是运用生物学、力学以及体育技术理论探索运动技术规律的科学。它本身已超出了传统学科界限，它是数学、力学等学科与生物学相互渗透的新学科。所以说运动生物力学是一门新兴的边缘性学科。

15 世纪末，意大利科学家列奥纳尔德·达·芬奇（Leonaardo Da Vinci）用人的尸体研究解剖学，并在此基础上借助力学研究人体的各种姿势和运动，指出人体的运动服从于力学定律。17 世纪意大利解剖学家阿·鲍列里（Alfoonso Borelli）把力学和解剖学结合起来研究人体运动，并完成了第一部运动生物力学的著作《论动物的运动》。19 世纪德国生理学家维·伯尔兄弟（W. Weber）、法国生理学家马勒（Mahler）、美国摄影师麦布里奇（Muybridge）等人对人体运动的时间和空间进行了客观描述，对运动生物力学研究方法做出了贡献。进入 20 世纪，德国的布拉温（Braune）和菲舍尔（Fisher）利用解剖尸体的实验方法测定人体各部分相对质量和重心位置，并开始用动力学的方法研究人体运动。20 世纪 30 年代，英国生理学家希尔（Hill）取青蛙的离体缝匠肌进行实验，得出著名的 Hill 方程，即肌肉收缩的力速方程，并由此获得诺贝尔奖，从而奠定了肌肉力学的基础。1967 年召开第 1 届国际生物力学学术讨论会，1972 在美国宾夕法尼亚大学召开的第 4 届国际生物力学会议上将运动生物力学从生物力学中划分出来。40 多年来，运动生物力学得到迅速发展。现在，摄影测量已发展到三维高速录像，测力系统已发展到分量测力台、关节肌力矩测量系统等，已基本形成了相对完善并互相支持的运动学、动力学和肌电测量三大系统。

目前，运动生物力学对普通人群的研究逐渐增多，人们对运动损伤和大众健身研究的重视程度与日俱增。

运动生物力学在制鞋领域的应用，主要是在鞋的机理性研究开发上。例如，通过对人体足部的压力分析和步态分析研究，测量足底各点的压强、压力、重力线等，找出下肢移动变化及各关节如踝、膝、臀、腰等部位的力学规律，并进行数值分析，提出对鞋楦、鞋

型、鞋底部的理想设计方案，再通过对效果的测试，从而达到最佳（健康、舒适）的穿着效果。

让运动者穿着运动鞋在相应场地上做相应运动的典型动作，研究人员通过各种生物力学研究手段采集数据，并对这些数据进行分析，综合评价运动鞋的表现。可以研究揭示人体、鞋和地面三者间的互动关系，了解人体对鞋的设计需求，并且可以检验鞋的设计是否达到功能需求。

2. 运动生物力学的研究方法

运动生物力学研究方法可分为理论研究方法和实验研究方法两大类。实验研究方法又分实验室测量法和运动测量法。

运动生物力学理论研究方法的关键是建立人体运动的力学模型。理论研究方法的研究对象是抽象的人体模型，目的是揭示运动规律，核心是经典数学、力学的推导运算，结论是揭示运动的内在机理。人体运动数学模型方法是理论研究常用的主要方法。

为了便于研究，运动生物力学理论方法的关键是建立人体运动的模型来描述运动。大体有两种方法：第一种方法是人体系统仿真研究方法，其代表人物是南非的力学专家Haze；第二种方法是应用多刚体系统动力学理论建立力学模型，代表人物是美国力学专家Kane。

实验研究方法主要是研究和测定人体运动的各种具体参数。它包括测定人体运动的姿势和运动过程（人体各部分的位置、速度、加速度）、人体各部分在运动中所受的各种外力、合外力矩、人体内部的内力变换和运动中的能量变换。实验研究方法与理论研究方法相比较略显成熟，主要有以下特点：

① 在检测手段上随着工程技术的进步，手段越来越多样化。从"传统"的摄影技术发展到三维立体摄影，能更精确地反映事物的运动特征，而且许多新的现代化技术装备也被应用到运动生物力学研究上，例如激光瞄准测试分析系统、爱捷运动图像分析系统、六维测力平台 SAEMS－T、四导遥测肌电仪、万能材料试验机等。

② 实验室测量方法与运动场测量方法相结合。比较成熟的测量方法有两种：一种是在实验室条件下，采用各种类型的测力计和先进的多功能肌力测量系统，对与运动有关的主要肌群进行定量测量，此法可简称为"实验室测量法"；另一种是在运动场上通过训练器械或反映运动员专项力量的训练手段进行测量。

理论分析与实验新技术的结合逐渐形成，实验方法研究日趋理论化、理论分析必须由实验测试数据补充等，成为近年来运动生物力学研究中的一个趋势。

现代运动生物力学的实验研究分为原始资料数据的采集整理与资料分析两方面，两方面的研究相互交叉、互为补充。现代运动生物力学研究的科学化特征，主要体现在数据采集与整理方法的精确性和快速性。

目前，国内外运动生物力学的研究主要有运动学、动力学、生物学研究方法。运动学研究主要采用录像、摄像及数字化处理。动力学主要采用测力法。目前主要采用电子测量法，此法优点是准确、灵敏。可以测定力，还可以测速度、加速度等力学参数。生物学目前主要涉及神经肌肉活动。

3. 应用领域

从应用领域上划分，运动生物力学的研究主要应用在竞技体育、大众体育两个方面。

竞技体育的研究主要是分析各种竞技项目的运动动作。通过分析和研究，寻找最佳的技术动作，预防运动员的运动损伤，探索有效的训练途径、方法等，从而提高运动员的训练水平和运动成绩。我国在此方面的研究比较突出。

大众体育的研究主要集中在运动对健康的促进，并应用于预防人体运动器官的损伤、运动对人体的代谢的功效、减少职业劳动的伤残、外伤患者和伤残人士的运动功能恢复等方面。在此方面，近期的国外研究已取得许多有价值的成果，它是 21 世纪运动生物力学研究领域的一个热点，而我国在此方面与发达国家相比，存在一定差距。

4. 足的运动生物力学研究的基本力学原理

在足的运动生物力学研究中，经常面临的力学问题和常用的基本力学原理有以下几个方面：

（1）重力中心　任何占有空间的具有一定质量的物体均存在着重力中心。某一物体的重心，是指该物体各组成部分所受重力的合力作用点。人体各环节有各环节的重心。如头的重心、躯干的重心、上臂的重心等，称为环节重心。人体全部环节（即整个人体）所受重力的合力作用点，叫作人体总重心。

人体大部分的环节重心，都位于各环节纵轴的某一点上，它在环节上的位置不会改变；然而人体重心并不固定在身体特定部位的某一个点上，它的位置随各环节重心之间距离的改变（即人体姿势的改变）而改变。随着呼吸、消化、血液循环等生理过程的进行，在一定范围内移动。在相对静止的状态下，其变化范围一般在 1.5～2cm。

据测定，站立时，人体重心一般在身体正中面上第三骶椎上缘前方 7cm 处。由于性别、年龄、体型不同，人体重心位置略有不同，一般男子重心位置的相对高度比女子高，自然站立时，男子重心高度大约是身高的 56%，女子大约是身高的 55%，这是因为女子的骨盆带较大之故，如图 5-1 所示。儿童的头和躯干的质量相对大一些，则身体重心相对高度比成人高些。由于体型的不同也略有不同。由于身体姿势的变化，重心位置也随之变化。

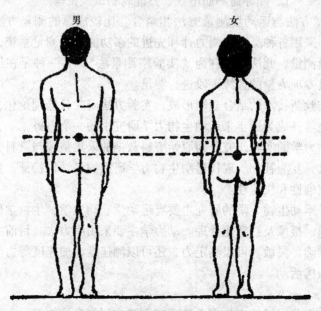

图 5-1　男女重心位置示意图[22]

人体姿势在发生变化的情况下，重心变化范围明显增大，甚至有时能够移出体外。人体重心可以通过分析法、第二类杠杆法和等边三角形法等方法进行测定。

身体重心在垂直方向的速度变化与各关节及其活动肌肉的力学状况有密切关系。

在竞技体育的研究中，评定体育动作完成的质量，分析其技术特征，纠正错误动作等，都需要从运动时人体重心的变化规律去分析。

如两个身体拥有能量差不多的人，A 训练有素，在跑的过程中重心起伏 Δh_a 较小，而 B 跑的技巧差，其重心上下起伏 Δh_b 较大，如果两人的体重 G 相近，则 B 起伏一次时就比 A 消耗的能量多，多出的能量为：$G \times (\Delta h_b - \Delta h_a)$。由此可见控制重心的起伏是降低能耗的有效手段。

而在分析静力性平衡动作，判断平衡的稳定性和动作的合理性时，必须从人体重心相对于支撑面的位置来确定。

（2）平衡的稳定性　　支撑面是重力在支撑地面上的作用面积。支撑面的大小是决定静态或动态的稳定性的重要因素。

具有多个支撑部位时，各支撑部位之间的距离越大，支撑面积也越大，因而稳定性越好。因此两足开立比两足并立的稳定性好；两足站立比单足站立的稳定性好，如图 5 - 2 所示。

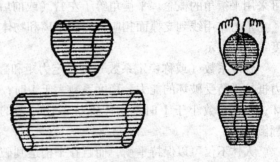

图 5 - 2　支撑面积示意图[22]

平衡的稳定性还取决于重力作用线在支撑面中的相对位置。若重力作用线接近支撑面边缘，那么物体在这一侧的稳定性就差。人体在站立和行走时的平衡能力，可以借人体重心的摆动幅度和频率反映出来。

下支撑的物体，当倾斜角度较小时，它的重力作用线仍在支撑面内，且重心升高，重力矩能使物体恢复原来位置，这种有限稳定平衡的能力（即免被倾倒的难易程度），叫作稳度。

处于下支撑有限稳定平衡状态的稳度，取决于一系列因素，包括有重力作用线到支撑面相应边界的距离、重心相对于支撑面的高度、物体的质量和摩擦因数等。

前两个因素是主要的，这两个因素可以用稳度角来表示。

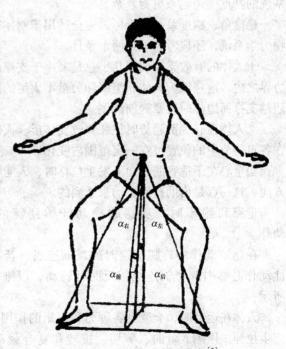

图 5 - 3　不同方向的稳度角[3]

稳度角（或称稳定角）是重力作用线同重心与支撑面相应边界的连线之间的夹角，表明物体恢复原来姿势的能力，如图5-3所示。稳度角越大，恢复原来姿势（即免被倾倒）的能力就越大。重力作用线到支撑面边界的距离，在不同方向上可能不同，因此不同方向上的稳度角也可能不同。在其他条件相同的情况下，重心越低，稳度越大，重心越高，稳度越小。

图5-4　前后方向的平衡角[3]

在研究左右前后方向上的总稳度时，可采用平衡角的概念。平衡角等于左右（或前后）稳度角的总和，如图5-4所示。

重力作用线到支撑面相应边界的距离和物体的质量这两个因素结合在一起，可以用稳度系数来表示。

稳度系数（或称稳定系数）即稳定力矩和翻倒力矩之比值。稳度系数表明物体依靠重力抵抗平衡受破坏的能力，稳度系数大于1时，物体能抵抗外来的翻转力矩，平衡不被破坏；稳度系数小于1时，物体抵抗不住外来的翻转力矩，平衡遭到破坏，即物体会被翻倒。

人体不仅可以保持平衡，而且在平衡遭到破坏时还能恢复平衡。人体这个生物力学系统的平衡同刚体的平衡之间的区别，不是因为活体系统有什么特殊的力学定律，而是活体系统的特点应用起来更为复杂。

稳度角、稳度系数等指标，完全适用于刚体或姿势毫不改变的人体。对于人体这个生物力学系统，还应考虑下列两个条件。

①人体的有效支撑面积几乎总是要小于支撑面积，这就是说，翻倒线永远位于支撑面边界之内。这是因为人体软组织和力量不太足的肌肉无力平衡负荷，所以不到重力作用线超越支撑面边界时就要提前翻倒。

②人体在有翻倒趋势时往往要改变体形。人体在要翻倒时保持不了恒定姿势，各环节在各自关节中的位置可在一定范围内变化。

当重心在不适宜的方向上发生位移时，人能够在一定范围内把人体总重心移向相反的方向，这一点是借助补偿运动来达到的。

走路和跑步时，从腿的摆动开始到臂的及时摆出，这就是产生身体补偿性动作。

在跑动动作中，腿前摆时的髋轴连线，若沿身体垂直轴做顺时针转动，臂的补偿性动作必然引起臂轴连线依反时针转动，以维持躯干对垂直轴不发生扭转，如图5-5所示。

人体在运动时，会受到各种力和力矩的作用，这些力和力矩自不同方向施加于骨上，产生拉伸、压缩、弯曲、剪切、扭转和复合载荷。各种载荷形式的示意图，如图5-6所示。

（3）应变压力、应变与弹性模量　在外力作用下，变形体内质点间会产生相互作用的

图 5-5　跑动中髋轴肩轴的补偿动作以维持躯干不发生扭转[3]

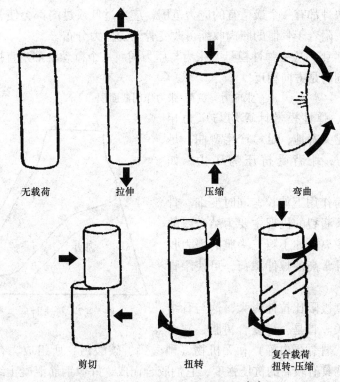

图 5-6　不同载荷形式示意图[22]

内力，单位面积上的内力称为应力。

$$压压力 = 负荷/压力作用截面积$$

压应变——在压应力作用下的变形程度。

材料在弹性变形阶段，其应力和应变成正比例关系，其比例系数称为弹性模量。

弹性模量用来说明不同组织的变形率，即材料的强度。弹性模量大，产生同样应变的压力就大。

$$弹性模量 = 应力/应变$$

如小腿与足在负重时，骨与软骨在体重负荷作用下受到挤压产生压力。为适应负荷状态，骨骼产生的变形即为应变，变形率为弹性模量。

应力随着外力的增加而增长，材料应力的增长是有限度的，超过限度，材料就要破坏。应力可能达到的限度称为极限应力，极限应力值通过力学试验测定。

人体下肢骨多属负重骨，在反复的应力作用下，容易发生应力性骨折，尤其是在青少年阶段。骨折的发生部位多为外踝、距骨、跖骨和跟骨。除在水泥、柏油路面上跑跳发生震动损伤外，长期穿用前跷、后跟和足底部曲面不适合的鞋也会造成骨骼及关节的应力集中，引起应力性骨折。这一点在楦型设计上尤需注意，需要通过应力的计算，科学地避免和减少上述情况的发生。

在压缩载荷作用下，骨缩短且变粗。骨组织在压缩载荷下破坏的机理主要是骨单位的斜行劈裂。关节周围的肌肉异常强力收缩，可造成关节的压缩骨折。

应力对骨的改变、生长发育起着重要调节作用，这对于人体健康和受伤后的康复是非常重要的。每一块骨都有一个最适宜的应力范围，应力过低或过高都会使骨逐渐萎缩。骨骼在体内受载时，附着于骨骼的肌肉收缩可改变骨骼的应力分布。

（4）张应力、张力应变弹性模量　张力与压力同属一个概念，都是直接施加于物体上的作用力，所不同的是方向相反。

$$张应力 = 负荷/张力作用截面积$$

张力的应变、弹性模量计算均与压力相同。人在行走时足尖着地，足弓产生弯曲，足底受牵拉为张力，跗背受挤压为压力，如图 5－7所示。

骨在拉伸载荷作用下伸长，同时变细。骨组织在拉伸载荷下断裂的机理主要为结合线的分离和骨单位的脱离。如小腿三头肌的强力收缩，对跟骨产生异常高的拉伸载荷，可使跟骨出现撕脱性骨折。

骨的压缩强度极限比拉伸时大，这与骨结构的非均匀性有关。骨是一种复合树脂，它由

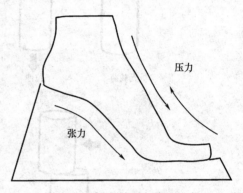

图 5－7　行走时足尖着地状态

有机物（骨胶原、骨黏蛋白等）和无机物（磷酸钙、碳酸钙）所组成。有机物具有较好的弹塑性，无机物具有较高的抗压强度，它们胶合而成，好像钢筋混凝土结构一样，既能避免硬材料的脆性破坏，又能避免软材料的过早屈服。

（5）剪力　所谓剪力就是作用于同一物体上的两个距离很近（但不为零）、大小相等、方向相反的平行力。剪力同样可以引入应力、应变和弹性模量的概念。剪力产生于作用力的不同方向，与物体移动方向不一致，可垂直也可形成一定角度。剪力的大小取决于作用力的大小与成角的度数。

剪切载荷作用时，载荷施加方向与骨表面平行，在骨内部产生剪切应力和应变。如斜向骨折时，骨在重力负荷下压力向下，在端面产生的沿斜面滑动的作用力即为剪力。

（6）弯曲　在物体上施加偏心力或弯曲力矩，使物体长轴弯曲。弯曲受力时，离中心轴越远，所受应力越大。骨在弯曲时受到拉伸和压缩，拉应力和应变作用于中性轴的一侧，压应力和应变作用于另一侧。而在中性轴上，没有应力和应变。

如果刚体内任意两点的连线在运动过程中总是保持平行而且长度不变，刚体上的任何一点瞬时运动都具有相同的速度或加速度，这种运动称平行移动，简称平动。

当人体做平动位移运动时，身体某一点发生制动受到约束，将会使身体对约束点产生转动效果，这是因为一个无约束的自由体通常有六个运动自由度（三个平动自由度，三个转动自由度），如果受到约束，即某点被制动，三个平动自由度必然消失，剩余是依约束点为轴心的转动自由度。

对于刚体，当受外力作用时，在其重心产生加速度的同时，还可能发生转动，因此，刚体的不同部位并不具有相同的加速度。

如图 5-8 所示，当线运动的人体某点 A 受到约束时，人体重心点将保持原来的运动速度向前运动，其他各点线速度的值则不相同，在支撑点 A 的 v_A 为零，远离支撑点的 v 增大。

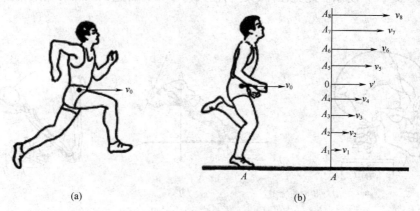

图 5-8　跑动中身体被支撑点制动[3]
（a）正常跑步　（b）足底受约束

滑雪时发生的"靴口"骨折是一个典型的三点弯曲骨折。滑雪时，假设人做平动位移运动，当滑雪运动者向前跌倒时，足底被制动，人体重心还有向前运动的惯性，滑雪屐的靴口顶端以上的胫骨受到一个弯曲力矩，而足与滑雪屐造成另一个与之相等的力矩。当胫骨上部向前弯曲时，拉应力与应变作用于骨的后侧，压应力与应变作用于前侧。

成人骨骼裂开始于拉伸侧，因成人骨骼抗拉能力弱于抗压能力，未成熟骨则首先出现压缩侧破裂，在压缩侧形成皱曲骨折。

（7）扭转　载荷加于骨上使其沿轴线产生扭曲时，即形成扭转。

（8）内力、外力与活动轴　人体运动器官系统由骨、关节和肌肉所组成，人体各种动作的完成，主要是肌肉收缩作用于骨的结果。换句话说，人体运动是以骨为杠杆、关节为中心、肌肉的收缩作用为动力，因此有必要研究它们的力学特性。

骨具有支持软组织（肌肉、内脏等）和承担人体局部及全部重量的作用，骨骼是生物运动链的刚性环节，它们的可动性连接，构成了生物运动链的基础。骨被肌肉牵引，绕关节轴转动，使人体局部或整体产生各种各样的运动，因而骨是人体运动的杠杆。两骨或更多的骨连接在一起能活动的部位称为关节。

肌肉的收缩是运动的基础，但是，单有肌肉的收缩并不能产生运动，必须借助于骨杠杆的作用，方能产生运动。人体骨杠杆的原理和参数与机械杠杆完全一样。在骨杠杆中，关节是支点，肌肉是动力源，肌肉与骨的附着点称为力点，而作用于骨上的阻力（如自重、鞋和负荷物的总重等）的作用点称为重点（阻力点）。人体的活动，主要有下面三种骨杠杆的形式：

①平衡杠杆：支点位于重点与力点之间，类似天平秤的原理，例如通过寰枕关节调节头的姿势的运动，如图5-9（a）所示。

②省力杠杆：重点位于力点与支点之间，类似撬棒撬重物的原理，例如支撑腿起步抬足跟时踝关节的运动，如图5-9（b）所示。腓长肌作用于足踵使身体上提，足尖为杠杆支点。

③速度杠杆：力点在重点和支点之间，阻力臂大于力臂，例如手执重物时肘部的运动，如图5-9（c）所示。此类杠杆的运动在人体中较为普遍，虽用力较大，但其运动速度较快。

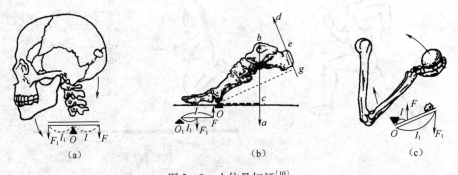

图5-9　人体骨杠杆[10]

(a) 平衡杠杆　　(b) 省力杠杆　　(c) 速度杠杆

生物运动链中的骨杠杆的配布，同经典力学中的杠杆一样具有三个特点，即平衡、省力和争取速度或幅度。

由机械学中的等功原理可知，利用杠杆省力不省功，得之于力则失之于速度（或幅度），即产生的运动力量大而范围就小；反之，得之于速度（或幅度）则失之于力，即产生的运动力量小，但运动的范围大。因此，最大的力量和最大的运动范围两者是相矛盾的，在设计操纵动作时，必须考虑这一原理。

手完成动作的一般速度是5~800cm/s。但手的运动速度与运动习惯有关，所以，与手的运动习惯一致的运动，其速度较快。

希尔（Hill）将离体肌肉于A点固定，另一端通过与滑车相连加以重力为G的阻抗负荷，如图5-10所示。当把B点固定时给予电刺激，A、B间产生肌张力，但距离不变，是等张力的静收缩。突然将B端解除约束，B端就向A端移动，将跨过滑车的重物提高。重物被提起的平均速度也即代表肌肉收缩的瞬时平均速度，用$\bar{v}$表示。通过实验得出：负

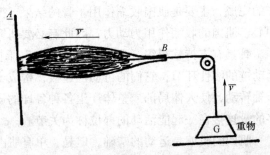

图5-10　青蛙的离体缝匠肌实验[3]

荷阻力 P 和收缩速度 v 之间的关系是双曲函数。

肌肉每一次收缩发力的工作过程，都有负荷阻力 P 和收缩速度 v 两个重要生物力学指标，$P-v$ 关系增从 Hill 方程，为双曲线函数关系。以肌肉收缩过程的输出功率定义强度指标，则，功率强度 = 肌肉输出功率 = 负荷阻力 × 收缩速度，即力 - 速度关系双曲线上任一点所对应的阻力和速度乘积决定的面积，为该收缩速度下该阻力条件的"功率强度"，如图 5-11 所示。

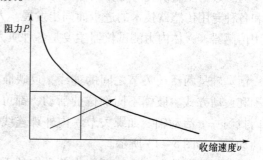

图 5-11 从力 - 速度关系定义肌肉工作的功率强度[37]

若将人体看作一个力学系统，那么，人体内部各部分相互作用的力称为人体内力。肌肉力、组织黏滞力、韧带张力、关节约束反力等都属于人体内力。其中肌肉力是人体内力中的主动力，或称可控力。

外力和内力是相对而言的。如果把人体看成一个力学系统，那么来自人体外界作用于人体的力称为人体外力。

由于内力不作用于总重心，因此只能引起身体环节的运动，不能直接引起人体整体的运动。但是，人体与外界物体接触并相互作用时，内力可以引起外力。例如，蹬地时，是依靠人的肌力使下肢各关节伸直，在伸直的过程中给地面以作用力。同时，地面又以反作用力（外力）作用于人体。而这个外力可改变人体的运动状态，如图 5-12 所示。这个事实告诉我们：内力和外力存在一定的联系。在人体运动中，我们利用这种联系通过人体的积极活动来增大或改变环境对人体的作用。

在走、跑、跳等动作中，人体所获得的动力是人蹬地过程中，地面给人体的反作用力。要获得较大的反作用力作为人体运动的动力，必须加大人的蹬地力。这又取决于人体肌肉活动引起的对地面作用力的大小，肌肉活动是主要的。为了提高人体运动效果，最重要的是提高肌肉收缩速度和力量，以加大蹬地力而得到一个大的反作用力，使人体运动状态发生变化。

后蹬是跑的动力部分，在短暂的时间内通过肌肉的爆发式收缩，有力地蹬伸下肢各关节，由于身体和支点的相互作用而产生向前上方的支撑反作用力，它的水平分力使身体获得向前的加速度运动。

前蹬所产生的支撑反作用力的水平分力指向后方，是一种制动力。要提高跑的速度，应尽可能地将前蹬的制动力减小。在周期性运动中，制动力往往是动力的前驱，是造成动力的条件，两者的关系是互相依存的。

图 5-12 后蹬受力分析图[22]

力参数的测量研究可分为人体内力和外力参数的测量两大类，这项研究伴随着电子技术和各种专用传感器技术的进步而同步发展。人体外力测试的仪器主要是测力平台和各种专用传感器。人体内力测试仪器主要是各种肌力测量系统，这些系统能测试人体肌肉收缩力量。

活动轴是两活动关节之间的连线，反映肢体活动范围和运动方式。肢体不同部位的活动，都可以在关节内找到一个活动轴。如踝关节，内外踝连线构成一个活动轴。如图 5 – 13 所示。

关节的构造特点决定它不能作单方向的无限制的转动，即不可能发生典型的车轮式的运动。因此，生物运动链的运动，大多数情况下是往复转动和往复平动，以及以关节为中心的环节的圆锥形运动。人体走、跑、跳等动作是通过环节的转动来实现。

人体各关节的运动都是转动，一般均绕关节中心进行，其转动的幅度，需由人体解剖学确定。

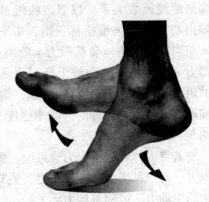

图 5 – 13　踝关节活动轴

通过关节中心可以假设一组轴系，有矢状轴（前后方向）、冠状轴（左右方向）、垂直轴（上下方向）。

踝关节为单轴关节，类似于圆轴形铰接，一般说来，只能绕冠状轴做屈伸运动（关节沿矢状面运动，使相邻关节的两骨互相接近，角度减小时为屈；反之为伸。但屈伸运动的运动轴，也有偏离冠状轴的，如拇趾趾间关节的屈伸运动就并非发生在矢状面，而是近似在冠状面）。

人体动力学是以多刚体动力学为基础，将人体划分为有限个分体，在忽略肌肉组织变形对分体质量分布影响的前提下，把人体各环节视为刚体，连接各环节的关节简化为球铰。因此人体可简化为由有限个刚体以球铰连接而成的多刚体系统。

5. 牛顿定律的应用

牛顿三大运动定律在生物力学中都有应用，比较常用的牛顿运动定律有牛顿第一运动定律和牛顿第三运动定律。

牛顿第一运动定律——一切物体在不受任何外力的作用下，总保持匀速直线运动状态或静止状态，直到有外力迫使它改变这种状态为止。人体保持稳定自然站立时，肌肉收缩合力等于零。

牛顿第二运动定律——当物体受到外力作用时，其运动状态将发生变化，即产生加速度，大小与力的大小成正比，与质量成反比，加速度方向与外力作用方向一致。

牛顿第三运动定律——作用力与反作用力数值相等，方向相反。

实践中，牛顿第三运动定律在鞋的设计中最为常用。如软底鞋穿起来很舒适，足蹬地时就会把作用于地面的力吸收一部分用于自身的形变，但地面反作用即推动人体前进的力就小了，因此走起长路来会感觉累。人在沙漠中走路比较吃力就是很典型的例子。军靴、旅游鞋的鞋底大多选择比较硬的材料，就是为了增加地面对它的反作用力，减少走长路的疲劳感。在设计老年鞋、儿童鞋等特殊用鞋时，都应考虑到这个问题，选择软硬适当的鞋底。另外，运动鞋中使用的能量回输理念（鞋底冲击到地面之后，受压变形，将动能吸收，离地前，因形状恢复而将能量返还穿着者，可让穿着者跑得更快或跳得更高，普通步行者则会感到步履轻盈），也是牛顿第三运动定律的应用。

牛顿第二运动定律也有应用，如人体从上向下落地时，在着地瞬间，腿部弯曲些，可以增加冲击时间，也即会在较长的时间内达到静止，使加速度变小，从而减小地面对人体的冲击力。

三、 足的生物力学性能

从表面上看，足是人体维持直立姿态的支撑点，但长期站立会使足产生疲劳和不适。如果人适当地做行走、跑跳等活动，足部反而不容易产生疲劳。由此可见，足的生物力学结构不单是一个静态站立的支柱基础，还是适应人体活动的机械装置，其基本功能为维持人体的平衡性和稳定性。

维持平衡与稳定的基本因素是身体的重心和支撑面。

足型与鞋结构之间的不匹配会引起足部疾病，该问题可通过鞋压力舒适性的研究来解决。对足底和支撑面之间的压力分布的测量可以为研究足部的结构、功能和体态控制提供大量有用的信息（如鞋跟高度和粗细对足底压力分布具有重要影响），同时还可以利用这些信息对一些足部疾病做出合理的解释。足部生物力学的研究有利于理解足部病理和足部功能，指导开发先进的康复用矫治器、功能鞋以及假肢。目前，对足部的受力情况进行探讨，无论是静态"三点支撑"理论、足底静态动态力值计算，还是足底静态动态测试及分析，都取得了长足的发展，有限元分析在步态生物力学中也开始得到应用。

如鞋底设计的不当是造成牵张性骨折、关节退行性损伤和足底筋膜炎等持续轻微疼痛的主要原因。Gross 和 Bunch 对数名跑步者的研究发现，当跑步速度增大时，足底各部分的平均峰值应力也会有显著增大，测量到的最大应力发生在第二、第三趾骨前端和拇趾底部，为解释跑步者经常发生趾骨"疲劳骨折"现象提供了理论依据。专项运动鞋的内底设计对调整足着地时的负荷、减少身体着地时的冲击力以及对足底压力分布起着非常大的作用。

下面简要介绍在鞋功能设计过程中需要考虑的足的受力情况。

1. 足底静态受力分析

足底压力测量是当今运动鞋设计的支撑技术，为了清楚地了解足的各部位在站立和行走时的受力状况，有针对性地考虑鞋楦的造型，需要对足进行静态受力和动态受力分析研究。尽管足在步行过程中的某一时刻，力值达到最高，但毕竟双足是交替变化出现的，并不对足部关节骨骼产生特别大的影响。人体在静态站立时，则各负重关节接触面最大，且关节周围的韧带、肌腱相当紧张，肌肉处于收缩状态，因此长久站立极易使足受到伤害。

（1）足底受力的"三点支撑"理论 传统医学理论认为，足底的足弓构成了人体足部三点支撑，即第一跖骨、第五跖骨和跟骨的三个受力点。人体在静立时，体重负荷由下肢经踝关节传递到跟骨，随后又从三个方向形成应力线传递：向后传至跟骨结节，向内前方沿内纵弓至第一跖骨头，向外前方沿外纵弓至第五跖骨头，静态时足部力值传递模式如图 5-14 所示。

经测算，人在站立时，体重的 3/6 在跟骨结节支撑点上，2/6 在第一跖骨头支撑点上，1/6 在第五跖骨头支撑点上。这种模式的依据之一是负荷沿足弓传递，它大大简化了足底压力的计算程序，是当今足的生物力学中足底静态受力的基本模式。实际测量结果与三点受力模式计算结果很接近，可见它们之间的规律是相同的，负重的分布完全符合力学规律。

但三点受力只是足底压力分布的一种简化，是将足底某个区域的受力集中简化到一个点来表示，以便在没有实际测试时进行估算。

在足型与鞋楦的研究中，此模式主要应用在计算、分析足掌的前、后压力比和跟高与前跷的关系中。

在人体步行状态下，足底并非为三点作为支撑，而是六点支撑在足底，而且六点的受力不一

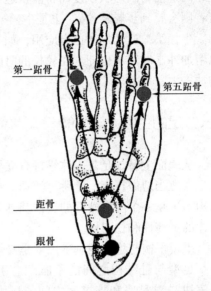

图 5 – 14　静态时脚部力值传递模式

样。其中静止瞬时，跟骨承受了较多的力量，但当人行走时，前足掌的第一至第五支撑点的受力依次减少。

（2）足底静态受力分析　人的足底掌面分布着肌肉和大量的皮下脂肪组织，且构成的不规则曲面因人而异。因此单纯使用足底静态受力模式来准确描述其压力的分布比较困难。足型规律研究中的足底压力分布研究主要是为了使鞋楦底部曲线设计尽量与足掌相对应，因此增加了使用"靴式受力测试系统"进行实测受力分析，要求参加测试人员的足无任何畸形，足长与足围须符合国家标准中号尺寸，男子体重 70kg 左右，女子体重 50kg 左右，具有正常的站姿和步态。

①足底纬线方向的受力分析：以女子足长 230mm 为例，图 5 – 15 所示为跟高 20mm 时女子静立状态足底纬向力值分布曲线图，图 5 – 16 所示为跟高 80mm 时女子静立状态足底纬向力值分布曲线图。

参照图 5 – 15、图 5 – 16 分析足底几个主要部位点，在跟高 20 ~ 80mm 时的负荷变化（其中 30 ~ 70mm 跟高的图因篇幅所限未示出）。

从分析看出，跟高 20mm 时为脚后跟部位负荷最大值，随跟高增加脚后跟部位负荷逐渐降低，但仍为全足底受力较大的部位。

在我国进行脚型规律分析时，将踵心部位定为脚长的 18%，但从分析得出这个部位无论在低跟或高跟情况下，负荷都很小，为受力不敏感区。而 BB' 和 DD' 部位的负荷较大，且受力大小相近。踵心部位是足跟部的静态受力中心，并非最大受力点。

第一跖趾关节部位 NN' 在各种跟高的情况下都承受着较大的负荷。

第一跖趾关节向前的部位 PP'，其受力随跟高增加而逐渐增大，在跟高 40 ~ 50mm 时有一个突变。

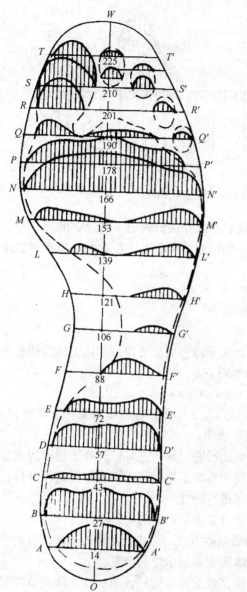

图5-15　女子足底纬向力值分布曲线图[25]
（跟高：20mm，状态：静立）

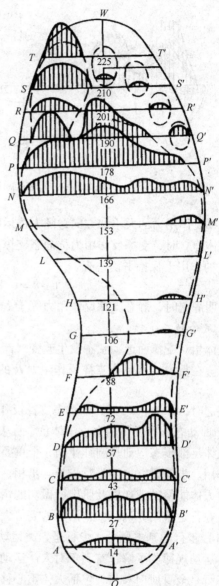

图5-16　女子足底纬向力值分布曲线图[25]
（跟高：80mm，状态：静立）

拇趾趾跟部位 QQ' 的负荷随跟高升降变化较为明显，跟越高，力值越大。这主要是由重心前移引起的。拇趾趾头部位也如此。

实测表明，$NN'\sim SS'$ 区域为脚前掌上力值变化最敏感的部位，也是前掌受力最大的部位，对楦底部的曲线的设计影响很大。

②足底经线（轴线）方向力值的变化：足底经线（轴线）方向力值的变化，在跟高20mm时后跟部位受力值最大，跟高80mm时前掌部位受力值最大。如图5-17所示。

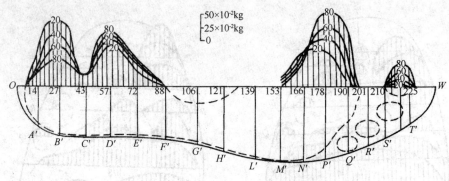

图 5－17　女子足底部轴向力值变化曲线[25]

支撑反作用力的大小和方向，随人体运动状态或作用形式的不同而变化。

人体静立时，支撑反作用力称静态支撑反作用力。由于人体在重力 G 和静态支撑反作用力 R 的作用下保持平衡，有

$$G - R = 0 \quad 即 \quad R = G = mg$$

表明静立时，静态支撑反作用力等于人的重力。

2. 足的动态分析

人体相对支撑面运动状态发生改变（蹬起或下蹲）时，支撑反作用力称为动态支撑反作用力。在重力 G 和动态支撑反作用力 R 的作用下有

$$R - G = ma \quad 或 \quad R = G + ma$$

蹬起时，$a > o$，$R > G$，即动态支撑反作用力大于体重，称超重现象，下蹲时，$a < o$，$R < G$，即动态支撑反作用力小于体重，称失重现象。

人体足部步态运动是制鞋业的一个重要基础研究领域，它对鞋类舒适性的构成起着关键性作用。步态研究主要是对步长、步相、周期等形态指标和作用力指标进行分析，并对步行时人体能量的消耗以及肌肉所做功的情况进行研究。

人在行走或站立过程中，两足的姿势大部分是沿足长轴向前外侧方向。

（1）步行的基本概念　步行是人类运动的基本方式，对步行动作的研究，有利于我们对人体运动规律的了解，有利于对人体运动障碍疾病的治疗和康复。

步行是全身肌肉参与，包括人体重心移位，骨盆倾斜旋转，髋、膝、踝关节伸屈及内外旋转等，是人体位移的一种复杂的随意运动。

行走过程中，从一侧足跟着地开始到该足跟再次着地构成一个步态周期。对指定的下肢而言，一个步态周期的活动可分为支撑相和摆动相。

支撑相和摆动相有各种各样的阶段划分方式，如支撑相可分为足跟着地、趾着地、支撑中期、足跟离地、蹬离期和趾离地诸动作阶段，如图 5－18 所示。摆动相分为加速期、摆动期和减速期。常速行走时，支撑相占整个步态周期的 $60\% \sim 65\%$，因此，当一侧下肢进入支撑相时，另侧下肢尚未离地，自一侧足跟着地至对侧脚趾离地，两下肢同时负重称为双肢负重期。双肢负重期约占全周期的 28.8%，占支撑相的 44.8%，支撑相的其他时间为单肢负重期。随着年龄的增长，双支撑相占步态周期的比例随之增加。不同性别和身高的人，其支撑相和摆动相所占的比例无明显差异。

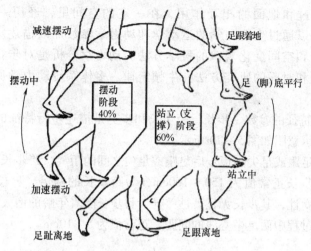

图 5 – 18　步行的周期[63]

双支撑相是步行周期中最稳定的时期。双支撑相的时间与步行速度成反比。双支撑相时间延长，则步行速度减慢，步行越稳定；而双支撑相时间缩短，则步行速度加快，但步行越不稳定；到快速跑步时，双支撑相消失，表现为双足腾空。

人体在行走过程中，单支撑相占步态周期的比例越高，表明人体下肢肌肉活动性越强，反之，如果双支撑相步态周期的比例增加，说明下肢肌肉的活动性下降。

人足运动的每个阶段都有不同特点，对步态分析要求不是很细时，支撑相可简单地划分为：足跟着地期、足中期支撑期、前足蹬伸期，如图 5 – 19 所示，从上到下依次为足跟着地、足中期支撑、前足蹬伸。

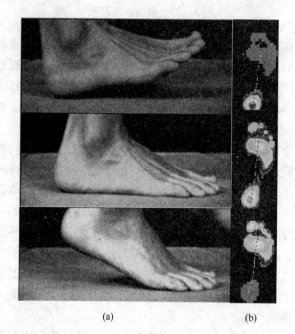

(a)　　　　　　　　　(b)

图 5 – 19　支撑相的阶段划分
(a) 支撑相　(b) 足底受力分析

步行是人体通过和地面的相互作用，在一定的空间里，经历一定时间的机械运动。其运动规律可以通过生物力学的运动学和动力学参数加以描述。运动学是研究步行时肢体运动时间和空间变化规律的科学方法。动力学分析是对步行时作用力和反作用力的强度、方向和时间的研究方法。牛顿定律、多体系统动力学原理是动力学分析的理论基础。

（2）描述步行特征的参数　步长、跨步长和步宽是描述步行特征的 3 个基本参数，3个指标的物理含义示意图如图 5 - 20 所示。

步长是指同侧足跟或足尖到迈步后足跟或足尖之间的距离，跨步长为一侧足跟到对侧足跟之间的距离，步长正常值为 150 ~ 160cm，为跨步长的两倍。步长与身高显著相关，身高相同的男性与女性，其步长无显著性差异，且步长随着年龄的增大而下降。

步宽是指步行过程中两足中心线的间距，正常值为 5 ~ 10cm。

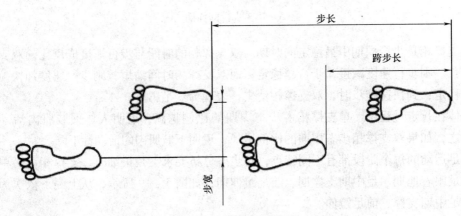

图 5 - 20　步的周期跨距

步频是指行走时每分钟迈出的步数，一般为 95 ~ 125 步/min。步长与步频及身高等因素有关。穿鞋对人体的步行特征的参数有影响，德国的专家对儿童裸足和穿不同的鞋的步行特征进行分析后得出：鞋特别是鞋的前部对足的运动有明显的影响，穿鞋后，步长变大，步行速度不变，步频减慢，同时伴随支撑相的增加。不同的鞋影响程度有所不同，与鞋的性能有关。

虽然能耗的生物学原理的定量分析目前还没有弄清楚，但是国内外学者证明了步行能耗受多步态参数的影响。密歇根大学的 Kuo 和西佛罗里达大学的 Donelan 采用生物力学的方法，通过实验证明了当步宽大于足宽时，人类的步行能耗随步宽单调增加。

髋、膝、踝关节在行走中的角度变化主要以步态周期中的角度 - 时间关系曲线为特征，单一的角度数值变化意义不大。通过对研究对象各关节在不同平面上活动的角度 - 时间关系曲线与正常人，或左右足之间，或治疗前与治疗后不同时期的角度 - 时间关系曲线的比较，可以反映研究对象各关节的功能情况和治疗效果。角度 - 时间曲线可以形象地表现行走中两个关节间的协调关系，当神经、肌肉功能异常时，角度 - 时间曲线也出现异常，表明两侧下肢的协调性差。

步行时，最显著的运动是髋、膝、踝关节的屈伸运动。步行中身体的重心沿一复杂的螺旋形曲线向前运动，在矢状面及水平面上的投影各呈一正弦曲线，其幅度分别为 3cm 及

2cm，向前运动也有交替的加速与减速。为了减少重心上、下及侧向移动，以使运动更为平稳并降低能耗，骨盆也配合步行周期而做左右旋转、左右倾斜及侧向移动。最大前旋见于同侧足跟着地时，最大后旋见于同侧支撑中期，幅度各约8°。向左右倾斜见于右足及左足的摆动中期，幅度约为5°，最大左右移动见于同侧支撑中期，幅度约为4.5cm，骨盆向前旋转时，同侧股骨及胫骨也分别内旋8°~9°，使足跟着地时下肢内旋25°左右，在支撑期结束时恢复外旋。步行周期中上肢做下肢相反方向的摆动。

（3）步行的运动学特征　　运动学特征是人体在空间和时间内的位置以及运动的度量，它包括空间特征、时间特征和时空特征。

时空特征是指人体的位置和运动状态是怎样随时间而变化的。

人体位置变化的快慢程度用速度来度量，速度是矢量，它反映了运动的快慢和运动的方向。运动状态变化的快慢程度则是用加速度来度量。

运动轨迹表明动作的空间特征，加上速度和加速度以及它们的变化情况，就可以全面地反映出动作的空间特征和时间特征，从而展示动作的形式外貌。

静立时，人体重心位于第二骶骨前缘、两髋关节中央。直线运动时该中心是身体上下和左右摆动度最小的部位。

行走时人体重心不仅在运动方向，而且在垂直方向上不断改变着位置和速度，其中，身体重心在垂直方向的速度变化与各关节及其活动肌的力学状况有密切关系。

步行时减少重心摆动是降低能耗的关键。

人体运动参数的测量是运动生物力学实验方法中的核心部分，测量的主要仪器是图数转换测试系统。实验数据标准化、图数分析自动化、测力与运动学测量一体化的需求，成为方法创新的核心问题。国外的先进测试系统均有自动分析功能，并设测力、测肌电的同步装置。

（4）步行的动力学特征　　把引起运动状态变化的各种原因揭示出来，这就是动力学研究的内容。

运动生物力学中的动力学测量与分析是以动力学理论和测量方法，描述和研究生物体尤其是人体的运动。竞技体育、大众健康、医疗康复、航空航天、仿生、军备、劳动保护等，都是运动生物力学中动力学的重点研究与应用领域。生物体本身的复杂性，使运动生物力学的动力学问题比纯粹物理学的动力学问题更加复杂，且有自身特点。很多现象可以用经典力学理论描述，如人体与地面等周围环境或器材的相互作用和运动过程，遵从牛顿运动定律。而有些问题，如肌组织兴奋状态的力学特性等，不符合经典力学理论，要用黏弹性理论方法进行研究和分析。

人体行走时，身体重力和惯性力全部由着地足承受，在一个站立相即将结束以及下一个站立相将来到时，着地足所受的垂直约束力最大，除了身体重力外还包括向下的惯性力，表明此时身体有向上的加速度，以使另一只足能抬起做摆动。在即将进入摆动相时，踝关节向后蹬力逐渐增大，考虑到摆动相时踝关节仅受很小的惯性力，故可认为后蹬力促使了摆动，而足离地后腿的摆动完全由惯性实现。人体行走实际上是一连串的失去平衡和恢复平衡的过程，一条腿支撑，一条腿摆动，失去平衡后紧接着恢复平衡，如此循环往复，使得人体的大部分肌肉在步行中呈放松状态。

（5）足–地接触力　　足–地接触力通常可按垂直、前后和左右方向做三维记录。主要

观察力 - 时间曲线的特征，即谷峰值、谷值的出现时间和幅度的变化。行走时，足 - 地接触力在垂直方向上的分力最大，在每个步态周期转折点出现极值，足跟着地时有一极大值，随足部逐渐放平，受力面积逐渐增大，受力减小，足部完全放平时受力达最小，至足跟离地，脚趾登地时出现另一极大值，即在整个步态周期中，垂直方向受力曲线具有典型的对称双峰性质如图 5 - 21 所示，纵坐标为地面垂直方向力与体重之比。正常人足 - 地接触力在水平、前后方向受力较小，且基本对称。

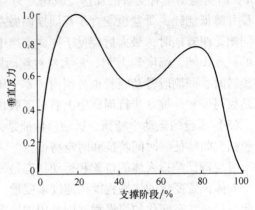

图 5 - 21　典型步态的双峰曲线

研究认为不同年龄人体的足 - 地接触力无显著性差异。在通常的步态速度（82m/min）下，每个峰值约为体重的 100%，谷值约为体重的 80%。

人体踝关节受力约为人本身 5 倍体重，男性与女性踝关节力无显著性差异。

第三节　足部生物力学性能的测试

人们喜欢用一些简洁的术语，如便利、舒适、实用、功能性、人机工程学等来评价产品性能。这些术语不能准确或充分反映鞋的性能。其中大部分术语，不同的人理解也不相同。如果不约定一些附带条件，这些术语就不能客观地评价鞋类性能。

人体足部的构造非常复杂，由 26 块骨骼、33 个关节、19 块肌肉和 107 条韧带构成。与人体解剖生理学特征相关的性能，在鞋类使用阶段，分为与人体运动和感觉性能相关的两类，分别为运动性能和感觉性能。其中，运动性能又可分为与运动器官关联的生物力学性能和与物质交换关联的生物化学或卫生性能。

人体足部有 7000 多个神经末梢，提供了高度敏感的信息输入。能感觉到足部细微的物理和化学等刺激，感觉灵敏，所对应的性能为感觉性能。

生物力学性能决定了鞋类适应人类生物学（力、速度、能量）要求的性能，在运动时，这种性能特别重要。如果把运动器官看作工作机构，则可分出形状和功能两个部分。因此，鞋类的生物力学性能，分为制约于运动器官（足）形状和功能的性能。

一、足在运动中的动作与受力分析

人体的行走由骨盆以下的大腿、小腿和足部的连贯性的运动来完成。在人体运动的不同阶段，足具有不同的姿势，其尺寸和形状都在发生变化。为了考查鞋的性能，必须考虑足的特点，即足既是支承器官，又是运动器官。通过对足部生物力学的分析，有助于确定鞋内底表面的合理形式、鞋跟的形状尺寸及稳定性、合理的鞋重和屈挠性等。为此，我们需要了解足在运动中的情况。

1. 足在运动中的基本情况

从力学观点出发，人体的运动器官是由肌肉传动使其动作的复杂杠杆系统。

人体环节为单个解剖学单元，即能独立运动的骨头。人体各环节的运动是人体内力和外力相互作用的结果。

属于人体外力的，首先是重力。它不但对处于支承上的人起作用，而且在人与支承面不接触，处于飞跃状态时也起作用。例如人在跳跃时，与支承面有一定距离，仍然受到万有引力作用。

如果人体立于支承面上，对支撑面产生压力，支承面对人体产生支承反力。如果支承反力不垂直于支承面，可分解为垂直于支承面的力和平行于支承面的力。

人体在空气等介质中活动的阻力也属于外力。速度越高，空气阻力越大，人体需要施加的肌力也越大。

另一类力是人体内力。贴附在骨上的肌应力属于能动内力，是人体运动的原动力；被动内力有：受人体重力及其他外力作用引起的组织阻力和骨的阻力。

人在运动中，承担运动的基础是反射，即肌体对神经系统信号的反应。反射过程沿反射弧进行。反射弧由感觉、联络和效应三个部分组成。

人体的感觉部分在开始运动以前、在运动期间或运动完成后，都能接受神经系统的信号。在运动中和完成时，向脑发出信号后，大脑通过运动神经向肌肉发送指令，实现运动控制，这种联络即为反馈。

每种运动都有其特点。运动的联络方法多种多样，制约力的传送、变更速度、加速度和方向。

2. 步行和跑步时足的运动情况分析

步行和跑步是人体运动的基本形式，是众多运动项目中共同包含的动作，步行、跑步与跳跃等可组成各种各样的运动形式。

（1）步行　步行时，一条腿完成一步以后，另一条腿重复同样的动作。两个单步组成一个步态周期。每个步态周期之后，双足恢复到原位，为下一个周期做好准备。

每条腿的运动分为支撑相和摆动相，每个时相可简单地分为 3 个动作阶段，共 6 个运动阶段。

①第一阶段：前腿的足跟落地，并以地面为支点，向前下方旋转。这一运动为足的滚动，滚动由第一阶段开始，延续到第二和第三阶段，在支撑腿的全部时间内滚动。

在脚后跟落地前的瞬间，人体通过另一只足的前尖支撑，在此过程中完成人体重心前移，着地足受到向后上方的冲击。人体有两个支承点，为双支撑期。

②第二阶段：足与支承面接触。足底压力中心由足跟移向前尖。在此期间，支撑腿承担全部体重，为单支撑期。人体处于垂直姿势，重心位置最高。

③第三阶段：足底压力中心转移到前掌，足从足跟处开始脱离地面，并沿前尖转动，足前尖成为人体的支承点。足同时沿踝关节横轴弯曲，小腿的膝关节完全伸直，人体受到向前上方的冲击。此时另一只足开始着地，为双支撑期。

上述三个阶段为支撑腿的运动，为支撑相。支撑腿在蹬离支撑面以后，进入摆动相。

④第四阶段：膝关节、踝关节和髋关节弯曲，为向前摆动做好准备。

⑤第五阶段：随着腿部的向前摆动，膝关节和踝关节弯曲减小，大腿的摆动减慢，小

腿由于膝关节伸直而继续向前摆动。

⑥第六阶段：在足跟落地前，小腿完全伸直，随后转入第一阶段，完成一个完整的循环。

在步行过程中，全足支承占43%，足跟支承占整个支承期间的7%，足前部支承占整个支承期的50%。

由于摆动向前上方摆，它所产生的惯性力是指向后下方的，通过骨盆把这个方向后下方的惯性力传递到另一支腿，从而加大了它的后蹬力量。

具有精确性、良好的动态响应和高灵敏度的压电晶体技术用在压力板中可将足底压力转换为方便测量的电信号。也可以用其它类型的传感器测试地面反作用力。

图5-22给出了一个健康男子正常步行时三维地面反作用力随时间变化的曲线。图中横轴为一个步态周期的时间，纵轴为地面反作用力。

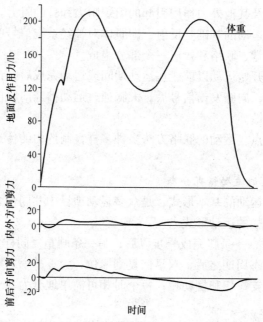

图5-22　步态分析实验中测得的三维地面反作用力随时间变化曲线[142]

正常迈步时，总是足跟先着地，一旦足跟着地之后，垂直地面反作用力迅速增长。当整个体重压在测力台上的时候，再考虑到人体重心具有向上的加速度，垂直地面反作用力的数值就会超过体重。以左足为例，随着身体向前推进，左足膝关节弯曲，人体重心下降，并有向下的加速度，当这个加速度的数值达到最大时，就出现垂直地面反作用力的极小值。接着，左腿开始伸直，人体重心向上，当向上加速度数值最大时，即出现垂直地面反作用力的第二个高峰。当右足着地，并由右足开始承受体重时，垂直地面反作用力迅速下降，直到左足完全离地，垂直地面反作用力降到零。

在前进方向上，后支撑腿推动人体重心前移，前支撑腿主要控制和缓冲人体重心的转移；在单足支撑相前半段内，地面反作用力表现为减缓摆动腿前移带来的惯性冲力，后半段内，地面反作用力开始推动人体运动。

水平方向的剪力则反映了人体左右晃动的情况。人体左右晃动的程度与身高、体重、足部尺寸和运动姿势等有关，同时还与鞋有密切的关系，如穿高跟鞋比穿平跟鞋时的晃动更大，张敬德等所做实验得到，穿高跟鞋时的左右侧向峰值剪力比穿平跟鞋时增大了 15.3%。

（2）跑步　跑是一项单足支撑与腾空相互交替、蹬摆结合的周期性运动项目。快跑与步行的区别，首先在于表示步行特征的双支承姿势，被身体不着地，在空中移动所代替。跑步还具有许多其他特征。跑步时足冲脱地面的能量更大，时间更短。身体总的倾斜度，跑步大于步行，因此，重心垂线超越支承面前部边界更远，稳定性更差。

跑步对于人体而言是一种产生高冲击力的活动。中等距离的跑步，运动者每次足着地时将承受高于体重 2.5 倍的冲击力，冲击力随着速度和疲劳程度的增加而增加。跑步者慢性劳损的发生率为 37% ~ 56%，2.5 ~ 12.1 次损伤/1000h 跑步时间。

跑步与步行一样，是全身肌肉参与，包括人体重心移位，骨盆倾斜旋转，髋、膝、踝关节伸屈及内外旋转等，是人体位移的一种复杂的随意运动。短跑中，良好的送髋技术可以使跑的动作协调、放松、自然省力。提高支撑腿髋关节伸展速度与幅度对减小蹬地角、提高蹬伸能力和跑速有重要作用。高水平运动员髋的运动幅度与速度都明显大于一般水平的运动员。

当肌肉牵动人体某部分运动时，必须要同时牵引人体的另外一部分作相反的运动。因此只有摆动腿积极前摆，才能使支撑腿迅速后划。

田径运动员后蹬中受力情况如图 5-23 所示，F_A 为空气阻力，G 为体重，R_x 为水平支撑反作用力，R_y 为垂直支撑反作用力，人体重心 O 离地面高为 Y_A，空气阻力离重心高为 Y_H，蹬地点离重心水平距离为 X_0。

取重心 O 为简化中心，将各力简化为通过重心 O 的一个水平合力 $\sum F_x$，一个垂直合力 $\sum F_y$ 和一个合力矩 $\sum M_0$：

$$\sum F_x = R_x - F_A$$

$$\sum F_y = R_y - G$$

$$\sum M_0 = F_A Y_H + R_x Y_A - R_y X_0$$

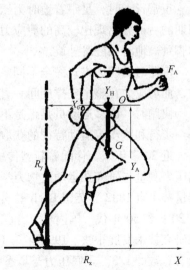

图 5-23　蹬地时的作用力与反作用力[22]

根据牛顿第三运动定律：物体的加速度与物体所受的合外力成正比，与物体的质量成反比，加速度的方向与合外力的方向相同，可知：

当 $R_x - F_A > 0$ 时，人体向前加速；$R_x - F_A = 0$ 时，人体匀速前进；$R_x - F_A < 0$ 时，人体向前减速。

当 $R_y - G > 0$ 时，人体向上加速；$R_y - G = 0$ 时，人体起落速度不变，$R_y - G < 0$ 时，人体向上减速。

增大着地角和减小着地距离有利于降低前蹬阻力。牛顿第三定律是力的瞬时作用规律。力和加速度同时产生、同时变化、同时消失。当物体所受外力发生突然变化时，作为由力决定的加速度的大小和方向也要同时发生突变；当合外力为零时，加速度同时为零，加速度与合外力保持一一对应关系。牛顿第三定律是一个瞬时对应的规律，表明了力的瞬间效应。

当 $F_A Y_H + R_x Y_A - R_y X_0 > 0$ 时，人体向后旋转；$F_A Y_H + R_x Y_A - R_y X_0 = 0$ 时，人体不旋转；$F_A Y_H + R_x Y_A - R_y X_0 < 0$ 时，人体向前旋转。

垂直支撑反作用力 R_y 促使身体向前旋转；水平支撑反作用力 R_x 与空气阻力 F_A 促使身体向后旋转。如增大身体前倾角，可增长蹬地点离重心水平距离 X_0 并缩短空气阻力离重心高 Y_H 与重心离地面高 Y_A，因而增大身体向前旋转的力矩，相反如减小身体前倾角，可增长 Y_H、Y_A 并缩短 X_0。

鞋跟从表面上看是起美化作用，实际上它也是一个助力构件。将人体重心垫高后，根据力的平行四边形分解原理，便有一个向前的分力产生。这个分力有助于人体前进。垫得越高，这个分力越大，躯体前倾的势能也就越大。受运动鞋整体结构的限制，这个跟不可能太高，否则就不能称之为运动鞋了。再者，鞋跟太高，稳定性必然降低，这很不利于运动的进行。因此一般的运动鞋跟高通常仅为 3~8mm。更多的运动鞋是平跟，特别是某些专业运动鞋如篮球鞋、排球鞋、足球鞋，羽毛球鞋、乒乓球鞋等，都不能有跟。因为这些运动既要高速前进，也要快速后退。鞋跟在前进时是助力，后退时则是阻力，容易摔跤。网球鞋为了便于后退移动，在鞋底的后端，常设计成小的坡状，减少后退的阻力。对于那些只进不退的运动如马拉松跑等径赛用鞋，设置一定跟高的助力系统是十分有利的；而一些田赛用鞋，如标枪运动鞋、铅球运动鞋、铁饼运动鞋等则不宜设跟，以防止躯体前冲时更难控制，导致比赛犯规。从另一方面看，增加后跟高度就减小了跟骨与距骨间的距离，从而就降低了足底腱膜的张力。

二、 足部生物力学性能的测试

正常行走时，足跟着地时为压应力，支撑阶段为拉应力，足离地时为压应力。在步态周期的后部分出现比较高的剪应力，表示有显著的扭转载荷。这一扭转载荷提示在支撑相和脚趾离地时相胫骨外旋。

慢跑时的应力方式完全不同。在脚趾着地时先是压应力，继而在离地时转为高拉应力，而剪应力在整个支撑期间一直较小，表明扭转载荷很小。

快跑时，许多运动员足跟是不接触地面的。

步行和跑步等运动特征的获取，有赖于足部生物力学性能的测试。

近20多年来，伴随着新型传感技术的压力测量仪器的发展和计算机技术的普及，足底压力测量与研究在运动生物力学步态研究领域中日益体现出其重要地位。足底压力分布测量技术自1882年英国Beely率先研究以来，真正有系统地进行步态分析和广泛临床则始于20世纪50年代。国内从20世纪80年代开始，对步态的研究日益重视，近20多年来步态研究技术发展很快。1997年第16届国际生物力学大会上，步态研究论文约占生物力学论文总数的1/3。足底压力与步态的研究伴随着人们对健康穿鞋的日益关注和临床生物力学的日益发展而不断深化。国内外对足－鞋的压力分布和步态特征研究已经有很多年的历史了，研究人员通过对测试者在穿各种鞋子状态下足底压力分布和时效步态进行深入广泛的研究，试图在鞋子的功能和美观造型上取得一种平衡，以防止出现畸形足和阻止部分足疾的进一步衍变。在临床生物力学上，步态分析已经成为诊断疾病及评价康复的重要手段，有助于诊断病因和病的程度。

1. 步态的基本概念

步态是指人体步行时的姿态，人体通过髋、膝、踝、脚趾的一系列连续活动，使身体沿着一定方向移动的过程。正常步态具有稳定性、周期性和节律性、方向性、协调性以及个体差异性，然而，当人们存在疾病时，以上的步态特征将有明显的变化。

2. 步态测量与分析

步态分析是用运动生物力学的概念、处理手段和已经掌握的人体解剖学、生理学知识对人体行走的功能状态进行分析的一种生物力学研究方法。随着科学技术的发展，由先进的传感器、高速摄像机、微型计算机等组成的综合步态分析系统，可不受外界干扰，同时提供行走时人体的重心的空间位移、速度、加速度、地面支反力、肌肉及关节活动情况、关节内力及力矩的变化等多种人体运动的信息。

高速摄影为非接触式的记录，不妨碍被测试者的动作，因此，其结果能够比较真实地反映情况。这种方法的缺点是，从现场拍摄到最后获得分析结果需要较长的时间，一般需要几天。

虽然动力学测量与分析在肌肉力学特性及机理方面的研究没有突破性成果，但测量仪器和分析方法却高速发展，推动了应用研究领域的不断扩展和深入。

步态分析是运动生物力学中动力学测量与分析发展很快的研究领域之一。几乎所有从事运动生物力学测量仪器研究开发的国外知名大公司，都推出有专门的步态测量与分析系统。近期的发展趋势是对步态进行运动学、动力学和肌电同步测量与分析。其中，动力学测量方法主要是三维测力平台和足底压力测试系统。

在支撑阶段踝关节绕冠状轴产生转动动作，从足跟着地时足背屈，到脚趾离地时足遮屈，这种活动，用来增加腿长，并有利于缓冲着地时的阻力，增加离地时蹬地力量。

步行时人体的地面反作用力（GRF）可以通过测力平台记录，以分析力的强度、方向和时间。测力平台一般平行设置在步行通道的中间，可以平行或前后放置，关键是保证连续记录一个步行周期的压力。测力平台测定身体运动时的垂直力和横向力。

步速越快，地面反作用力（GRF）越高。

对足部生物力学的研究，主要用足底压力测试系统来测定足底压力值。足底压力值可表示人在静态站立和动态行走时足底的压力和压强分布。

图5-24是一种小型Emed测力板系统，它由具有电子测试功能的测试板、彩色显示器、彩色打印机和红外遥控器组成。测试板内分布有很多的传感器，在测试过程中，所测试的压强分布图可压缩存放，并利用系统自带的软件直接分析，显示屏会自动反复显示动态进程，同时给出总压力、最大压强和作用面积随时间的变化过程，图5-25所示为足底压力测试结果的三维显示图，图形越高表示压力越大。

足底压力测量作为当今步态研究、足疾诊断和运动鞋设计等领域的支撑技术，其发展历经足印技术、足底压力扫描技术、力板与测力台技术、压力鞋与鞋垫技术。足印技术依据人足在石膏、橡胶等易变形物质上留下的足印或痕迹，对足底的压力及分布做出定性判断。足底压力扫描技术则是在一块玻璃的两端安置光源，玻璃上放置橡胶弹性垫，当足踩

图 5 – 24　足部压力测试分析系统

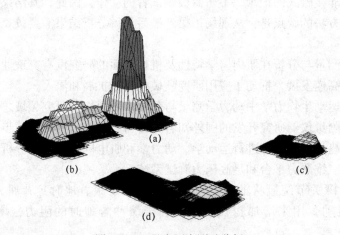

图 5 – 25　足底压力测试分析
（a）左脚后跟　　（b）右脚后跟　　（c）左脚前掌　　（d）右脚前掌

上弹性垫后，由于光在玻璃内全反射，受压的弹性垫即可在玻璃下产生一清晰的足印象，由于影像的光强度与压力成正比，据此定性分析足底压力及分布。力板与测力台、压力鞋和鞋垫则是在换能器、传感器基础上发展起来的足底压力测量系统。力板与测力台可以准确测量足或鞋底压力及分布，但无法评定"足 – 鞋界面"的受力情况。由于力板与测力台的面积较小，通常只能测量人体站立或一个单步的压力参数。压力鞋与鞋垫则是将传感器安置在鞋或鞋垫中，由于鞋或鞋垫与足底贴服，可以测量"足 – 鞋界面"压力的连续参数，并进行实时监测和反馈。压力分布测量鞋垫能够很好地表现鞋内受力情况，其缺点是鞋垫上传感器的位置和大小是固定的，外部轮廓不一定和鞋底完全吻合。不过，有的鞋垫尺寸可调，能够放入受试者常规的鞋袜中，不干扰其正常步态。

图 5 – 26 所示即为 Pedar 遥测压力分布测量鞋垫的动态压力测试系统的使用情况示意图。该系统通过蓝牙技术进行数据传输，具备电容式传感器的校准功能，传感器覆盖整个足底，可通过软件选择传感器的数量及配置，传感器扫描速度为 20000 个/s，特别适合监测足部在运动状态下的负荷。

足底压力测试是近几年发展较快的运动生物力学中动力学测量领域。其市场需求主要来源于医学康复中的步态测量与分析，以及鞋类产品的研究和开发等。目前应用较多的有足底压力测试鞋垫、各种软面足底压力测试系统等。技术核心是密集分布的力传感器及相应的数据采集处理软件。测量指标主要有压力分布和压力中心位置随时间的变化等。

图 5 – 26　鞋垫动态压力测试系统使用示意图

国际上最具代表性的足底压力测试系统是德国的 Novel 系列和比利时的 Foot – Scan 系列等。

足底压力测试可以提供的信息：

①鞋底的舒适性。

②鞋底磨损对动作的影响。例如，跑步足着地的部位（跑步足着地的部位与慢性运动损伤的发生有关）。

③鞋底材料的选择和鞋底的设计。

④特殊群体对鞋的需求。如老人，脚后跟软组织变薄降低了对力的缓冲能力。

数据分析时，足底可根据需要任意划分区域并计算相关参数。

三维测力平台用于完整技术动作的动力学测量与分析，是运动生物力学中动力学测量与肌力分析近几年应用最广泛的测试仪器之一。

图 5 – 27 中的曲线 1 为三维测力平台上完成抓举动作的蹬地力随时间变化曲线。通过对抓举过程动力学测量并结合运动技术分析，对抓举运动员的专项能力和技术特点的判断，具有理想的专项条件客观性和针对性。比如，引膝时相蹬地力迅速衰减为零，运动员引膝技术形成完全失重状态，是充分协调引膝技术的专项要求。而发力时相力量上升梯度和力的峰值，则准确反映了运动员蹬伸发力专项爆发力量和最大力量。

人体由于遗传、疾病、意外伤害等诸多因素，都有可能造成步行障碍，使步行周期中某环节发生改变，导致步态改变，出现错误步态。严重改变还会导致病理步态，甚至丧失步行能力。

近期国内外步态分析方法应用研究重点领域之一，是关注老年人行走安全。伍锶等对 60 岁以上健康老人常速行走的步态分析结果表明，老年人行走能力随年龄增长而降低。赵芳等的研究结果则认为，老年人步态功能及平衡能力下降，与关节柔韧性降低、视力减弱、前庭功能下降有关。

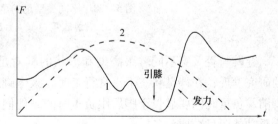

图 5 – 27　力 – 时间曲线

1—三维测力台上实测抓举技术动作过程的蹬地力变化曲线[37]

2—力传感器实测赛艇拉桨力变化曲线

足病变可引起足底压力的明显改变，这时因为病变引起了足各方面特点的变化。如糖尿病患者的足与正常人相比，对外界刺激的敏感度下降甚至消失，足部易受伤害，随着年龄和病程的加长，足的形状和尺寸会发生变化。

Minns R. J. 等对类风湿性关节跖痛患者与正常人的足底压力测量分析后指出，在静态站立时，足的最大压力分布无明显差别，但在行走时，正常足在趾离地前的最大压力多集中在前足中部，而病足在趾离地前的最大压力多集中在前足外侧。Lord M 等的研究表明，糖尿病合并神经损伤时，前支撑足的压力峰值增大，当足溃疡时，前支撑足压力分布异常增大。R. J. Abboud 等对 29 名糖尿病患者和 22 名健康人的足底压力对比研究后发现，糖尿病患者步行时足底着地加压时间显著大于正常人，步态周期延长。

对病足可以采取一些措施以减轻疼痛。王志彬等对足弓垫减轻足跟损伤后疼痛的机理进行了研究，发现足弓垫可以改变足底压力分布，使足底压力的 57.1% 集中在足弓垫下，有利于增加足弓的支撑力，缓解跖腱膜的牵引力，减轻足跟的负重，从而减轻足跟疼痛。

一些常见的足部畸形，如马蹄足、高弓足和扁平足等，其足底压力分布均有其规律性的特征。如图 5－28 分别为普通足、高弓足和扁平足的足底压力分布示意图。

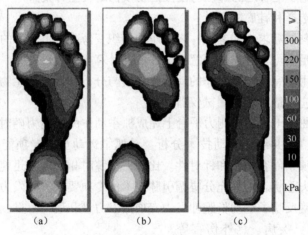

图 5－28　不同类型足的足底压力分布示意图
（a）普通足　　（b）高弓足　　（c）扁平足

穿鞋与否及穿不同鞋跟高度和形状的鞋对足底压力分布也有明显影响。Grundy M 等的研究发现，在裸足状态下正常行走时，人体脚前掌负重与脚后跟负重没有明显差别，但脚前掌负重时间明显长于脚后跟负重时间，他们还发现，随着鞋底硬度的增加，脚前掌的承重功能明显减弱。

青少年女性穿高跟鞋行走时的步态特征表现为：步长短，步速慢，步态周期长，重心起伏幅度大，单支撑相占支撑相比例低，说明青少年女性穿高跟鞋行走时下肢肌肉机能减弱。

Joanne R. E. 等通过对 30 位 18～30 岁穿不同高跟鞋的女性正常行走步态的足底压力研究后指出，女性穿高跟鞋行走时，支撑期脚前掌的负重时间延长，但这种变化似乎与鞋跟高度没有直接的联系。当鞋后跟高度超过 3.12cm 时，脚后跟的负重时间开始缩短，与裸足状态下第五跖骨端峰值压强相比，随着鞋跟的增粗增大，第五跖骨端的压强明显降低。跟骨中部的压强峰值在裸足状态下最早出现，并随后跟的增高而延迟出现。鞋跟高度和粗细对足底压力分布具有重要影响，因此，鞋跟设计是鞋设计中不容忽视的重要因素。

王立平等对青年女性裸足、平跟鞋、中跟鞋和高跟鞋步态进行了全足底压力分布、表面肌电和影像测量。穿高跟鞋行走时脚前掌受力明显增加，足跟受力减小；足底受力面积随鞋跟的增高而减小，鞋跟高度对足前区和足中区受力面积影响较大；脚前掌内侧跖骨区和大拇趾区的受力随鞋跟增高而增大，而外侧跖骨区明显减小，足底压力中心前移，位移距离明显缩短；步频明显降低，支撑时间增加，步态周期和双肢负重时间随鞋跟增高而增加。穿高跟鞋行走时，由于鞋跟高度增大促使下肢肌肉的活动性趋向下降，从而在行走中表现为双支撑相占步态周期比例上升，相应的单支撑相占步态周期的比例下降。

通过特殊人群足底压力测量与分析，找出其步态特征和压力分布特点，可为他们提供帮助。

足底压力测量在"足－鞋"领域的研究，对揭示足病的成因和机制，指导人们健康穿鞋和鞋的健康设计具有重要意义，为制鞋工业带来了技术支持。世界著名的运动鞋品牌，如Nike、Adidas等都有专门的生物力学研究机构，在设计、开发专项运动鞋和个性化运动鞋时进行运动学、动力学和形态学的测试。Nike公司运动研究实验室创始人Frederick博士领导的足履生物力学研究曾获奥林匹克奖。目前市场上的健身鞋（垫）的设计和开发几乎都离不开足底压力测量。

通过"足－鞋界面"的足底压力及分布和"鞋－地界面"的鞋底压力及分布特征的研究，揭示鞋底硬度、鞋跟高度、鞋体结构等因素对足健康的影响，指导人们健康穿鞋。并为足疾和假肢患者的"个性化"康复鞋（垫）或"健体鞋"的设计和制造提供符合人机工学原理的依据和标准。

3. 鞋垫设计

鞋楦设计是提高鞋类产品触觉舒适性的一个重要途径，但是鞋楦设计与制造需要对足型进行扫描，而受技术、成本以及时间和空间的限制，对大多数普通用户来说，只能根据自己的足，从大批量生产的鞋类产品中，选择相对较适合自己脚型的鞋子。但如果可以根据自己的足和所购买鞋之间的差异来设计和制造鞋垫，则能为多数人提供一条可以体验和享受高舒适度鞋类产品的途径。

鞋垫有改善足底受力的功能，包括防止足掌在鞋内滑动，提高步伐稳定性，吸震以及提供特殊功能（如矫正步态和站立姿势）等。由于正常人的足底是非规则的曲面，在穿着内底面是平面的鞋步行时，足掌就可能在鞋内移动，造成每走一步都要多费一点力气，增加足部受伤的可能性。如果能根据足和鞋之间的空间大小，设计出立体鞋垫，填补足与鞋之间的空隙，就能减少足掌在鞋内的滑动，提高步伐的稳定性。矫形鞋垫主要为那些因各种原因造成站立不稳或者步行时左右摇晃的患者，纠正步行和站立时的姿势，降低身体各部分骨骼及关节受伤的可能性。

长期穿着结构不合理的鞋或鞋垫，就会在足底某些部位产生过大的压力，可能在这些部位引起病变（如鸡眼等），甚至引起这些部位反射区对应功能失调（人的五脏六腑在足上都有相应的穴位），引起或加重相关的疾病（如糖尿病足等）。

可在购买的通用鞋里加上具有个性特征的鞋垫，定制适合的鞋垫以使鞋垫上表面形状与足底形状相适应，增加穿着的舒适性。图 5 – 29 所示为定制的鞋垫示意图。

图 5 – 29　个性化鞋垫

设计个性化鞋垫时，根据足底每个区域受力大小，设计鞋垫各部分相对厚度，经过合适的过渡曲面，形成鞋垫与足接触的曲面；再根据鞋垫与足之间的间隙大小，决定鞋垫厚度；根据使用环境、足型及用户需求，选择后跟高度。确定好各处厚度后，就可以在鞋垫毛坯上加工出满足用户需求的鞋垫。

根据不同特殊人群的足底压力分布规律进行鞋垫设计，可提供适合该群体大多数人的鞋垫，以此制造出系列鞋垫，供用户根据自己的情况选择适合自己的鞋垫形状和材料类型，能够在一定程度上提高穿着的舒适度，同时又简化鞋垫的设计、缩短设计制造时间。

三、 足部关节的生物力学性能

人的骨骼间有三种连接方式：不动连接（如头颅骨以锯齿状相连）、微动连接（如脊椎骨之间以软骨层相连）和活动连接（如足骨各关节）。足内各骨块间是通过肌肉和韧带相连接在一起的，这种骨块间的连接处就叫关节。胫骨、腓骨与距骨形成踝关节，各附骨间为附骨关节，附骨与趾骨间为附趾关节，跖骨与趾骨间为跖趾关节，各趾骨间为趾骨关节。寒冷、潮湿环境气候对人的关节损害很大。

足骨各关节的骨面部有一层薄薄的关节软骨，在运动中，起缓冲作用。整个关节被结缔组织构成的关节囊所包围，关节囊是封闭的，里面的空腔叫关节腔，腔内分泌有特殊的液体，能润滑各关节面，以减少摩擦。在各骨骼连接处，附有坚韧的韧带。韧带除使关节处能紧密结合外，还能起制约关节活动方向的作用。关节的运动则是依靠该处的肌肉收缩来实现。

足部关节主要包括踝关节、距下关节、附骨间关节和跖趾关节。

关节的基本功能是传递人体运动的力和保证身体各部分间的灵活程度。明确力在各种关节中的传递方式及关节的运动特点是关节生物力学的主要目标。

骨与骨之间除了由关节相连外，还有肌肉和韧带。因韧带除了有连接两骨、增加关节的稳固性的作用以外，它还有限制关节运动的作用。

关节活动的范围通常用关节运动的角度来表现。关节活动的范围受关节的结构、关节附近的肌肉组织的情况、关节附近肌肉、韧带的弹性等因素的影响。如果关节活动幅度超过其可能承受的范围时，韧带就会破裂延伸，导致骨骼移位。

目前常用的测角仪有两种：一种是用差动变电阻式应变电桥原理制成的测角仪；另一种是用电位器原理制成的测角仪。测角仪特别适用于关节角的测定。在使用时，测角仪的一个臂和一个肢干相连，另一个臂则和另一个肢干相连。图 5-30 给出了当用电位器原理制成的测角仪测量膝关节处的夹角时实际安装情况及其等效电路。

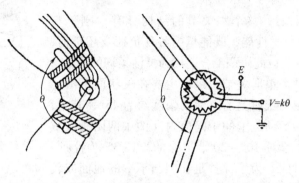

图 5-30　测角仪的装置和等效电路[24]

恒定电压 E 加在电位器的两端，其活动端则随着角度 θ 的改变而在电位器上滑动，这样，角度的改变就严格地和输出电压 V 成正比，即

$$V = k\theta$$

将这种测角仪输出的电压量送入计算机，就可以及时地予以采集和显示。可用作静态和动态测量、记录、动作分析等相关应用。

测角仪能对关节动作在不同平面上做出快捷、简单和准确的测量，有的测角仪稳固、轻巧和极具柔性的特点，使传感器可以方便地置于衣物内，不妨碍关节的运动，如图 5-31 所示。

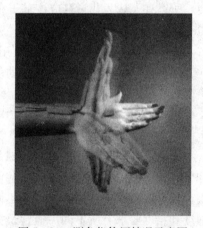

图 5-31　测角仪使用情况示意图

图 5-32 给出了用电位器原理制成的测角仪得到的人体步行时髋关节角度随时间的变化曲线。将转角传感器固定在受试者髋关节部位（一般是左侧），当人体直立时，转角传感器的两臂在一条直线上，此时在矢状面上的转角为 0°，当左腿前伸时，矢状面上的角度为正值并逐步达到正的极大。随着身体往前挺，转角减小，直立时为 0°；再向前走则左腿后伸，转角为负值，当右足着地时，达到负的极值点；再移动左足，则转角由负的极值通过 0 点，向正

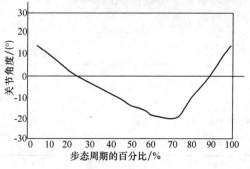

图 5-32　步行时髋关节夹角随时间变化的曲线[24]

方向增大。

下面重点介绍足部的踝关节和跖趾关节。

1. 踝关节

踝关节是一个非常重要的运动关节，为负重关节。踝关节由胫骨和腓骨的下端和距骨构成，足在踝关节部位可以灵活转动，也可以使足部在垂直方向（足底上下弯曲）上下移动。踝关节活动情况如图5－33所示。

从解剖结构特点看，整个踝关节的结构具有"刚"与"柔"这两个不同的力学性能，既能承受各种负荷及超负荷，也能使足关节各个关节彼此协调配合，成为灵活柔韧的装置。

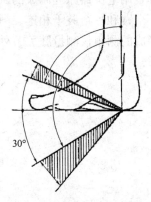

踝关节基本上是个单向关节，距骨主要在矢状面上沿一横轴活动。踝关节在矢状面上的总活动幅度约为45°，其中，最方便的区域在踝部活动范围的中间值内（图中两阴影区域所夹范围），约30°，背屈10°～20°，其余的25°～35°为趾屈。

图5－33　踝关节运动情况

鞋最初的使用目的是为了保护足在凹凸不平的地面或较硬的地面行走时免遭伤害，进一步来看，鞋能保护足免受冷、湿环境的影响。然而，从原理上说：最优化的鞋只能在赤足的条件下才能达到。紧、硬的鞋可能导致足的畸形和僵硬。所以有人认为儿童鞋应该基于赤足模型，同时考虑吸震和载荷分布，这是因为鞋类可能会妨碍足在鞋内的自由运动。

穿鞋加大了踝关节的活动范围，正因此，鞋的适足性也可从关节的活动范围反映出来。

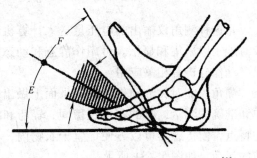

以足跟为支点操纵足踏板时，踝部将产生一定弯曲或伸展，对应于图5－34，表5－1列出了不同的百分位男女性踝部的弯曲和伸展角度值。实际应用中，这些值可能会因人而异，甚至差别较大，也视不同的操作强度和精度要求有所不同。通常最方便的区域在踝部弯曲和伸展范围的中间值内（图中阴影区域所示范围）。

图5－34　踝部的弯曲和伸展运动能力[2]

表5－1	踝部的弯曲和伸展角度值				单位：（°）	
方向	男性			女性		
	第5百分位	第50百分位	第95百分位	第5百分位	第50百分位	第95百分位
踝部弯曲（F）	18	29	34	13	23	33
踝部伸展（E）	21	36	52	31	41	52

最高效的工作是在所涉及运动的1/3动作范围内实现的。一般说来，越接近动作范围的极限值，作用在关节和它的支撑肌上的应力就越大。

一般人在静立时，踝关节约负荷体重的 1/2。行走时正常踝关节承受的最大挤压力为体重的几倍。正常人在快速行进时可有两个峰值，为体重的 3～5 倍；慢速行走时只出现一个峰值，约为体重的 5 倍。外踝除参与踝关节的稳定和活动外，还承接来自胫腓关节和腓骨的负荷，该负荷约为体重的 1/6。

踝关节的下落是一个包括足在冠状轴的外翻和在垂直轴相对于胫骨向外旋转的三维运动。趾屈时小腿肌肉做离心收缩，在支撑阶段抑制踝关节的背屈。跟腱受伤最主要的原因就是肌肉超量的离心收缩。跟腱炎是由于长期反复过度负荷引起的，不良的解剖学结构，如扁平足、高弓足或腓长肌紧张都易导致这种损伤。踝关节的活动及跟腱的拉长受鞋底结构的影响很大，例如，增加鞋跟厚度，踝关节每次背屈时跟腱完成离心收缩所承受的紧张程度就大大减少。跑鞋采用低腰设计，就是为了增加踝关节的灵活性。

2. 跖趾关节

跖趾关节是由足跖骨与脚趾骨形成的关节，是足底最宽的部位。因此足的肥瘦是依据跖趾关节的围长制定的。人体在站立、行走、跑跳时，跖趾关节都是主要的受力点。跖趾关节还是足活动最频繁的部位。

在走、跑、跳运动中，经常要求足跟提起或保持提起。对于足来说，要提起足跟，运动的发生必定是在跖趾关节上，这时，运动环节应是除趾骨部分外的足的所有部分，足的背屈肌在远固定条件下收缩完成跖趾关节的背屈运动。

人体的全部质量都以足部的跖骨作为轴心进行有效的移动，为前进提供推进力。跖趾关节和趾关节随着走路的节奏做屈挠和伸展运动，最大运动范围可达到 90°左右。跖趾关节的伸展范围大于屈曲范围，主动伸展范围为 50°～60°，被动伸展范围（迈步的时候）可达到或超过 90°，主动屈曲范围为 30°～40°，被动屈曲范围为 45°～50°。在足跟离地以后，由于跖趾关节弯曲，使足底面沿地面滚动。滚动中心是跖趾关节，足尖离地前该关节有较大的背屈角位移。

人的运动机理非常复杂，需要足部各个骨骼和肌肉的协同合作。在很多运动项目的基本动作中，足跟部抬起，足中部变得僵硬，前足部屈曲，推动身体向前。在这一过程中，合适的鞋可以发挥协助推动的作用。

当人体跖趾关节发生损伤或趾骨骨折时其步态异常，由此可见，跖趾关节的弯曲对人体行走步态特征会有影响。鞋的硬度太大时，不易弯曲，会影响或约束跖趾关节的运动，从而影响人体行走的步态。

当跖趾关节受到约束后，行走过程中跖趾关节的跖曲力矩峰值可达 15N·m，足尖离地前足部产生的向前推动力矩将减弱。同时，必然对其他各个关节的运动产生影响，踝关节离跖趾关节最近，其受的影响也最明显。由于关节间的协调运动，在踝关节运动发生变化后，膝关节和髋关节运动也发生了变化，但膝关节和髋关节运动的变化不及踝关节明显。

多关节间和身体躯干的协调运动可补偿跖趾关节受到的约束。当跖趾关节受到约束后，足尖离地前跖趾关节向前推动力矩的减弱必然会影响人体重心的前移，此时上躯干主动向前倾斜将有助于行走过程中重心的前移和姿态的平衡控制。

人体在跖趾关节受到约束后，多关节间和身体躯干的协调运动使行走的步速和步长接近正常状况，自然行走步态的平均步速和步长发生变化不大，为正常步态的 94.8%

和 95.5%。

四、 足弓的生物力学性能

各种功能鞋和运动鞋有着很大的消费市场，消费者往往要求这类鞋具有特殊功能、穿着舒适并具有保护作用，了解足弓的特点有利于鞋类设计。

足实际上是一个非常复杂的结构，仅骨骼就包括 26 块，还有错综复杂的韧带（白色带状的结缔组织，质地坚韧，富有弹性，能把骨骼连接在一起并能制约关节的活动方向）、足底腱膜、肌肉肌腱（肌肉在两端密度增大，强度极高，没有弹性，牢牢地附着在骨上，形成肌腱）系统。足依靠足弓结构及附着的韧带、肌肉而产生弹性。

足部肌肉主要集中在足底。足底皮肤坚厚致密，无毛且汗腺多，在负重较大的部位，如足跟、第一和第五跖骨头等处，角化形成胼胝。足上的肌肉有足背肌和足底肌两部分，可使脚趾活动，当足背肌收缩时，脚趾伸展；当足底肌收缩时，脚趾弯曲。

肌腱的功能是把肌肉附着于骨或筋膜上，并传递肌肉至骨或肌肉至筋膜的牵拉载荷，由此而引起关节运动。跟腱是人体内最大的肌腱，主要由平行致密排列的胶原纤维组成。据研究，当小腿三头肌收缩拉跟腱时，在 160kg 范围内，跟腱张力变化近似呈线性关系。正常跟腱的张力，在站立时为 10kg；行走时为 100kg；从 1m 高处跳下落地瞬间为 200kg。跟腱是一个强度大变形小的生物材料，断裂力值为 280kg 左右，断裂时长度的最大变形不超过 4mm。

由于足弓构造的损坏或者其他外部因素使足部受到过大的压力，足部骨骼受力达到塑性区，便容易使足骨骨折。或者足部大量反复性运动使足骨产生疲劳骨折。足部压力也会传递到其他部位，产生伤害。所以，应该避免足部受到过大的压力。

疲劳骨折是一种在运动中常见的低应力性骨折。例如行军骨折。当骨受低重复载荷作用时，常可观察到疲劳细微骨折。疲劳骨折的产生不仅与载荷的大小和循环次数有关，而且还与载荷的频率有关。因为骨具有一定的修复重建功能（功能适应性），所以只有当疲劳断裂过程超过骨重建过程时疲劳骨折才会发生。

肌肉疲劳可以看作是下肢疲劳的一个原因。一般，持续性的运动或活动先是引起肌肉疲劳，当肌肉疲劳后，肌肉收缩力降低，从而改变了骨的应力分布，使高载荷出现，随着循环次数的增加，可导致疲劳骨折。

业余运动员穿跑鞋是为了缓解冲击力，以防受到伤害和校正足的正确位置，而职业运动员靠跑鞋来进一步提高成绩。穿鞋的目的不同，其设计出发点也就不同。这一点在跑鞋的设计中体现得很明显。

根据生物力学的需要，跑鞋可分为提供减震性、提供稳定性和提供运动控制的三大类。提供减震性的跑鞋，通常有较柔软的夹层鞋底，辅助足部在运动时均匀受力，帮助足部减震。鞋体通常较轻，稳定性相对较差。提供稳定性的跑鞋，鞋底通常具有受力均匀的柱子或内侧具有夹层结构。这些特殊的设计能够预防因足部过度外翻所造成的损伤，为足部内侧边缘提供良好的支撑力和耐久力。提供运动控制的跑鞋，通常比较坚硬，它能够减小或控制足部的过度内翻，防止足踝受伤，这种跑鞋通常要比其他跑鞋重。构造一般是，内层为受力均匀的柱子，用以控制足部内旋，夹层鞋底提供持久性；外层的橡胶更加耐磨。究竟应选用哪一类跑鞋，这与足弓类型等因素有关。

对正常足型，在运动的过程中，通常是用足的外侧着地，足踝会轻微向内弯曲，这样可以有效地吸收震动。选择能够提供一定稳定性的跑鞋较好。平足跑步时，足部通常以外侧着地，足踝表现出过度向外弯曲。时间长了会产生不同程度的疲劳性损伤。最适宜的跑鞋应能控制足弓下降，坚固鞋底，能提供运动控制或高稳定性。高弓足通常处于外旋状态，具有较好的灵活性，足弓本身却不能提供足够的减震作用。应选减震效果好的跑鞋，能够提供充足的弹性，保护足部免受震动。

五、 有限元分析在步态生物力学研究中的应用

在步态生物力学研究领域，尽管足底压力测量、影像分析和表面肌电等技术被广泛应用，但足部骨骼、软组织等结构内部的应力传递机理始终无法得到力学解释。有限元分析的方法是将弹性体离散为有限个单元组成的集合体，这些单元只在有限个节点上相交接，所有节点只具有有限个自由度，这样使得分析求解成为可能。当有限元分析应用于足部生物力学研究时，复杂的骨骼几何结构、边界条件和材料的不均匀性等问题便找到了可能的解决途径。

CT 主要为横断层成像，但带有越来越多的图像后处理系统，可以清晰地反映出物体内部的不同结构和组织，对研究及建模带来很大方便。

MRI 为核磁共振成像，该技术既具有成像清晰、解析度高的特点，又能清晰显示人体结构的组织学差异和生化变化，可以得到十分细致的足部几何模型。

采用人体断层面的 CT 或者 MRI 成像技术测量人体，可以把人体形态特征和组织特征全部纳入一个三维数据库，然后利用计算机构建人体的三维解剖图形模型。

对于韧带、肌肉和足底腱膜等其他组织，则还需要从解剖学作更深入的研究，利用图像后处理分析来获得可靠的模型几何数据。

通过有限元分析可以揭示出一些规律，以下是有限元分析足部得到的一些情况。

糖尿病足第一跖骨头下软组织的张应力是正常足的 4 倍，第二跖骨头下张应力是正常足的 8 倍。随着组织硬化加重，接触应力的峰值分别增加 38% 和 50%，表明糖尿病足的损伤很可能始于更深的组织层，即内侧跖骨突出部下方的组织最脆弱。

Zhang ming 等模拟糖尿病足软组织硬度的增加，发现足部应力集中于跟部和中间跖骨区，说明了这两个部位溃烂的力学机理。

扁平足的第二跖骨动态应力比正常足增加了 8%~21%，增加了第二跖骨疲劳骨折的危险性。

Gu yaodong 等应用非线性材料特性，对青年女性高跟鞋状态下足部应力分布的研究，发现跖骨区应力值为平底鞋状态下的 2~3 倍，足底腱膜处为平底鞋状态下的 1.5 倍，从力学角度说明了鞋跟高度给足部结构应力值带来的变化和高跟鞋状态引发的常见足病的成因。

与平鞋垫相比，除了中足和趾区，完全接触式鞋垫可减低足底其他部位的正常应力峰值及平均值。

Xiao qundai 等对足、袜、鞋三者接触的力学分析，以解释由袜导致的不同足底摩擦因

数，发现低摩擦因数的袜子明显减少足、鞋之间的剪力，对减少足底水泡和溃疡等症状有显著效果。

第四节 与足部生物力学性能相关的鞋类性能

目前，鞋的结构设计已由经验型逐渐转向科学性、合理性。越来越多的品牌鞋厂商把注意力集中到适合特定运动所需的鞋的开发上，因为这样的鞋更符合人体生理学、解剖学及运动生物力学的要求，从而更有效地预防运动损伤的发生。

为了定量评价鞋各方面的性能，须采用一系列的指标。常用于表征与足部生物力学性能相关的鞋类性能指标有：鞋重、缓冲性、屈挠性、滚动性、稳定性、跟脚性和调节性能。

鞋的这类性能与足的运动情况有密切关系，足和鞋相互作用，相互影响。

一、 人－鞋的相互作用

在鞋的使用过程中，人与鞋相互作用。足从内部以一定的方式，对鞋发生作用，经过一定时间后，使鞋变形甚至损坏。新鞋刚穿上时，有些部位可能会卡脚或磨脚，等稍穿旧了才会感觉舒适，旧鞋穿起来舒适，是因为借助皮革等帮面材料的弹性，使鞋发生了形变，从而符合足的结构和穿用习惯。与此同时，鞋也对人足起作用。如果鞋的结构不合理，就可能影响到人的健康和运动能力。

足上的肌肉群与小腿相连，小腿肌肉群与大腿和腰部相连，故长期穿着结构不合理的鞋子最终会造成一系列疼痛。如鞋底凸度过大，会挤压足弓，穿用者会感到疲劳，如果长期穿用这样的鞋，会使附着在足弓上的肌肉和韧带受到伤害，造成扁平足，影响人的健康。如果鞋尺寸小于足尺寸，会使肌肉受到挤压，阻碍血液流通和压迫足部神经，产生疼痛。但如果鞋过于肥大，走路时为了防止抬足时鞋脱落，肌肉便处于紧张收缩状态，总是试图把鞋勾住。时间一长，肌肉也会疲劳，产生发酸发疼的感觉。另外，如果鞋跟设计不合理，为了保持平衡，便要挺胸收腹腿伸直，足部肌肉也处于相对紧张状态，持续时间过长，便会引起各种不适甚至造成膝盖、腰腿和足部的疼痛。因此鞋的设计要考虑如何让人的足部和腿部肌肉得到放松，达到舒适的效果。

在穿鞋、脱鞋和保养等辅助过程时，人与鞋的相互作用也应考虑在内，并且很重要。

在步行和跑步过程中，作用于鞋的力的方向、大小和作用点悬殊很大。鞋由于足施加力的作用产生变形。

1. 鞋在步行和跑步的状况研究

步行和跑步时，人对鞋底的作用可从外底磨损的情况出发，确定外底工作的力学过程本质。这是因为外底的磨损与受到的外力有密切关系。

步行和跑步时，鞋的外底在支承期间受到压缩、屈挠、滑动摩擦和滚动摩擦，人在步行和跑步支承期间的个别瞬间，各分力的性质显著不同。

（1）步行 在步行过程中，从双足同时落地的瞬间开始，力从一只足逐渐转移到另一只足时，处于后面的足脱离地面后，由后位转为前位。在此期间，外底承受不大的屈挠，在足脱离地面后，足趾抬起并伸直。

步行时用鞋跟的后缘向支承面迈步，往往向外侧偏斜。这是因为髋关节的转动导致足着地时后跟向内、向上翻，使鞋的外侧先着地。此时，跟面承受的压强可达 800 ～ 1300kPa，不过，负荷是冲击性的。由于起步时，鞋跟的边缘着地，该处的压力显著集中。鞋跟有时沿支承面滑动。其他情况下，仅是沿支承面略微移动。

脚跟着地以后，脚前掌迅速落下，整个外底着地。多数情况下，鞋的外缘先落地，然后转向内侧，在此期间，全部支承用力转移到支承足上，并开始迈出摆动腿。外底主要承受压力，因为鞋与支承面的接触面积大于其他瞬间，单位面积压力不大。当外底和支承面之间的摩擦因数较低时，偶尔可能滑动。

随后支承压力转移到另一只足上，足跟抬起，外底逐渐脱离支承面，直到足前尖完全脱离。在足跟抬起时，外底被屈挠，与支承面的接触面积不断变化，支承压力的作用点移向前尖。这时外底承受屈挠、压缩和摩擦，所受应力最大。

外底的屈挠程度用曲率半径来表征，外底完全伸直时其曲率半径为无穷大，其曲率半径由一定的值到无穷大。外底的最大屈挠处于跖趾关节处，鞋前尖的屈挠变形很大，支承中心承受的屈挠变形最小。

鞋底在即将脱离支承面前的瞬间，屈挠很大。日常穿用的鞋，外底曲率半径的最低值为 5.2 ～ 7.9cm。在与支承面接触末期，接触面积显著减小，鞋前尖的压力急剧增长。因此，鞋前尖部位产生高值单位面积压力，可超过 1000kPa。前尖部位的压力通常不超过 400 ～ 700kPa，跖趾部位不超过 200kPa。外底个别部位的高压力，可能由压力沿足底分布不均引起，尤其是沿跖隆凸部位。此外，鞋的结构也影响外底压力分布。例如，鞋外底的凸出会引起凸出部位的单位面积压力成倍增长。

鞋尖蹬离支撑面期间的外底运动，可以看作对瞬间旋转中心的滚动摩擦，其垂向压力和曲率半径都在变化。与支承初期一样，鞋沿支承面滑动的可能性很大。

（2）跑步　跑步时的支承期时间远远低于步行。快跑步中不存在双足落地瞬间。由一只腿向另一只腿的力量转移发生在空中。

大部分人在快速跑步中的着地，由外底跖趾部位实现，多数情况下，略向外缘偏斜。外底主要承受压力，并伴随一定的冲击。跑步时压力略高于步行，由于支承面积大，单位面积压力就小得多。外底还承受滑动摩擦。

在足着地以后，足跟几乎下降到支承面，着地时鞋外缘首先落地，跑步时略微转向内侧。在足跟下降期间，人体的重心处于低位。在此阶段，跑步时的单位面积压力比步行相应阶段的单位面积压力几乎大一倍。

在足跟抬起到前尖脱离地面的同时，外底承受弯曲。外底在跑步中的屈挠分布规律与步行一致，曲率略大于步行。屈挠性不足的鞋，曲率半径达 5.1cm；屈挠性好的鞋，曲率半径为 4.6 cm。在此阶段，跑步时的单位面积压力略高于步行。

在跑步中，具有滚动摩擦特征的脚趾脱离地面的速度，大于步行的相应速度。足跟在跑步中不起任何作用。

综上所述可见，在运动过程中，鞋底的运动过程不断重复，外底承受压缩、屈挠、滚动摩擦和滑动摩擦。滚动摩擦相对于瞬间旋转中心产生，其曲率半径不断改变。

表征外底压缩和摩擦情况的是压力和压强，压力和压强与运动的情况有关，与接触面积的变化以及负荷沿足的分布有关。

跑步时，外底前尖承受较大的压缩和摩擦，其压强和滚动速度最大。前尖部位产生滑动的可能性很大。由于足上压力分布不匀，跖趾部位可产生较大的压缩，外底跖趾部位承受最大屈挠。

（3）足对鞋里的作用　鞋在使用过程中，鞋里承受足的综合复杂作用。在多次屈挠和摩擦过程中，足对内底施加的作用最大。

人体运动时，足的形状、尺寸不断改变，足对内底跖趾部位和前尖的作用大。

鞋底跖趾部位除承受压力外，还有水平分力。水平分力的纵向分力沿人体运动方向，沿足底方向拉伸内底。纵向分力的大小与步行节奏有关，相当于人体重的 4% ~ 40%，当人的平均体重为 70kg 时，分力为 2.8 ~ 28kg。

横向水平分力对内底的第五跖趾部位作用，沿横向拉伸内底。第五跖趾关节的突出部位也冲胀鞋帮内里。

足对内底纵横方向拉伸时，内底向两个方向移动，足与内底产生滑动摩擦，引起内底磨损。

足拇趾的活动范围很大，拇趾伸直时，偏离正常位置 11.5°。足由后位转为前位时，拇趾可能略微抬起，鞋好像悬挂在拇趾上，如果拇趾指甲修剪不整齐，负荷更大。由于拇趾的摩擦，内底的最大磨损在前尖部位。

由于足的滑动及受鞋帮内部帮面接缝和不平部位（刚性主跟和内包头边缘）的摩擦，鞋帮在内部两侧受到磨损。

在穿鞋脱鞋过程中，鞋跟部位的鞋里受到磨损。穿着有鞋跟的鞋时，后跟部位的鞋里磨损更严重。

2. 能量消耗

人与鞋间的相互作用不仅影响鞋的磨损，也会引起额外的能量消耗，使走路或跑步等运动的能耗不同。目前，人们试图从能耗观点去评价运动技术和鞋的优劣。

身体能量的转化，从本质上看是一个氧化过程，而氧化过程中必消耗氧气，同时产生二氧化碳。借助于测定身体某一运动时间内的耗氧量和排出的二氧化碳值，可以间接地反映出能量转化，这就是能量的间接测量。

若在海拔不是很高的地区，空气中的含氧量保持在 20.93%，二氧化碳的含量为 0.3%。在正常气压条件下进行测量时，即开放式测量，测试者要戴上特殊面具。从吸入的空气中消耗氧气，呼出二氧化碳并储存于气袋中，然后对呼出的气体进行分析。根据吸入与呼出气体分量的不同，从而测定出氧气被消耗的数值，推算出身体能量供给的多少。

一定时间内人体排出的二氧化碳（体积）与吸入的氧气量（体积）之比，称为呼吸商，用 RQ 表示。呼吸商的比值对碳水化合物（如纯度为 100% 的糖）进行氧化过程比值为 1，而对脂肪和蛋白质氧化过程所需的氧气量要比产生的二氧化碳大，因之呼吸商的比值小于 1。纯度不同时有所不同，一般 100% 纯度的脂肪呼吸商值为 0.707（或写作 0.71），100% 纯度的蛋白质呼吸商值为 0.802，呼吸商 RQ 与每升氧所产热量的关系见表 5 - 2。

身体做短时间的运动，能量产生的氧化过程，主要对碳水化合物而言。只有在运动时间持续加长时，氧化脂肪才具有实际意义。日常的运动中，除特殊的情况外，对蛋白质的氧化过程很少见，因此表 5 - 2 中的值是非蛋白质性的。

假若某个中学生以平均跑速 300 m/min 跑完 1500m，计测 3600mL/min 耗氧量，排出 CO_2 为 3240mL/min，其呼吸商 3240/3600 = 0.9。从表查到每消耗 1L 氧产生热为 20.57kJ，全程共耗氧：

$$5min \times 3600mL/min = 18000mL = 18L$$

故供给身体的热量为 $18 \times 20.57 = 370.32（kJ）$。

表 5 - 2   **RQ 与 1L 氧所产生的量值**[3]

RQ	碳水化合物/%	脂肪/%	1L 氧产生的热量/kJ
0.71	0	100	19.61
0.75	14.7	85.3	19.82
0.80	31.7	68.3	20.07
0.85	48.8	51.2	20.32
0.90	65.9	34.1	20.57
0.95	82.9	17.1	20.87
1.00	100.0	0	21.12

人类能在极短的时间内以体内氧的最高储备量来发挥身体的机能作用。然而，这个最高储备量的水平会随着人们的年龄、身体和健康状况而发生极大变化。图 5 - 35 描述了作业持续时间与人最大程度发挥储备氧能力的关系。很明显，如果用户持续工作在最高水平的 33% 上，会大大降低人的工作能力。

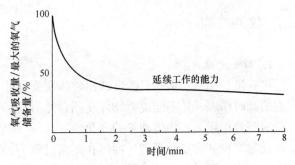

图 5 - 35   事件的持续时间与人所具备的氧的最大储备量之间的关系[1]

（100% 表示氧的最大储备量）

二、鞋重

鞋重是鞋类最重要的性能。在步行和跑步等运动的时候，鞋重明显影响人的疲劳程度，人在活动时，穿上太重的鞋，体力消耗比穿轻便鞋大得多。腿上每增加 0.5kg 负荷，相当于背上增加 2kg 负荷。鞋每重 100g 就会造成跑步者大约 1% 的能量消耗。由于跑步者每跑一步都得抬脚，带着鞋一起摆动，增加在足上的重力会产生累积效应，而最终影响绩效。当然，鞋的形状和其他生物力学要素也是很重要的因素。

身体其他部位的负荷也会影响人体的耗氧量，只是其影响比鞋重的影响小得多。负重步行时，当负荷重小于作业者体重的 40% 时，单位作业量的耗氧量基本不变；当负荷重超过作业者体重的 40% 时，单位作业量的耗氧量急剧增加。因此，最佳负荷重限额为作业者体重的 40%。

通过对裸足及穿鞋跑的耗氧量实测，Fukuda 等人发现，两者的差异达 4% ~ 5%，即穿上鞋跑比光足要多消耗一部分能量。对于一位马拉松运动员，能耗意味着穿跑鞋要比裸足跑成绩慢 6 ~ 7min（马拉松成绩按 2.5h 计算），同样，穿不同慢跑鞋运动消耗体能也是不同的。

减轻跑鞋重是提高成绩的重要方面。在跑鞋中，用陶瓷鞋钉代替传统的铁钉，由于陶瓷耐磨且钉子周围又无任何黏附物，因此使鞋重减轻 20g，有利于成绩的提高。同样是跑鞋，比赛鞋要求每双鞋重低于 200g，很轻，练习鞋每双鞋重低于 300g。慢跑鞋常利用网布作为帮面材料，其目的也是减轻鞋重。足球鞋底比较薄，是因为过厚的鞋底会增加鞋重，不利于来回奔跑。

纺织女工长期在温湿的环境中站立或行走作业，挡车工每天行走路程为 15 ~ 20km，为平常人的 6 ~ 7 倍。在纺织女工中，平足、足癣、长老茧、踝关节变形及小腿静脉曲张等发病率较高。为了改变这种状况，应为纺织女工提供质轻、卫生性能好的防护鞋。

同一结构但号码不同的鞋，其重量各不相同，按鞋号计算鞋重的方法不具有可比性，因为在同一批鞋中，鞋重对鞋号的变化不存在规律性。可推行相对鞋重的概念。

鞋重与下述结构特征有关：所用材料的品种（厚度、密度等）和鞋底结合工艺等。文献报道，外底重占鞋重百分比如下：泡沫橡胶外底为 45%，无孔橡胶 62%，聚氨酯 52%，皮革 30%。鞋底重可能达到鞋重的 90%，由此可见，降低鞋底重是减轻鞋重的重要途径。

三、 缓冲性能

1. 动量定理

牛顿第一和第二定律只能反映出物体所受合外力与运动状态改变的瞬时关系，即表现出力的瞬时作用，并不能说明物体受到合外力的某一过程。动量定理说明的则是在力持续一段时间的作用下，物体动量的变化。

动量定理又称动量原理，物体在运动过程中，在某段时间内动量的改变量 ΔK 等于所受合外力在这段时间内的冲量 I，即

$$\Delta K = I$$

或
$$F(t - t_0) = m(v_t - v_0)$$

力的冲量和动量的变化，从不同的角度反映了力在一定时间内的积累效应。有时力作用的时间极为短暂，使受力的物体的动量变化发生得很突然，这种作用时间短暂而量值变化很大的力称为冲击力。

动量原理在冲击性和碰撞类问题中有重要作用。冲击力作用时间极短，而其动量变化较大，所以很难度量每一瞬时的冲击力，而物体在变化前后动量的变化却易测得，根据动量原理就可以计算出物体所受的冲量，如果还知道碰撞时间，就可以进一步计算这段时间内的冲击力平均值。

力的增长速度除以所需时间的商 F_{max}/t_{max}，这个指标叫作力 - 速度指标。力的增长速度在快速动作中作用极大。短跑运动员蹬地持续时间少于 100ms，跳远蹬地少于 150 ~ 180ms，跳高少于 250ms 等，往往都来不及发挥最大力量，因而所能达到的速度在很大程

度上依赖于力的梯度。

2. 动量定理在鞋类设计中的应用

若要减少对人体的冲击力 F，就得延长力作用的时间 $(t - t_0)$，如果动量的变化量是一个常量，即冲量值也应是一个常量。这时延长作用时间，就可以减少冲击力的大小。

在着地等动作的碰撞过程中，人体动量变化往往是一定的，人体质量一定，碰撞前的速度一定，碰撞后速度为零。缓冲动作的实质是增加碰撞动作的作用时间。在体操或各种落地动作中，一般要求从前足掌到全足掌、屈膝，从而延长地面力对人体作用的时间，减小力对人体的作用。

人在运动中与支承面之间的相互作用，可以看作具有缓冲性能的冲击元件间的作用。足上的软组织和脂肪垫，保证足的几乎全部底面积成为支承（足底的脂肪可以起到减震作用，在未受力的情况下，跟骨脂肪呈自然状态；站立时，跟骨下方的脂肪变宽、变薄；运动冲击时，进一步变宽、变薄。跟骨下方的脂肪垫，可增加足跟冲击地面时的减震功能）。不过在某些瞬间，仅是足上的一部分，不超过 25%，以致容易在这些部位形成大的压强。

慢跑时，若脚后跟接触地面，在软组织里会产生震动，肌肉松弛的部位受冲击力影响后所产生的震动要小一些。当肌肉消耗太多的能量而不能引起软组织震动时，疲劳和受伤容易出现。

在足和支承之间，放一个缓冲垫，可以降低冲击力，鞋底就是这样一个缓冲环节。鞋底承受负荷以后，自己应吸收一部分，另一部分传给支承面。如果鞋底是硬的，运动时，就加重了震动对机体的作用。如果鞋底太软，就会出现所谓浮行现象，步行和跑步时不稳定，引起神经系统的额外负担。

鞋底的缓冲能力是吸收一部分冲击负荷，并将它分散在整个支承面积上的能力。美国材料测试协会对运动鞋的减震功能的定义：借助外力作用时间的增长，使冲击力峰值的能量减少。也就是说，碰撞过程持续越长，变形越大，减震功能越好。

缓冲能力越强，传给支承的负荷越小，人在步行和跑步时的疲劳程度越小。

专家研究鞋底缓冲能力对支承力的影响和鞋底材料分散、传送负荷的能力的试验表明：不同外底材料具有不同的缓冲性能。常用的减震材料有气垫、硅橡胶和泡沫塑料。

铬鞣革在皮革中具有最好的缓冲能力。皮革外底的厚度增加到 9 ~ 13mm，泡沫橡胶外底厚度达 17 ~ 20mm 时，缓冲能力逐渐加强。若继续增加厚度，负荷的降低速度就减弱。根据实验数据知，橡胶的缓冲性能好于皮革。

用泡沫橡胶制造外底时，通常与皮革部件配合使用，因此，有人研究了组合材料皮革－泡沫橡胶的缓冲性能。研究结果表明，组合材料的缓冲能力优于单独的皮革和橡胶。

在测定冲击力的同时，也测定了对支承的冲击面积。分析表明，同厚度的铬植结合鞣和铬鞣皮革，在承受同样冲击力的时候，冲击力对支承的作用面积几乎相同。由于铬鞣革具有较好的缓冲能力，它传出的单位面积负荷，远远低于铬植结合鞣革。例如，厚度为 4.1mm 的铬植结合鞣革，承受冲击时，传给支承的负荷为 55.6kPa，而同厚度的铬鞣革受冲击时，为 22kPa。可见，当分散负荷的能力相同时，采用铬鞣革做鞋底时，单位面积压力仅为铬植结合鞣革做鞋底时的 40%。

在步行和跑步过程中，可直接在鞋内测定外底材料的缓冲性能，对作用在支承上的总负荷值的影响。穿硬皮底鞋步行时的垂向负荷分力，在迈步第一阶段，比穿泡沫底鞋走路大 31%，在中间阶段大 17%，在末一阶段大 20%。

外底的厚度减小和硬度提高时，步行第一阶段的水平分力增加，在末一阶段情况相反，鞋的柔软度增加时，作用于地面瞬间的力增加。这是因为，穿着不够柔韧的鞋，足在脱离地面时的滑动大于穿柔软的鞋。

实验证明，鞋底厚度增加时，鞋的缓冲性能提高，并且影响支承力的大小，因而，也就影响外底的磨损。篮球鞋底比较厚，弹性比较大，有利于弹跳动作。慢跑鞋鞋底的一个最为重要的作用就是吸收和回馈震荡。受试者穿上后跟硬度大的鞋进行实验，通过同步测试得到其胫骨和头骨的瞬时加速度的峰值，分别是重力加速度的 5 倍和 0.5 倍，使用弹力后跟时，震幅则减小一半，使用黏弹性聚合体材料的鞋底辅助装置时，几乎可以避免震荡。震荡由胫骨向上传导。后跟震荡使骨关节炎恶化的可能性随之增加。

可在鞋内加气垫来增加鞋的缓冲性能。气垫在足着地时，作用力向下，气囊受压，接受能量；在足着地后，气囊中吸收的能量向上回输一部分，起到减震作用；在足离地时，气囊把剩余的能量再次回输足部，力的方向则向前，起到助跑作用。篮球鞋设计有气垫结构，有利于减震。

气压太小的气垫减震效果不够，但是气压太大的气垫，冲击力不足以使之产生形变，因此也就达不到减震及发挥弹性助力的作用，并且气垫压力过大，冲击力吸收过度，反弹力与运动步频难以一致，容易造成扭伤。

气垫设计都是固定在鞋内腔，考虑到跖趾关节在人体落地的一瞬间最先着地，具有较大的冲击，同时跟骨处受力和冲击都较大，进而常在跟骨和第一、第五跖趾处的鞋内底加入气垫。

运动鞋气垫设计的主要问题集中在稳定性、减震性和能量回归三个方面的协调上，需要根据实际情况找到一个平衡点。

稳定性和减震性的矛盾主要表现在气垫的舒适性及气垫高度上。气垫可能造成不稳定有两方面的原因：一是气垫高度过高；二是因为气垫内可压缩气体具有一定的流动性。而这两点恰好是气垫具有减震功能的基础。气垫内的气体可压缩，才能吸收能量，使足不会受到伤害。而在底部面积不变的情况下，气垫高度越高，其压缩性就越大，所能吸收的能量就越多，减震功能就越明显。

减震是吸收能量，而能量回归是将能量回输给人体。为了得到良好的减震功能，气垫必须具备良好的受压形变的顺从性，但从提高运动成绩的角度要求，则应使运动员跑得更快或跳得更高，为此，气垫又要具有足够的能量回输性能。若气垫很软且具有良好的减震性能，则往往不具有很好的能量回输性能。好的设计应兼具吸震效果和能量回归效果。

有的新型气垫鞋，其后跟内的气垫可以更换，根据运动员体重、足形和运动需要的差异，可以制作不同密度和型号的气垫。

从生物力学性能方面来看，鞋舒适性主要体现为足的受力情况，而足底的压力是穿鞋时最重要的力学性能参量。日常生活中，人的足底每天都要累计承受几百吨的压力，而长跑运动员大运动量后，胫骨疲劳性骨膜炎的产生相当普遍，鞋的减震性能尤为重要。鞋的减震性能取决于鞋底的材料和鞋底的结构等。Joanne R Eisenhardt 等人指出，鞋设计过程中鞋底的结构对足底压力的产生和分布是不容忽视的因素。常采用缓冲震动的基料或底材，这种材料加在鞋的中底，这是一层具有缓冲功能的夹在外底和鞋面之间的材料，是跑鞋重要的组成部分，其结构和材料的运用将会影响到鞋的缓冲功能。

具有高技术缓冲性能的运动鞋不仅能够使人体重力比较合理地分布在足的各个部位，缓冲运动员在运动中对大脑、跟骨和身体其他部位造成的震荡，而且能够起到稳定支撑的作用，即鞋底的应变或变形不会太大，以致出现塌陷等现象，而且形变从足跟着地瞬间延续到全足掌着地的全过程中，保证运动的功能需求。

四、屈挠性

鞋应根据它的指定用途和结构特点，有助于在跖趾关节、踝关节和膝关节等部位具备一定的屈挠性，本书主要研究鞋在跖趾关节的屈挠性。

鞋的屈挠角指支承面与特定直线间的夹角，该直线引自两点：一点是后跟支承中心点在跟面上的投影，另一点是鞋底跖趾最大突出点。多数情况下，鞋类步行时的屈挠角为25°~30°。可用跖趾部位弯曲到25°的抗弯强度值，即完成25°屈挠所需的力来评价鞋的屈挠能力。

鞋的抗弯强度越低，屈挠鞋所需的力越小，越能减轻人体运动时的疲劳。屈挠性不足的鞋，会对穿鞋人的足产生不良影响。主要表现在疲劳伤、汗多和疲劳。穿屈挠性不足的鞋，人的步态呈跳跃状，而穿着柔韧的鞋，步态比较平稳。

鞋前部不合理的形状、尺寸以及材料性能不好引起的过硬，会限制足在跖趾关节的滚动，限制趾间关节的运动。

为了研究步行力学与外底柔韧性间的关系，专家们采用了X-射线摄影术和极坐标示波术。

接受X-射线摄影者穿鞋后，在滚动末期，人的体重多由跖骨头和脚趾所承担，足底面与水平面的角度约为30°。

当鞋的屈挠性不够好时，鞋底不能够随着足屈挠，在鞋后跟着地瞬间，踝关节的背屈角度减小。在足的滚动末期，快速过渡到足前尖着地，增加了足指应力。此时，不能将鞋底压扁，步态不够稳定。

屈挠性不好的鞋就是人们常说的"板脚"，使人脚趾部位的屈伸功能受阻，行走、跑步都受到很大影响。硬鞋底限制了前足的屈挠从而限制了前进的推动力，引起步长减小，前行速度降低。

穿着屈挠性不够的鞋时，尽管使用包足布或穿毛线短袜，在足跟与内底之间仍然存在较大的空间。在重心向前掌移转时，鞋不能屈挠，而像弹簧那样张紧，鞋的前掌被足压住，后跟部位自由度相对较高，于是鞋的后跟与足分离，好似被足扯下去。这时，鞋帮上的皱褶压入足背皮肤，鞋底在滚动阶段保持原有的纵向屈挠，与支承面的接触面积极小。

用极坐标示波法可反映出全部运动过程。专家们观察了穿不同结构鞋时，步态特征的一些指标。

配有泡沫外底的鞋，走路时的步态均匀程度与不穿鞋时一致。穿着配有底纹的橡胶外底、软革鞋面的鞋走路时，步态略呈跳跃状。穿着各种橡胶或皮革做外底，钉钉工艺结合的鞋时，处于上述两种状态之间。

体重为80kg、以1.4m/s速度步行的人，穿着带底纹橡胶外底的鞋时，重心垂向移动范围约比穿泡沫橡胶外底的鞋时大18 mm，引起不必要的体力消耗，约为总能耗的40%。

步行过程中，影响体力消耗的另一因素是滚动时踝关节的抬起高度。在滚动角相同的情况下，滚动半径越长，体力消耗越大。不穿鞋走路的滚动半径最小，因为这时跖趾关节轴线，成为固定的旋转中心。穿鞋走路时，滚动开始时旋转中心处于跖趾关节轴线处，但由于鞋底具有一定的抗弯强度，旋转中心逐渐移向前尖，即滚动半径逐渐增加。鞋使跖趾关节受到约束，足跟抬起后以足尖为中心向前转动，滚动半径明显增加。外底的屈挠能力越差，滚动半径增加越大，表现为踝关节的抬起高度增加越多。穿着不同鞋底的鞋走路时，踝关节的抬起高度见表5-3。

表5-3 穿着用不同材料作外底的鞋走路时人体重心移动和踝关节的变化[4]

指标	泡沫橡胶	皮革	刻底纹橡胶		
			一号试样	二号试样	三号试样
人重心移动值/mm	42	—	48	48	60
足踝关节抬起高度/mm	60	72	72	66	78
足在滚动末瞬间，踝关节角度/(°)	23	17	19	19	15

穿着配泡沫橡胶外底的鞋走路时，消耗体力较大，但泡沫和无孔橡胶外底的屈挠性差别不明显，主要是因为泡沫橡胶外底的缓冲性能好，一部分能耗用于鞋底的变形。

观察踝关节角度发现，只有穿着泡沫橡胶外底的鞋，才能保证踝关节所需的灵活性。穿着其他外底的鞋，不同程度限制了踝关节的活动，可能导致膝关节和髋关节等的活动受影响。

足的屈挠性和鞋的屈挠性在蹬地中能影响蹬地效率，进而影响运动损伤的发生率。从理论上分析，适当屈挠性的鞋既不会改变足的易曲性，不会额外增加足部负担以克服鞋刚度进行屈曲，又能够辅助提高蹬地效率。

目前的商品鞋的抗弯强度为20~100N。穿着抗弯强度大（80~100N）的鞋走路，较易疲倦的原因，与足推动的生物力学变化有关。当鞋的抗弯强度超过50N后，步行中滚动发生变化，经后跟和全足的滚动时间延长，经足前部的滚动时间缩短，而经前尖端（脚趾）滚动的持续时间增加。足的滚动特性因鞋的抗弯强度而变化。

动力学测量与分析，首先要对运动过程的动力学指标进行准确测量和计算，这是描述和研究一切生物运动的动力学问题之基础。其中，力（矩）和作用时间测量是最基本的问题，以此为基础应用力学定律和相关理论方法计算其他动力学指标。人类一切活动都受外力影响，但人体自身肌肉系统收缩发力则是人体运动的主要原动力。因此，运动生物力学中的动力学测量与分析，最重要也是最复杂的问题之一是肌力测量与分析。

　　人体的各种运动都或多或少地与肌肉的活动有关。肌肉收缩时伴随有动作电位产生，用适当方法把伴随肌肉收缩的电位变化，通过电极引导出来，再经放大、记录，所得的图形就称为肌电图（EMG）。

　　一般来说，产生的肌力越大，肌电图的记录就越明显。肌电图是研究在不同人体姿势或运动状态下肌肉负荷的有效工具。图 5 – 36 为无线表面肌电采集系统的测量情况。

图 5 – 36　无线表面肌电采集系统图

　　根据肌电图，可以确定鞋的抗弯强度对足肌和小腿肌应力的影响。专家们考察了鞋的抗弯强度对腓肠肌内、外头、胫骨前肌、腓骨肌和足的两个肌（趾短伸肌和跖方肌）的应力的影响情况。

　　选取抗弯强度为 20、40、60、100N 的四种鞋，以穿着抗弯强度为 20N 的鞋步行时各肌的电活动性数据为基数，定为 100%。穿着抗弯弧度为 40、60、100N 的鞋不行时各肌的电活动性，按与基数的百分比表示，实验结果见表 5 – 4。据表可知，趾短伸肌和跖方肌承受的负荷增大。

表 5 – 4　　　　　　　　步行中肌的电活动性变化与鞋抗弯强度的关系[4]　　　　　　　　单位:%

肌名称	抗弯强度/N		
	40	60	100
趾短伸肌	113. 7	129	142
跖方肌	115. 4	114. 4	134. 4
腓肠肌内头	113. 5	120. 5	119. 9
腓肠肌外头	127. 4	112	109
胫骨前肌	98. 6	101	108
腓骨肌	106. 8	115. 6	114. 6

　　注：肌的电活动性为对原始值的百分比。

　　比较大的小腿肌，对鞋的抗弯强度的增长也有反应。穿着抗弯强度为 40、60、100N 的鞋与穿用抗弯强度为 20N 的鞋步行时相比，趾短伸肌的电活动性分别增加了 13.7%、29%、42%；跖方肌的电活动性增加了 14% ~ 42%；腓肠肌内头增加了 13.5% ~ 20.5%。

　　结果表明：随着鞋抗弯强度的增加，足肌和小趾肌的动作发生了改变以适应鞋的变化，从而增加了肌肉负荷。穿着抗弯强度差的鞋长时间步行，会较早地引起足肌和腿肌的疲劳。长期穿着屈挠性不足的鞋，使足肌连续过负荷，将引起足弓功能减弱。

　　与此同时，足指的总负荷量垂向增长了 3 倍，纵向增长了 5 倍。足指的过负荷不仅可能引起足损伤，还会使足的肌肉和韧带减弱。

　　足拇趾过负荷的危害性最大。在足拇趾蹬离支承面时承受过大的负荷，将使拇趾同时略微向外翻转，成为产生横向平足的基本原因。

穿着抗弯强度为 20～50N 的鞋步行时，足的滚动没有明显变化，60N 是极限抗弯强度。穿着抗弯强度高于 60N 的鞋步行，经后跟和全足滚动的时间延长，导致对足弓作用的时间延长。

从生理学的观点出发，抗弯强度高于 60N 的女鞋，不适宜穿用。

人的能耗量很难直接测定，一般利用摄氧量来间接测量。人体消耗 1L 的氧气平均产生的热量值称为氧的热量。这样，就可以通过测量人的氧气消耗量来测定人的能耗量。测量人的摄氧量也是比较麻烦的工作，一般采用"气流量计"来测量。

在步行中测定氧吸收量的试验中，使用了两种不同屈挠性的鞋，并且与穿棉线短袜步行的数据进行对比。

在试验中采用相同款式的平底沿条矮腰皮鞋，鞋的抗弯强度分别为 29N 和 68N。穿着不同抗弯强度的鞋走路时的体力消耗按照每种鞋的平均吸氧量计算，实验结果见表 5-5。

表 5-5　　　　　　　　　穿着不同屈挠性鞋类步行时的体力消耗[4]

能耗		鞋的抗弯强度/N		
		68	29	0（不穿鞋）
氧吸收量/mm³	步行 600s	1.197	1.147	1.107
	步行 2400s	1.228	1.187	1.154
能量消耗/J	步行 600s	411.6	390.6	375
	步行 2400s	418.6	404.9	383.7

从表 5-5 可以看出，穿着抗弯强度为 68N 的鞋步行 600s，吸氧量和能量消耗都高于穿着抗弯强度为 29N 的鞋。穿着抗弯强度为 29N 的鞋步行，吸氧量和能量消耗全大于穿短袜步行。

穿着抗弯强度为 68N 的鞋步行 600s 时，多消耗的能量约占穿短袜步行消耗能量的 9.8%，或占穿着抗弯强度为 29N 的鞋步行时的 5.4%。

为了对穿不同屈挠性的鞋和短袜走路时的能量消耗与产生的机械力进行对比，对步行过程拍摄影片。影片表明：鞋的抗弯强度越大，走路时的曲挠越小。穿着抗弯强度为 68N 的鞋步行时，曲挠角为 29°，穿着抗弯强度为 29N 的鞋步行时，屈挠角为 36°，穿短袜步行时，屈挠角为 48°。

不穿鞋步行时，足的屈挠不受阻碍，形成 48° 的屈挠角，48° 的屈挠角有助于在步行中保持最自然的姿势。

鞋妨碍足屈挠，足肌和腿肌的部分力量消耗在平衡鞋作用上，也就是用于静力功，穿着屈挠性不够的鞋步行，动力功的变化与肌的静力功的增长有关，而肌的静力功从外表上又看不出，这是导致较高的能量消耗的原因。增加的能量消耗与肌的静力功有关，这最容易使人疲劳。

由不穿鞋走路转为穿鞋走路，足在逐渐适应，足减小了屈挠角，与足屈挠到自然姿势时所需的功相比，减少了机械功，增加了静力功，因为鞋被屈挠时产生弹力，静力功用于平衡鞋的弹力。人们动用大量的肌力来保持平衡姿势，当鞋的抗弯强度超过限度时，支承面积减小，人体的稳定性降低。

穿着屈挠性不够的鞋走路时，鞋的屈挠角由35.3°下降到25.5°时，脚后跟不时从鞋中滑出。

穿着屈挠性较差的鞋与屈挠性较好的鞋步行时，踝关节肌的工作负荷高2.5倍以上，分别为15.6%和6.2%。鞋的屈挠性降低时，足皮肤的湿度明显升高，穿着屈挠性不好的鞋步行，皮肤温度平均上升1.6℃，这是多消耗体力引起的。

鞋的屈挠性与结构形式，材料种类和部件的连接方法有关。鞋底厚度和鞋帮底结合方式影响抗弯强度，鞋底厚度影响各横断面的转动惯量，鞋底既薄又软时，鞋的屈挠性好，但易伤足底，引起足部肌肉萎缩，韧带伸张，导致行走时的能耗增加。应该在鞋的屈挠性和保护性之间找到平衡点。

鞋帮底结合方式影响各部件间的相互位移，即在横向负荷的作用下，改变鞋底的抗弯强度。

橡胶底胶粘鞋用胶粘剂来粘合，最易屈挠。采用螺钉或木钉结合工艺的鞋，刚性最大。线缝鞋的屈挠性处于胶粘鞋和钉钉鞋中间。

橡胶底鞋不论采用哪种帮底结合工艺，都比革底鞋易于屈挠，所需的屈挠力比革底少35% ~45%。

五、 滚动性

人体行走时，足部依次经历了足跟着地、足中期支撑和前足蹬伸期。在此期间，足弓和足底形状都发生了改变，特别是在前足蹬伸期，需要足绕跖趾关节旋转，产生人体重心的向前移动，提供人体前移的推动力。

当穿上鞋后，足部的运动受到鞋的制约，可能会影响跖趾关节的屈挠。当鞋的屈挠性较好时，不会影响足部的滚动过程，鞋的屈挠性不太好时，会影响跖趾关节的屈挠程度，当鞋完全不能屈挠时，便无法实现足的滚动，必然引起步态的根本改变，需要在鞋的前尖结构上进行改进。

穿着高度为40~45mm、装有外底组合件的鞋时，如果组合件不能屈挠，为了实现正常的步行过程，保证前足蹬伸的顺利实现，必须在外底前头部位做一个斜坡，以保证足更好地滚动。斜坡的存在，很像摇臂上的所谓平衡轮廓。

由外底前尖部位的最合理形状，可计算出前尖部位的前跷高，斜坡角度和斜坡起点等，如图5-37所示，这种推荐的斜坡形状，能保证腰窝部位的正、负应力都是最低的。其中，50mm的距离与足跖骨头的位置相对应。

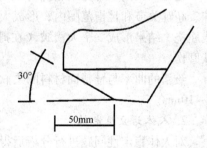

图5-37　腰窝部位的倾斜角度

对于足所承受的作用进行的研究表明，斜坡角和腰窝部位倾斜角与支承面的角度之和，大约应为50°，如图 5 - 38 所示。

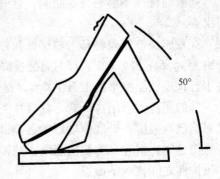

试验证明，当足腰窝部位的倾斜角约为 20°时，斜坡角约为 30°时的应力最低（图上看到的尖形倾斜边缘，实际上已倒成圆角）。

当鞋能够屈挠时，也可在鞋的前尖和后跟部位进行类似的结构处理，以便于减少屈挠的阻力。在国外，有许多国家为驾驶员生产了专用鞋，它的前尖和后跟部位倒了圆角。人们通过脚踏板来操纵汽车。这时作为驾驶员足的支承部位是鞋跟后缘。

图 5 - 38　外底前尖部位的坡度

六、 稳定性

鞋类应保证人站立或运动时的稳定姿势。稳定性与许多因素有关：人体测量参数、鞋帮和鞋底的结构特征及形状稳定性等。稳定性分鞋的形状稳定性和站立与运动时人体的稳定性两大类。

1. 鞋的形状稳定性

形状稳定性是鞋在制造过程中取得的形状，在一定的使用条件和要求的时间内，保持形状不变或变形很小的能力。

鞋在使用过程中的形状改变（变形）分为两个阶段。在第一阶段，穿上新鞋后，鞋略有变形，符合足的特点。在这一阶段，形状的改变几乎不影响鞋的外观，这种变形（跟脚性）是有益的和必需的。

在第二阶段，变形使鞋面原有尺寸横向增加（把鞋子撑大），在鞋帮的跖趾关节和踝关节范围形成皱褶。

足在一天内平均完成屈挠约 6000 次。经过这样多的屈挠，在皮革鞋帮面上，在内外踝、跖趾关节和足指范围内，形成大量微细皱褶；而在合成材料的鞋帮面上，大多沿一条线屈挠，结果形成一个大褶皱（在拇趾根部），这一皱褶使足受到不断的挤压，并引起皮肤磨伤。

皱褶的曲率与鞋帮面材料的柔软度有关。软材料的曲率半径为 0.5 ~ 1mm；硬材料为5 ~ 10mm。

2. 人体站立稳定性

对人体稳定性问题进行分析后得出：人在站立时，经常出现身体前后向（在矢状平面内）和左右向（在冠状平面内）的摇晃。人在疲劳后闭眼，或在患有一系列神经系统的疾病时，摇晃幅度可能变化。

人站立时体位的不稳定性，应根据自由度数来确定。据专家计算，人体约有 105 个自由度，这是因为人体重心位置较高，支承面又较小的缘故。

肌肉感受器、关节感受器、视觉、前庭器官等，都参与站立姿势的调节。它们的正常机能与中枢神经系统相互作用，就能保证维持站立姿势。关于静止（自然）站立条件下的身体稳定程度，通过身体重心的摇动幅度和频率来衡量。若在两只足底面之间连以两条直线，一条与足跟相切，另一条与足指相切，则介于这两条线和足外侧面间的面积，就成为支承面积。只有在人体重心的垂线不超出支承面的范围情况下，才能保持身体平衡。如果重心不能落在支承面积上，则失去平衡，如果不能及时调整身体的姿势，人就不可避免地摔倒。

站立稳定性与人体测量参数有关，如体重、身高和脚长。身体的摇晃与身高成正比，与体重和足的尺寸成反比。身体高大、体重不大而足又小的人，与矮个体重大而足又长的人相比，站立稳定性更差。

人体的平衡离不开肌肉的收缩作用，即使一般的站立动作也需要肌肉产生肌紧张来维持人体的站立姿势。这样，肌肉必然要消耗一定的生理能。长时间的保持平衡，能量消耗增多，肌肉出现疲劳会使人体控制平衡的能力降低。

鞋的结构和制造工艺也影响人体站立的稳定性。鞋的下列因素影响人体稳定性：鞋帮结构、中间部件的结构（主要是刚性主跟）、鞋底部件的结构以及鞋的帮底结合工艺。

鞋的稳定性来源于两方面，首先，贴足但不挤足的鞋腔，给人一种裸足的感觉，足跟与鞋后跟及后掌有机地构成一个整体，全无滑动及晃动；其次，鞋和地面间的摩擦力过大会对膝和踝产生过度的压力，而太小的摩擦会影响步态及甚至滑倒，因此，鞋底的摩擦应控制在一个适宜的范围内。

穿着鞋帮比较敞开的鞋，即盖住足面较少的鞋时稳定性差。穿着敞开式的鞋，特别是高跟鞋，其鞋帮有时由窄的带条构成，足不能保持稳定姿势。影响人体稳定性的还有：脚后跟和踝关节被鞋帮部件包围的严密程度、鞋底部件的形状（经常与结合工艺有关）和鞋底部件的厚度，这些因素对稳定性起决定性作用。此外，内底支承面的形状及内底与足的解剖生理学特征的对应情况也影响稳定性。如有些运动鞋的鞋底中增加一个支架，从中段一直延伸至后跟的支架为足弓部分提供了优异的支撑性与稳定性。

对人体稳定性有显著影响的是鞋跟高度及其形状、鞋跟和外底的支承面积。后跟座的加宽可以使鞋穿起来更为稳定可靠，防护作用强，已成为运动鞋的一大特色。鞋跟究竟有益还是有害，到目前为止，还没有建立统一的见解。大多数矫形外科医师认为：男鞋跟高为 2~3cm，女鞋跟高为 2.5~4cm，童鞋跟高为 0.8~2.5cm 最合适。

鞋具有良好的稳定性的特征如硬鞋底、花纹和足弓的支撑，是为了使足不在鞋子里滑动并且保持鞋与地面的接触。但是太硬的鞋子不能保护足抵抗冲击力，而且会限制一系列复杂的运动。

稳定性好的鞋将增加鞋重，应尽量在减少鞋重和减震及固定足的位置之间平衡。采用轻型材料，去掉不必要的材料等方法都可以减轻鞋重。

3. 侧向稳定性

人在行走和跑跳等运动时，可能会突然出现足向内侧或外侧倾斜的现象，这可以用侧向稳定性来表示。侧向稳定性是预测踝关节损伤的一个指标，踝关节损伤是最常见的运动损伤之一，40%~45% 的运动损伤是踝关节损伤，85% 的踝关节损伤是崴脚。损伤后易导致踝关节不稳定（经常反复损伤），没有有效的治疗方法，预防有重要的意义。

改进运动技术和避免运动损伤是未来运动生物力学的主要研究趋向，其中，鞋的结构也会影响人体的侧向稳定性。在鞋的侧向稳定性方面可以用小腿轴心线和受力作用线的夹角 α 的方向及大小来评估鞋对踝关节的保护作用，如图 5–39 所示。受力作用线到小腿轴心线顺时针旋转 α 为负，逆时针旋转 α 为正。

α>0 则为外翻，α<0 为内翻。既然崴脚主要是过度内翻造成，α 越大，说明发生翻转的可能性越大，侧向稳定性越差。

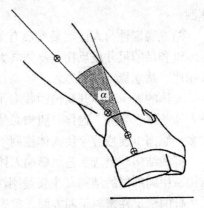

图 5–39　脚外翻示意图

侧向稳定性与鞋的结构有密切关系。当鞋后跟太软时，足容易陷在里面，引起扭脚。有些设计尝试使鞋跟和鞋底侧向延长，类似矫正鞋的原理，大大增加了防护力度。

对于后足稳定，其最重要的功能部位即后跟鞋帮。高帮鞋和中帮鞋的后领口高度，应该盖过足踝骨，即通过鞋筒侧边束缚来控制鞋中足的方法，测向运动稳定性可大大改善，有保护踝关节的作用，矮帮鞋后领口的高度在踝骨球之下，不妨碍踝关节的运动功能。篮球鞋设计成中帮结构，就是为了增大防护的作用，特别是统口两侧，要有一定的硬度，预防踝骨关节翻转造成的伤害。篮球鞋的统口长度比一般鞋要小一点，可以增加抱足的能力；后帮的高度低于高帮鞋，是为了使足腕运动灵活。篮球鞋的前跷比较低，稳定性好。

高帮能在一定程度上保护足踝，但是鞋类还有很多别的性能需要考虑。专业运动鞋主要依据运动性质进行设计。篮球运动由于运动员密集，且横向移动相对较少，为防止足踝受伤因而多用高帮鞋。狩猎鞋和高尔夫球鞋等采用高帮是为防止杂草、露水及砂石等的侵入。田径鞋中，径赛鞋多为矮帮，田赛鞋则高帮居多。

绝大多数剧烈对抗性运动适合穿矮帮鞋以保证灵活性，如足球、乒乓球、羽毛球等。可以采用在矮帮鞋内衬和外部材料之间使用稳定片等后足的支架系统，提供侧向移动时的稳定性，防止外翻，保证后跟稳定性的控制、力的传导和支撑，起到为足的跟部提供附加支撑的作用。

七、　跟脚性

人们在购买鞋时都要试一试鞋是否合脚，鞋太小时，鞋帮对足的压力太大，超出允许值范围，则会造成人体疲乏，甚至骨骼变形，严重损害身体健康。鞋太小时，影响支承足弓的肌肉有节奏的收缩，即足落地时足弓伸长，抬足时恢复原状，从而限制了足底的弹性。

鞋太大时，鞋对足压力太小，不利于人体防护、妨碍运动效率的提高，且不符合审美观点。此时，足与鞋难以成为一个整体，运动时，足在鞋内移动量过大，同时损失了稳定性，足也缺乏侧面的支撑，可能使连接系统的关节受到损伤。足在鞋内的移动增大引起连续的足与鞋底的摩擦，使后跟和脚趾部位变硬，产生老茧，感觉很累，也就是常说的鞋不跟脚。

1. 鞋类的跟脚性

鞋类必须很好地贴服在足上，以尽量使足和鞋成为一个整体。鞋类能够很好地贴服在足上的性能叫跟脚性。根据鞋帮覆盖程度的不同，鞋类通过下述方法贴服在足上：由于大面积与足贴合产生的摩擦力（例如靴子），或通过小皮带、鞋带或弹性松紧。浅口鞋通过沿口皮的拉力和主跟的弹性保证跟脚性。

最有代表性的结构，是通过包围足和小腿的不运动部分，使鞋贴服在足上。例如，使鞋外底跟在足上的最简单方法，是使用贴服在脚趾上的小皮带。控制部件可以布置在足上（足背－腰窝部位）和小腿上（在踝关节上方和膝关节下方）。

有多种鞋利用弹性松紧布使鞋跟脚。矮腰男皮鞋的松紧布安排在跗背部位或两侧，高腰皮鞋的松紧布安排在踝关节部位，而女靴的松紧布则安排在靴筒上部和膝关节下面。

采用最广泛的是利用不同宽度和不同形状的小皮带使鞋跟脚。改善后跟部位鞋里的摩擦性能，也可以达到鞋跟脚性的目的。

跳台滑雪运动员穿的芬兰式鞋，在高腰皮鞋内怀后跟部位上方，有一个专用弹性小轴，有助于在运动员完成跳跃动作中，当身体向前倾斜的角度很大时，防止足从鞋中脱出。

2. 跟脚顺序

成品鞋在日常行走时鞋的各部位贴服在足上有一个顺序。行走时，鞋中第一个贴服在足上的部位就是跗背部位，其次是后跟部位，再次是口门部位。如图 5–40 所示鞋的跟脚性为：1（足跗背部位）→2（后跟部位）→3（口门部位）。

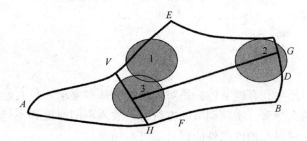

图 5–40　鞋的跟脚性

A—楦前端点　B—楦后身下端点　D—后跟凸点　G—楦后跟高度控制点　V—跖趾围长与
背中线的交点　E—口裆控制点　F—腰窝部位点　H—跖趾围长与楦底的交点

下面看一看在不同类型的鞋中保证跟脚性的应用情况：

① 无后跟的拖鞋：如图 5–41 所示的拖鞋没有后跟，鞋的跟脚性会受到影响。考虑到跗背是跟脚第一顺序部位，所以可适当加强此部位的跟脚性，应使鞋的前脸长度较长，跗背部位在 E 点附近的款式设计保证了拖鞋的跟脚性良好。

② 如图 5–42 所示的浅口鞋没有跗背，考虑跟脚性时，以加强后跟部位跟脚性为重点，在鞋楦设计时后跟上部的肉体要小一些，明显小于脚后跟宽度，目的就是为了增大脚后跟和鞋帮的压力，以增大摩擦力，从而改善跟脚性。

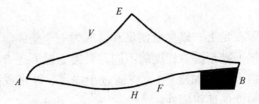

图 5 - 41　拖鞋的跟脚性

A—楦前端点　B—楦后身下端点　V—跖趾围长与背中线的交点
E—口裆控制点　F—腰窝部位点　H—跖趾围长与楦底的交点

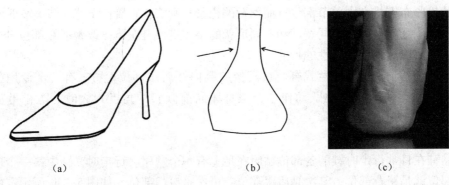

（a）　　　　　　　　　　（b）　　　　　　　　　（c）

图 5 - 42　浅口鞋的跟脚性
（a）浅口鞋　（b）鞋楦　（c）脚后跟

八、调节性能

鞋的内部形状和尺寸具有调节性，是对鞋结构的基本要求。只有鞋具有一定的调节性能，才能适合不同的人穿着。实现调节的方法有：放入不同厚度和不同底面的鞋垫，变换鞋面结构特征、鞋面材料和辅件的性能以及通过专用装具。

在成鞋中，在足背和鞋面之间，应保留一定间隙，以便利用鞋带经鞋眼和鞋钩调节间隙。这种滑动调节可以均匀而适当严密地将鞋固定在足上，保证鞋的内部形状与足的尺寸相适应，又不压迫血管和神经。如在鞋身中段用质地柔软的材料，在系紧鞋带之后可以让鞋身对于双足的包裹性得到增加，以提高跟脚性，同时还提供了一定程度的支撑性。

也可以利用小皮带或鞋扣进行调节。采用这种方法进行调节，受限于皮带长度、皮带上孔的数量、孔的间距等，是一种比较粗的分级调节。

障碍滑雪鞋采用的方案与上述相似，但结构比较复杂，使用更为方便。采用特殊的扣（"蛙式扣"）代替鞋带，"蛙式扣"由铰接的异形丝状和分三四挡的突缘杠杆组成，系鞋时用环勾住杠杆的突缘。由于足的宽度不同，环套在杠杆上最合适的突缘上。环和杠杆固定在障碍滑雪鞋的帮面上。

"蛙式扣"的优点非常明显。经过几分钟的下滑运动，运动员需要在几秒钟内迅速地松开鞋，使足能在上坡期间略事休息，为下一次出发做好准备。在出发前 5～10s 内可以迅速地将鞋系好。

某些鞋的帮面结构，为了较好地与足贴合和便于调节，采用了有弹性的松紧布。例如，某些矮腰皮鞋和体操鞋在足背上采用了松紧布，而另一些皮鞋、高腰皮鞋和靴子在两侧采用松紧布，滑雪矮腰皮鞋在后帮上口采用松紧布。

利用特殊装置进行调节的方法具有特殊地位。例如，在障碍滑雪鞋中，在鞋面和鞋里材料之间，有特殊的橡胶舱，可用气筒向舱内打气，这种结构既可保证严密地与足贴合，又能保持必要的挤压程度。

以上介绍了七类受足功能制约鞋的生物力学性能，这些生物力学性能间可相互影响，如为了增加鞋底的保护功能，需要增加鞋底厚度，而随着厚度的增加，鞋重增加，屈挠性降低，而鞋重的增加和屈挠性的降低势必会影响人的运动，造成更多能量的消耗，使人容易产生疲劳感。因此在设计时应综合考虑实际应用情况，充分协调各性能间的关系，达到最佳的组合。如排球运动员训练时选择厚底鞋以尽量避免运动损伤，比赛时选用较薄鞋底的鞋获得更"接近"地板的感觉且减轻鞋重。

从具体的技术指标到主观感觉，这就意味着利用这些知识，理解消费者各种感觉知觉的物理机理，应用统计学的方法，建立预测模型，达到产品功能设计的目的。

在鞋的生物力学研究中，牛顿力学对肌肉、骨骼、关节系统的力学特征及在解决人体运动器官和整体运动之间的因果关系，把握人体运动行为生物力学规律的本质方面还有相当困难，需采取其他手段作为补充。

生物体，即活体系统的机械运动方式有两种：一种是生物体自身发生形变，即生物体的一部分相对于另一部分的位移运动；另一种是生物体相对于环境而发生的位移运动。

牛顿力学基本定律描述的是无变形的绝对刚体的运动。生物体运动时要发生明显的不遵循固体力学规律的形变，例如，脊柱和胸廓的形变是最明显的。因此，各种力对生物体所做的功，既要消耗于整体的位移，又要消耗于形变。总是存在着能量的损失和耗散，如机械能转化为热能。生物体的运动是在肌肉张力和外部机械力（重力、支撑反作用力和摩擦力等）相互作用下产生的。而肌肉张力则受神经系统所调节，受生理过程所制约。

生物界并不存在特殊的力学定律，但是由于生物体（即活体系统）有别于抽象的绝对刚体，所以生物体的机械运动要比绝对刚体的运动复杂得多。因此，在把一般力学定律应用于活体对象时，既要考虑到力学特点，又必须估计到生物学特点。

人体所受到的外力与身体重心的加速度往往并非同步，即加速度通常滞后于外力，其原因是力在身体内传递需要时间，牛顿力学只适合于经典运动中的"作用即时传递"的理想情况。这也是体育运动中在用力阶段，如踏跳、击打时，强调身体瞬间刚化的原因，其目的是提高"作用即时传递"的效果。

人体的运动是客观世界中最复杂的现象之一。这不仅是因为运动器官的构造和功能十分复杂，更重要的是意识参与了这项活动。

人同动物的运动之间的相同之处仅在纯生物学的水平上。

人所进行的运动，不单纯是动作，而是以各种运动形式实现的，是一种完整的行为。行为又总是有它的目的性，而动作的合理性和目的性又应当是一致的。

复习思考题

1. 鞋类功能的物质表现是什么？为什么？

2. 鞋类的高质量是指什么？

3. 现代鞋类的功能主要包括哪些？

4. 足运动生物力学的研究方法有哪两类？特点如何？

5. 举例说明足的运动生物力学应用的基本力学原理有哪些。

6. 目前，足的生物力学性能的实验研究主要从哪些方面开展工作？举例说明研究工作对鞋类设计有什么指导作用。

7. 可以用哪些参数描述步行特征？

8. 足底压力测量的核心技术是什么？目前应用较多的形式有哪些？常用测量指标有哪些？

9. 足底压力测试提供的信息有哪些？

10. 穿鞋对足部关节的生物力学性能有何影响？

11. 为什么通过鞋垫的设计可以改善鞋的舒适性？其设计程序如何？

12. 足弓在行走和跑步时起什么作用？为什么？

13. 为什么说足弓的形状和弓上两点间的距离是可以改变的？

14. 足在运动中的特点如何？鞋类的运动性能分为哪两类？

15. 足在运动中受哪两类力作用？一般情况下，每类力包括哪几个分力？

16. 分析人在走路时的步态情况。跑步和走路时，步态的主要区别是什么？

17. 受足功能制约的鞋类生物力学性能有哪些？简要说明这些性能对走路时的舒适性有哪些影响？

18. 什么叫肌电图？肌电图在鞋类的生物力学分析中有什么作用？

19. 在鞋类设计中，哪些因素影响鞋的生物力学性能？

20. 请分析高跟鞋的稳定性为何较低。

21. 什么叫跟脚性？鞋类通过哪些方法保证跟脚性？

第六章　鞋的环保性能与卫生性能

人类对鞋的要求是多方面的，本章主要讨论对鞋的环保和卫生性能方面的要求。只有当鞋具有良好的环保性能和卫生性能时，才能保证足的健康，并不造成周围环境的污染。

人类无时无刻都在进行新陈代谢，而且需保持新陈代谢的平衡，新陈代谢产物对人体有较大的影响，也对鞋的卫生性能提出了要求。了解人机体的代谢情况，是讨论鞋的卫生性能的基础。

第一节　人机体的代谢功能和感觉性能

一、　人机体的代谢功能

人的机体为恒温系统，具有恒定的内部温度。实现恒温的必要条件是不停顿的物质代谢，这是物质变为能量过程中的物理、化学变化的总和。复杂有机化合物的势能，在它裂解时释出并转为热能。在人的机体中由于进行化学过程，保持最适温度约 $37\,℃$；只有这一温度下才能协调地实现生命过程。遇冷皮肤血管收缩，热损失降低，散热减少。此外，进入皮肤毛细血管的血液减少，可减少散热。在高温下发生相反过程：血管和皮肤的毛细血管扩张，进入毛细血管的血量增加，热散失提高。

1. 皮肤的作用

皮肤在肌体中所起的作用可以划分为以下三个方面：

①呼吸：皮肤吸入人体总耗氧量的 0.7%，并不断地伴随水分排出二氧化碳气体。人的皮肤排出的二氧化碳，在很大范围内变化——每昼夜 2 ~ 32g。周围的空气温度增加到 $40\,℃$ 时，二氧化碳的排出量增加 0.5 ~ 1 倍。

②参与物质代谢：包括水分、盐分、蛋白质、碳水化合物和脂肪的代谢。皮肤的功能失调，立即引起人体机能的生命活动障碍。

③保持机体的热平衡：体温只有在热平衡保持均衡时，才能保持大致不变，亦即人体产生的热与传给环境的热是等量的。

人机体的热平衡主要与产生的热量有关。机体产生热能是血液吸收营养物质的结果。一种能量转化为另一种能量，物质代谢的强度与个体（性别、年龄、体重等）特征和状态有关，同时还与环境条件（空气温度和湿度等）有关。

能量代谢分为三种，即基础代谢、安静代谢和活动代谢。

人体代谢的速率随人所处的条件不同而不同。生理学将人清醒、静卧、空腹（食后10h 以上）、室温在 20℃ 左右这一条件定为基础条件。人体在基础条件下的能量代谢称为基础代谢。

安静代谢是指作业或劳动前，仅仅为了保持身体各部分的平衡及其某种姿势条件下的能量代谢。

活动代谢是人在从事特定活动过程中所进行的能量代谢。

人在安静状态下能量消耗低。低温的环境导致物质代谢提高，高温引起下降。进行体力劳动时，人的机体只能利用能量的 60%。

人体通过新陈代谢作用将食物转化为能量的速率，简称新陈代谢率。为了减少个体差异对计算人体代谢产热的影响，通常新陈代谢率以单位体表面积的代谢热量来表示。

实际测定结果表明，基础代谢率随着年龄、性别等生理条件不同而有所差异。通常，男性的基础代谢率高于同年龄的女性；幼年比成年高，年龄越大，代谢率越低。我国正常人基础代谢率的平均值如表 6 – 1 所示。

表 6 – 1　　　　　　　　　　中国正常人的基础代谢率平均值[5]　　　　　　　单位：kcal/(m² · h)

性别	年龄/岁						
	11 ~ 15	16 ~ 17	18 ~ 19	20 ~ 30	31 ~ 40	41 ~ 50	51 以上
男	46.7	46.2	39.7	37.7	37.9	36.8	35.6
女	41.2	43.4	36.8	35.1	35.0	34.0	33.1

注：1kcal = 4.18kJ。

我国人体表面积的经验公式为

体表面积（m²）= 0.0061 × 身高（cm）+ 0.0128 × 体重（kg）- 0.1259

人在从事许多运动或工作时，尽管感到很费力，消耗的能量很多，却往往只做了很小的功，甚至没有做功，他所消耗的能量绝大部分甚至全部转化为体内发热了。通常用机械效率 η 来描述做功的程度，其计算式为

$$\eta = \frac{W}{M} \times 100\%$$

式中　W——机械功

M——新陈代谢率

人对某种特定的活动有比较稳定的机械效率，但对不同的活动，其机械效率是不同的，机械效率随活动强度的增加而增加。无论是不同的人之间或是同一个人在不同时间内，机械效率的变化是很小的。即使人在做有效功时，其机械效率也是很低的，机械效率的生理上限为 20% ~ 22%，机械效率达到 25% 的体力活动是生理极限。

2. 人体的热散失

热传递有三种方式：传导、对流和辐射。人体产生的热量应散入环境，这种热的90%经身体表面以传导、对流、辐射以及汗的挥发等形式传递，约10%的热通过呼出的空气和其他物理排泄物带出。

在20℃温度下人体的热损失平衡见表6-2。

表6-2　人体各种热传递方式传出的热量[4]

动作	热损失/%
辐射	50
传导	20
挥发	20
呼吸	10

物体受某种因素的激发而向外发射辐射能称为辐射，由于物体内部微观粒子的热运动而使物体向外发射辐射能的现象称为热辐射。任何物体只要温度高于绝对零度，就能辐射电磁波，这种电磁波能被物体吸收而变成热能，故称为热辐射。物体温度越高，辐射越强。在温带气候的正常条件下，当身体表面裸露时，身体排出热量的40%~60%通过辐射传出。

热从物体温度较高的部分沿着物体传到温度较低的部分，叫作热传导。热传导是固体中热传递的主要方式。人体的热传导局限于人体表面与硬介质（例如支承面）接触的部分。由于传导损失的热量，与温度梯度（即身体表面与硬介质的温度差）、介质的导热性、层的厚度，以及参与通过传导方法传送热量的身体（足）表面尺寸等有关。

流体中温度不同的各部分之间发生相对位移时所引起的热量传递的过程称为对流。对流分为自然对流（移动的介质输送热量）和强制对流；强制对流是利用通风装置加强空气流动速度。在一般情况下，两种对流同时存在，强制对流增长时，自然对流下降。

人体吸入周围环境中空气，通过与肺部的对流换热，呼出气体温度升高，从而对外界散热。由于肺部水分蒸发，呼出空气含湿量增加，而吸入和呼出的干空气质量变化很小，则蒸发带走汽化潜热。

人体表面的挥发也向外传递热量，人的皮肤在生命活动过程中，不断排泄水分。在正常的气候条件下，人的皮肤以水蒸汽形式排出水分。皮肤的这种排泄水分的方法，叫作不显汗。

当温度超过30℃且空气的相对湿度较高时，由于重体力劳动，汗可能以水滴形式排出，这是皮肤汗腺激烈活动的结果。腿排出的汗量，每昼夜可达200~300cm³。

人体排出的汗，呈无色液体，密度为1.001~1.006t/m³，其中水分占98%~99%。除了水以外，在汗的成分中包括氯化钠、乳酸、尿素和许多其他物质。

刚排出的汗呈酸性，在细菌作用下，汗很易分解，成分改变，变成碱性。

人排汗完成数项功能：温度调节，血压和淋巴压力的调节以及物质代谢。人体表面每挥发1g汗，约排出热量2.748kJ。

通过皮肤排出的水分，占人的机体排出水分总量的50%~75%，甚至更多。

人体排出的水分，除总量变化以外，发汗与不显汗间比例，也在变化：当环境温度超过30℃时，可能开始滴汗。

在不同状态下，足的水分排出量也不同。

出汗量的多少除了与运动量有关外，还与汗腺分布密度有关。每昼夜皮肤经皮脂腺排出皮肤脂 15～40g，其中包括脂肪酸、脂肪、盐类和硬蛋白等。

二、 人的感觉和知觉

1. 感觉

感觉是有机体对客观事物的个别属性的反映，是感觉器官受到外界的光波、声波、气味、温度、硬度等物理和化学刺激作用而得到的主观经验。有机体对客观世界的认识是从感觉开始的，因而感觉是知觉、思维、情感等一切复杂心理现象的基础。

感觉是人了解自身状态和认识客观世界的开端。

2. 知觉

知觉是人对事物的各个属性、各个部分及其相互关系的综合的整体的反映。知觉必须以各种感觉的存在为前提，但并不是感觉的简单相加，而是由各种感觉器官联合活动所产生的一种有机综合，是人脑的初级分析和综合的结果，是人们获得感性知识的主要形式之一。知觉是在感觉的基础上产生的。感觉到的事物个别属性越丰富、越精确，对事物的知觉也就越完整、越正确。

感觉和知觉都是当前直接作用于器官的客观事物的反映。但感觉所反映的只是事物的个别属性，如形状、大小和颜色等。通过感觉，还不知道事物的意义；知觉所反映的是各种属性在内的事物的整体，因而通过知觉，就知道所反映事物的意义。其联系是：感觉反映个别，知觉反映整体，感觉是知觉的基础，知觉是感觉的深入。

由于感觉，人可以分辨气味和物体的粗糙度等。

鞋的使用条件取决于环境特征以及环境可能对鞋和人施加的作用。鞋类的穿着条件，分为自然环境和人工环境，这一环境是由于人类有目的性的活动结果而形成的。在不同环境下，人们穿同样鞋时的感觉不同，对鞋类的要求有所不同。运动时受物质交换制约的性能即为卫生性能。影响卫生舒适性的因素与水分、热量和空气的传递特性有关。

知觉是个体以其已有经验为基础，对感觉所获得资料而做出的主观解释。通过长期的积累，人们具有了一定的经验，如冬天的时候看见毛绒绒的鞋就觉得很暖和，真皮帮面鞋的透气性就好等，这对于鞋材的选择和款式的设计具有重要的意义。这也是知觉在鞋类设计中的具体应用。设计师可通过造型、色彩和材料等设计语言，进行组合设计，利用人们以往的知觉经验与错视，达到弥补缺陷、展示美丽的作用。

第二节　鞋的环保性能与卫生性能

人在不同气候条件下生活和劳动时，温度调节机能具有一定的局限性，因此，鞋应辅助人体完成温度调节功能，有助于机体在寒冷的季节减少热量散失，在炎热的季节有利于人体散热；鞋还需保证足皮肤的呼吸，即能够透入氧气，排出 CO_2 等。

人的机体在生命活动过程中，连续排出水汽、气体和热量，且聚集静电。因此，除了温度调节和皮肤呼吸功能以外，鞋还需及时排出鞋腔中的生命活动分解产物以及静电荷。

除此以外，鞋还应具备脚感舒适、无讨厌气味和不吱吱作响等。

为保证上述功能，鞋应具备综合卫生性能。

鞋与其他日用品一样，首要的要求是不能含有有害物质，具有环境友好性。

目前，世界制鞋行业的发展趋势是制造舒适、无害和环保的产品。欧盟对鞋中的有害物质（甲醛、重金属、可分解有害芳香胺染料、五氯苯酚和亚硝基胺等）限量制定了一系列标准，代表着鞋产品的发展趋势。

严格控制鞋中有害物质的含量，必须从鞋用原材料开始控制。

一、鞋类产品中的常见有害物质

鞋的卫生安全性能技术要求是指为避免鞋对人体健康造成损害而提出的相关要求。制鞋帮面材料主要有纺织材料和皮革。目前，国家相继发布了对纺织材料和皮革中有害物质限量的标准《GB 18401—2003 国家纺织产品基本安全技术规范》《GB 20400—2006 皮革和毛皮有害物质限量》以及《HJ/T 305—2006 环境标志产品技术要求·鞋类》，分别对纺织品、皮革和毛皮以及鞋类产品中有害物质提出了限量要求，主要项目有甲醛、有害染料、可萃取的重金属、五氯苯酚和六价铬等。

除了有害物质外，还需控制纺织品、皮革和毛皮以及鞋类产品的 pH。

1. pH

人的皮肤与外界直接接触，正常的人体皮肤呈酸性，pH 在 5.5～7.0。如果由于外界因素致使皮肤的 pH 偏离正常值，会导致皮肤病（如皮肤感染和接触性皮炎）的发生。皮肤的 pH 还可以直接或间接地调节皮肤的生物活性和角质层的生物特性。

属于中性（pH 为 7）或微酸性（pH 略低于 7）的皮革和纺织品不会使皮肤的 pH 偏离正常范围，不会破坏皮肤及其防护功能；pH 偏高或偏低的纺织品和皮革长期与皮肤接触，会使人体皮肤的 pH 发生变化，偏离正常范围，破坏皮肤的防护功能，轻者造成有害细菌在皮肤上繁殖，损伤皮肤，发生炎症或诱发皮肤过敏，重者会严重影响人体健康。因此，我国的纺织品和皮革标准均对 pH 做了严格规定：《GB 18401—2003 国家纺织产品基本安全技术规范》要求婴幼儿用品的 pH 为 4.0～7.5，直接接触皮肤产品的 pH 为 4.0～7.5，非直接接触皮肤产品的 pH 为 4.0～9.0；《QB/T 1873—2004 鞋面用皮革》和《QB/T 2680—2004 鞋里用皮革》规定皮革的 pH 为 3.5～6.0。

pH 异常的原因一般是工艺设计不合理或产品水洗不够充分。

2. 甲醛

甲醛能使蛋白质分子交联、凝固，对人体细胞而言是一种毒性物质。过量甲醛会对眼睛和呼吸道黏膜产生强烈刺激，导致呼吸道上皮发生持续性增生、鳞状上皮化、炎症和溃疡，并对人体免疫系统造成影响，诱发哮喘。此外，过量甲醛还会干扰人类 DNA 的复制过程，从而造成重要基因如抑癌基因丢失，继而引发肿瘤和血液病。

《GB 18401—2003 国家纺织产品基本安全技术规范》规定纺织产品中甲醛含量为：婴儿用品≤20mg/kg，直接接触皮肤的产品≤75mg/kg，非直接接触皮肤的产品≤300mg/kg。《GB 20400—2006 皮革和毛皮有害物质限量》规定皮革产品游离甲醛含量为：婴儿用品≤

20mg/kg，直接接触皮肤的产品≤75mg/kg，非直接接触皮肤的产品≤300mg/kg。《HJ/T 305—2006 环境标志产品技术要求·鞋类》规定鞋类产品使用的纺织品中可提取的甲醛含量应小于75mg/kg，鞋类产品中可提取的甲醛含量应小于150mg/kg。

若鞋用原材料生产中使用了甲醛，则鞋在穿着和贮存过程中，在一定温度和湿度下，部分未交联的甲醛和水解产生的甲醛会释放出来，造成环境污染，影响人体健康。

3. 有害染料

绝大多数偶氮染料本身并不具有致癌性，所谓的致癌偶氮染料是指被人体吸收后，在人体正常代谢的生化条件下，可能发生还原反应转化为致癌性芳香胺的染料。

《GB 18401—2003 国家纺织产品基本安全技术规范》和《HJ/T 305—2006 环境标志产品技术要求·鞋类》规定可分解有害芳香胺的偶氮染料禁用，检出限量为20mg/kg。《GB 20400—2006 皮革和毛皮有害物质限量》规定皮革和毛皮产品中可分解有害芳香胺的量不大于30mg/kg。

致癌染料有11种，这些染料在鞋类产品中绝对禁用。有27种过敏染料（其中26种为分散染料）被列入受控范围。此外，还有一类染料具有急性毒性，目前市场上禁用的有碱性红12和酸性橙156等13种。

4. 五氯苯酚

五氯苯酚含有在合成过程中生成的副产物，即高毒性的氯化二苯并二噁英和氯化二苯并呋喃等多种杂质，特别是四氯二苯并二噁英是剧毒物质，具有强致癌、致畸和致突变作用。

人们在穿着含有五氯苯酚的鞋时，上述副产物会通过皮肤在人体内产生生物积蓄，从而对人体健康造成威胁。

《GB/T 18885—2002 生态纺织品技术要求》对五氯苯酚含量规定如下：婴儿用品≤0.05mg/kg；直接接触皮肤用品≤0.5mg/kg；不直接接触皮肤用品≤0.5mg/kg。此外，五氯苯酚及其副产物还会随着废水排入环境，对生态环境造成污染，因此，《HJ/T 305—2006 环境标志产品技术要求·鞋类》规定鞋类产品中禁止使用五氯苯酚（检出量不能大于0.05 mg/kg）。

5. 可萃取重金属

当重金属离子超过一定的浓度后，就形成重金属污染，对人体产生不良影响。研究表明，重金属污染对人体健康的危害是多方面的，其毒理作用表现为：造成生殖障碍、影响胎儿发育、降低儿童智商、威胁儿童和成人身体健康，降低人口身体素质。

GB/T 18885—2002 规定鞋类产品中铅和砷的含量必须小于1.0mg/kg，镉的含量必须小于0.1mg/kg；《HJ/T 305—2006 环境标志产品技术要求·鞋类》规定鞋中不得人为添加砷、铅和镉等物质，可萃取的这类物质的总含量小于10mg/kg。六价铬限量为0.5mg/kg；《HJ/T 305—2006 环境标志产品技术要求·鞋类》规定鞋类产品中六价铬的含量应小于10mg/kg。

二、 鞋的卫生性能及其评定

1. 影响鞋卫生性能的主要因素及改善措施

鞋的卫生性能（生物化学性能）和生物力学性能一样，属于受人体运动能动性制约的性能，在运动时特别重要，与足的舒适感密切相关，该性能关系到热舒适性。热舒适性是一种理想舒适的湿热状态，与鞋的热传递性能和空气透过性有密切关系。

热舒适性由运动时鞋、人体和外界环境的湿热传递特性所决定。根据美国供暖制冷空调工程师学会的标准（ASHRAE Standard 55—2004），热舒适性的定义为：对热环境表示满意的意识状态。影响人体热舒适的因素包括：空气温度、平均辐射温度、相对湿度、风速、鞋的湿热传递性能和人体活动水平。平均辐射温度是一个相当复杂的概念。虽然这是一个描述环境特性的参数，却又与人在室内所处的位置、着装及姿势有关。平均辐射温度的定义为：如果一个封闭空间的内表面均为温度一致的黑体表面，并且对于人体所造成的辐射换热量与所研究的人所处的真实环境相等，那么该黑体表面的温度就是真实环境的平均辐射温度。

人要舒适地生活和工作取决于他自身的热量和向环境散失的热量之间能量交换的平衡，这个能量平衡必须保持在人体对热和冷的耐受限度之间。

足和环境之间的热平衡由于鞋的介入会有所改变，鞋从一方面看是环境的一部分；从另一方面来说，又可看成是足的扩展或延伸。足和环境的热交换受到鞋的影响，大部分热量由足皮肤表面经过鞋达到鞋的外表面再散发到环境中去，热量和水蒸气在经过鞋时增加了一个热传质过程。

为了保持足周围所需的气候，鞋需要具备复杂的综合渗透性能，即能透过空气、水汽、水滴和热等。

这些渗透性能相互影响，很难计算其中每一因素的影响情况。此外，这些影响因素也与环境相互作用。如制鞋子过程中，所加的里子和涂抹的胶粘剂，都会不同程度的降低鞋帮的透气性和透水汽性，最终影响成品鞋的卫生性能。

此外，排除静电具有重要意义，无论人或鞋都带有静电荷。鞋应该有助于人体排除静电。

有些有机物在细菌作用下很容易分解，分解后的产物呈酸性，对皮肤有一定刺激作用，使鞋袜腐蚀，并产生恶臭。因此，在楦型设计、材料选择和结构等方面，需要注意其透气性和透湿性等，以便于鞋内外空气的交换。

鞋对保证鞋内外气体的交换有两个途径：经材料渗透或由鞋内部件吸收，趁鞋"休息"期间，排入周围环境。制鞋材料的物理性能和鞋的结构特征对鞋内微气候具有很大的影响，鞋材不同，鞋的渗透性能不同，鞋内外空气的交换程度不同，鞋的结构不同，足与鞋间的空间和部件间的缝隙不同，鞋内外空气交换的方式也不同。

鞋内可能发生材料的化学破坏（正常结构亚破坏）和老化，尤其在热带气候时，在鞋内空间体积较小，空间被水汽所饱和且通风不足（盖住足面的鞋）的条件下，合成材料和人造材料析出化学物质的强度是可观的。这一特点，对南方地区具有特别重要的意义。南方地区空气和土壤的温度高，太阳辐射能强，鞋可能析出大量有毒物质。

即使鞋材只析出少量有毒物质，但长期作用于人的机体，特别是当数种材料同时作用（综合作用）时，可能导致人体正常生理状态失调，有时甚至引起足病和整个机体的疾病。

因此，鞋的卫生性能要求在任何条件下，在任何季节和气候带，都应防止析出恶臭物质和有毒材料，必须从鞋用材料开始严格控制有毒有害物质的析出。

鞋在贮存和使用中，易遭受微生物的作用，引起皮肤的真菌病并破坏鞋。对纤维材料及其制品，赋予生物活性力，如抗微生物、杀菌和抗真菌等是必然选择。鞋的抗菌性是指鞋抑制鞋腔内细菌生长的能力。对皮革纤维等材料，用各种方法加上消毒剂和抗菌物质等，这些生物活性制剂在微量水分参与下，从纤维上分离出来，起到治疗作用或预防作用。

赋予鞋卫生性能，需要同时具备抗微生物、抗真菌和防霉性能，有助于治疗足的真菌病、抑制真菌和细菌的生长，限制汗的化学破坏以减缓鞋材的破坏，预防汗臭。

人在出汗时，排出脂肪等物质。这些干燥物质在鞋内沉积，同时，鞋内可能落入灰尘和泥污，使鞋更易遭受微生物破坏。为此，鞋必须具备保养的条件。在必要的情况下，可以进行鞋内消毒。

人们穿着运动鞋进行各种体育活动时，足部出汗增多，应对鞋进行抗菌处理，可在帮面装配中，在鞋内喷涂杀菌剂。也可采用在成鞋内喷涂内底。

由于糖尿病患者免疫系统下降，足部容易出现无痛性神经病变，在患者无意识的情况下就遭到各种微生物的侵染，容易引发糖尿病足，而糖尿病足则是导致糖尿病患者致残致死的严重慢性并发症之一。

为了保护糖尿病患者的足，用直接有效的方法来抑制糖尿病患者鞋内的病原微生物显得尤为重要，而在鞋用衬里、鞋垫及鞋用革上添加抗菌防霉剂，就是一种直接有效的方法。

2. 鞋卫生性能的评价

鞋的卫生性能是指鞋在使用时不影响人体健康和人身安全的质量特性。一般情况下，卫生性能良好的鞋能长时间保持鞋腔内干爽的微气候，使足部皮肤自由呼吸，保证足的健康。

对常用的鞋而言，透气性、透水汽性、吸湿性、保温性和耐菌性等对鞋的卫生性能有明显影响，对特殊的鞋的情况又如何呢？

劳保鞋的作用在于既要保护足部不受伤害，又要保证穿着舒适。前者是劳保鞋的固有属性，后者则是劳保鞋作用于人后产生的感觉。

工矿靴主要用于煤矿、井下、建筑和水产等行业。保护足不被水浸、砸伤或划伤。因常接触锐物并受水浸渍，故要求材料稳定性好、结实且不透水，但必须耐汗和容湿。故一般选择硫化橡胶作靴面材料以防水，靴内衬以棉织物以吸汗。

耐酸碱鞋主要适用于酸、碱作业，保护足免受损伤。由于作业场所有强烈的腐蚀性，故对帮面结构、帮底结构和缝线都有很高要求。成鞋不应透水，但应透气；帮面要选用优质铬鞣防水革以透气，前帮、鞋舌整片裁切以防止酸碱溶液由缝线针口进入鞋内，腐蚀足。帮底采用模压或注塑工艺以防水。

高温防护鞋适用于冶炼、铸造、金属热加工、焦化和工业炉窑等高温作业场所，保护足在遇到热辐射、熔融金属火花或溅沫时以及在热物表面行走时免受伤害。由于接触高温

（≤300℃），故对帮面、外底结构和材料都有严格要求。前帮面应整片裁切，除外包跟和扣带外，帮面不允许有装饰性外贴部件及缝线、孔眼等。外底应用耐高温合成橡胶制作，并须有隔热材料制作的隔热中底。用模压工艺制作后，其密封严密，透湿性差，加上高温时排汗剧烈，因此应选用透气性好的面革和容湿性好的衬里。

从上述几种在恶劣条件下穿着的劳保鞋来看，透气性、透水汽性、吸湿性、保温性和耐菌性等指标仍可作为评价鞋卫生性能的指标。其他功能鞋也具有类似的情况。

目前，常通过检测鞋的透气性、透水汽性、吸湿性、保温性和耐菌性等一系列指标，对成鞋的整体卫生性能状况进行综合评价。

第三节 鞋内微气候

人们穿鞋时的湿热舒适感主要取决于鞋用材料内空气层形成的微气候区。广义而言：鞋内微气候区指人体皮肤与最外层鞋表面之间形成的空气层。狭义而言：鞋内微气候区指人体皮肤与最内层鞋之间的空气层的温度、湿度和气流等分布。鞋内微气候区的空气状态取决于环境气候条件、鞋帮和鞋底传热、传湿和透气性能以及人体皮肤表面温度、出汗等生理状态。

对于人、鞋及环境组成的系统，应从卫生学角度出发，进行详细分析，特别是对鞋进行细化，即足—足与内鞋间的空气层—内鞋—内鞋与鞋内部件的空气层—鞋部件—环境组成的介质交换系统。

鞋内微气候一般指紧贴足皮肤表面的空气层的气候，直接影响人的生理状态。鞋内微气候与环境气候的差异很大，既可经足与鞋之间的空间、鞋部件间的间隙和经过鞋材交换空气自然形成，也可以人工创造。其度量指标有：温度、相对湿度以及二氧化碳（CO_2）的含量。鞋内微气候的最适宜指标为：温度 21～33℃，湿度为 60%～73%，CO_2 含量为 0.08%。

某些专家认为：鞋内空气相对湿度不超过 90%，就可算满意。穿合成革帮面的鞋，1.5～2h 后就能达到这样的湿度，而天然皮革帮面鞋，则穿鞋 5h 后达到 90% 的相对湿度，鞋内温度的变化情况与相对湿度的变化相似。

鞋内微环境与周围环境的相互联系和作用通过足周边的鞋用材料进行。环境对于鞋的影响，一方面提供条件，另一方面构成限制。设计师必须想方设法让鞋适应穿着环境。

鞋的造型和帮面结构是影响穿着的一个方面，鞋用材料对微环境的处理能力则是决定鞋卫生性能的主要因素。

一、 鞋内微气候与足体积的关系

波兰专家所做的实验表明：穿鞋在模拟步行的小道上以速度 1.4m/s 步行 3h 后，足体积趋于稳定。在步行第 1h 期间，足体积的增长程度最大，然后增速减慢；步行 2h 后，足体积的增长量约为步行第 1h 期间增长量的 65%。这就是为什么人们在早上试鞋时需要鞋宽松一些，下午试鞋时可稍紧一些的原因。

鞋内微气候的温度上升，湿度提高，会导致足体积增加，穿不同鞋步行 1h 后鞋内微气候与足的体积变化间的关系见表 6-3。

表6-3　　　　　　　　　　　鞋内微气候条件与足体积变化间的关系[4]

微气候指标	对比鞋	专用鞋
温度/℃	28.5	34
相对湿度/%	56.5	70.5
足的体积增长/%	4.9	6.2
鞋帮对足的压力/kPa	23.3	52.7

由表 6-3 实验数据可以看出：同尺码的鞋，对足体积变化的影响不相同，是因为鞋的结构和材料不同，导致鞋内微气候不同。由此可见：鞋的结构和材料是影响鞋内微气候的重要因素。

二、 鞋内温度

足处在鞋腔内的微气候中，鞋腔内微环境与周围环境的相互联系和作用，通过鞋腔与足部空隙以及鞋用材料进行。从鞋内微气候出发来研究足的舒适性，则主要指标是鞋腔内温度和相对湿度。

鞋内空气温度对于人的生理学功能、自身感觉和工作能力等，具有重要意义。

体温是人体内部的温度，人身体不同部位的温度不同。人体内部温度不受外界环境温度变化影响。人体的正常体温是 36.8℃。

人体的皮肤温度是人体感觉系统对人体活动作出反应的重要参数。皮肤温度一方面能够反映人体冷热应激的程度，另一方面还可以判断人体通过服装或鞋与环境之间热交换的关系。皮肤温度的高低主要取决于传热的血流量及皮肤、服装或鞋和环境之间热交换的速度。凡能影响皮肤血管扩张和收缩的因素，如冷热刺激、情绪激动和神经紧张都会引起皮肤温度的改变。

当气温为 20℃ 且无风时，平均皮肤温度为 32.5℃ 左右，一旦外界气温趋低或走高，皮肤温度在 5~10min 内相应下降或升高，5~20min 后趋稳。女性的皮肤温度比男性低，特别是低温时更低，裸体时更明显，穿衣使皮肤温度上升的程度女性比男性小。

人体各部位的温度不尽相等，而手足的皮肤温度最低。当外部环境温度为 14~16℃ 时，足面温度早晨为 28~32℃，白天下降，足底降到 19~22℃，足背为 20~25℃。

对于足来说，感觉最舒适的温度是 28~33℃，当外界温度为 14~16℃ 时，足皮肤的温度在 20~32℃，当足的温度下降到 10~15℃ 时，易引起感冒及足部冻伤。足的不同部位的温度也有所不同，足掌面的温度是人体最低的，足背略高 1~1.5℃。因此，冬季鞋靴需要考虑其绝热性和保暖性。

一般认为皮肤温度 34.5~35.5℃ 是出汗的临界温度。人体出汗速率与人体平均皮肤温度成正比，平均皮肤温度每增加 1℃，出汗速率增加 0.03~0.09mg/ (cm² · min)。

当足表面温度高于环境温度时，热量从足通过鞋向外界传递，热流量就是因温度梯度引起的显热流的量。

当环境温度高于足表面温度时，足通过鞋与环境的热交换过程就比较复杂。一方面出现由温度梯度引起能量流——显热流；另一方面，因人体出显汗，汗液从足表吸收大量蒸发潜热——潜热流。显热流和潜热流的方向相反。这时，总热流的大小与方向决定微气候区温度。总热流为显热流与潜热流的代数和。总热流为正表示与温度梯度方向一致，热流向里，足热量不能散逸至周围空间，会不断积聚，使足温升高，散热率降低。若总热流为负则表示总热流方向与温度梯度方向相反，热流向外，足可以通过出汗散逸一些热量至周围空间，而使微气候区温度维持在较低的水平。

三、　鞋内相对湿度

相对湿度是在一定空气温度条件下，单位体积内的水汽含量与最大的可能含量之比。鞋内空间的相对湿度与足所需的舒适性关系密切。

通常情况下，鞋腔内充满了相对湿度高于周围环境的空气。相对湿度越高，其温度与该相对湿度下湿空气所对应的露点温度便越接近，故当鞋用材料表面温度较低时，部分水蒸气便很容易在材料表面凝结，形成水珠。

鞋内相对湿度表征了鞋腔空气中所含水蒸气接近饱和状态的程度，反映了鞋腔中空气的吸湿能力，故其高低影响人体水分向外蒸发散热的快慢。相对湿度为30%～70%时，人体感觉不错，以50%为最佳。

环境湿度较大时，汗液不易蒸发，体热不易散发，于是进一步刺激散热中枢，使汗液分泌量大大增加。

鞋内空气湿度对汗足具有决定意义。如果鞋的卫生性能不好，足分泌的水分不能排出鞋外。水分集聚在足面和鞋内，鞋内湿润，使内鞋黏附在足面上，形成皱褶，将足捂伤。鞋内蓄积大量水分，会扰乱汗腺的功能，导致足在夏季升温过高，冬季冷却过度。

足皮肤的湿度对舒适性的影响是因为水分妨碍足皮肤正常呼吸。

鞋内微气候与环境温湿度存在显著的联系。在感觉舒适的情况下，如果湿度提高10%，而同时空气温度又下降2℃，人的自身感觉保持良好。

汗液主要通过三个途径从鞋内排出，被鞋吸收，在运动中或在脱鞋时，鞋被晾干；汗液挥发形成蒸汽，经鞋帮和鞋底排出；经鞋结构缝隙和鞋与足间的空隙排出。

鞋内空间由于人体姿势的改变而变化。穿着贴合不严密的鞋活动时，鞋内空气因推出、抽出效应而被外部空气交换。抬起腿的时候，外部空气进入鞋内，足跟落下时推出多余空气，实现换气。鞋腔类似于气筒，足类似于活塞。由于"活塞"效应，步行过程中鞋内空气的移动速度可达2m/s。不同研究人员，对汗从鞋内经不同途径排出的比例及各排出部位的量，差异很大，因为实验采用的方法、鞋的结构和材料等不同。据不同研究人员的资料，由于排出水汽的效应，在活动过程中，经不严密部位排出的汗占10%～40%；经内底排出的汗占11%～50%；经鞋帮排出的汗占30%～75%。

在30℃以上较高温度时，在静止状态下，足每小时出汗约3g，做重活时，可达15g。

穿矮帮鞋步行，75%的汗蒸汽是由于步行过程中的"排出"效应而排出，25%由于材料的卫生性能排出。穿着鞋帮较高、遮盖足背较多的鞋步行，由于"排出"效应排出蒸汽量减少，鞋用材料卫生性能的作用便更加重要。

匈牙利人计算了从鞋腔内排出全部水分的可能性。若足每小时排汗 8g 时，应经鞋帮材料排出 $16.2mg/cm^2$（假定鞋帮面积包括孔隙在内共 $370cm^2$，经鞋帮材料的孔隙排出 75%）水分。在等温条件下，较好的鞋面材料可排出 $10 \sim 12mg/cm^2$，即约占需鞋帮排汗量的 2/3。除鞋帮排汗外的其余水分（2g/h）应被鞋帮材料吸附。

当鞋帮厚度为 1.5mm、密度为 $800kg/m^3$、面积为 $370cm^2$ 时，鞋帮重 44.4g，要在 10h 内吸附 20g 水，只有材料的吸附量为 45% ~50% 时才有可能做到这一点。

成鞋在穿用过程中，鞋腔内的温度和相对湿度受到多种因素的影响，如运动状态、成鞋种类、鞋帮底结构、制鞋材料、受试者的新陈代谢和外部环境等。

刚开始穿上鞋时，鞋腔内的温度和相对湿度与足体表面的温度和湿度相差较大，足与鞋腔间的空气发生较多的导热和传湿，故最初一段时间里，鞋腔内的温度和相对湿度上升较快。随着时间的增加，鞋腔内的空气温度和相对湿度与足体达到动态平衡，温度和相对湿度逐渐稳定。

在行走状态下，鞋腔内温度和相对湿度的变化与静止状态下的情况基本相似。

行走状态下，足的排汗量和排热量比静止状态下有较明显的增加，使得鞋腔内的温度和相对湿度上升的速率加快，平衡时鞋腔内的温度高于静止时的温度。由于鞋前帮和跖趾部位不停的屈挠运动，使得鞋腔内微气候空间的大小不断发生规律性变化，加速鞋腔内的湿热气流从鞋的统口处与外界交换，从而延缓鞋腔内的温度和湿度上升。其影响程度与鞋的统口大小及足部屈挠频率有关。

捷克科技大学 Ferdinana Langmaier 博士的试验证明，鞋内的相对湿度和空气温度随着穿着的时间的增加而增加，但 2h 后即达到某种稳定状态，以后鞋材的吸湿性和导热系数继续变化，因此，吸湿性和导热系数对人足的舒适性起决定性的作用，而透水汽性起次要作用。

温度、湿度、热辐射和气流速度对人体的影响可以相互替代，某一因素对人体的影响，可以由另一因素的响应变化所补偿。例如，当温度升高时，若气流速度增大，会使人体散热增加。当室内气流速度在 0.6m/s 以下时，气流速度每增加 0.1m/s，相当于气温下降 0.3℃；当气流速度在 0.6 ~ 1.0m/s 时，气流速度每增加 0.1m/s，相当于气温下降 0.15℃。

人体对微气候环境的主观感觉，即心理上感到满意与否，是微气候环境评价的重要指标之一。由于构成微气候环境的若干条件的差异，人体对其感觉取决于它们之间的综合影响。以人体对温度和湿度的感觉为例，舒伯特（S. W. Shepperd）和希尔（U. Hill）经过大量研究证明，最合适的湿度 $\varphi(\%)$ 与气温 t（℃）的关系为

$$\varphi(\%) = 188 - 7.2t(℃) \quad t < 26℃$$

四、鞋内 CO_2 含量

二氧化碳是最常见的有毒气体。由于二氧化碳是人体呼出的气体成分之一，而毒性又并不太大，所以通常并不引起人们的注意。CO_2 属中枢神经兴奋剂，为生理所需，但当浓度超过一定范围后会对人体产生危害，并存在协同作用。当 CO_2 浓度在 0.1% ~ 0.15%

时，属于临界空气，室内空气的其他性质开始恶化，人们开始有不舒适感；当 CO_2 浓度在 0.3% ~0.4% 时，人呼吸加深，出现头疼、耳鸣、脉搏滞缓和血压升高等现象。CO_2 含量增加到 5% ~6% 时，呼吸就感到困难，增加到 10% 时，即使不活动的人也只能忍耐几分钟。CO_2 浓度增加与室内细菌总数、CO、甲醛浓度呈正相关的特点，使室内空气污染更加严重。

CO_2 与汗同时从皮肤中排出，足皮肤排出的 CO_2 量在正常情况下相对较少，为 0.3 ~ 0.5mg/h。

CO_2 源自人的皮肤以及脏污的内鞋和主要是用合成材料做的鞋。在鞋内空间，空气湿度和 CO_2 的含量有时可能达到很大数值。在鞋内空气中，CO_2 的含量超过 0.08% 时，引起人的不良自身感觉。一般新鲜空气中 CO_2 含量为 0.03% ，通过有效的空气流通，能够降低鞋内 CO_2 含量。

鞋腔内空气不断地被皮肤排放出的二氧化碳和其他污浊气体污染，如果这些被污染的空气得不到及时的更新，鞋腔内微气候不能维持清洁状态，足就会感到不舒服。由此可见：鞋的透气性是保证鞋内微气候中 CO_2 含量不超标的必要条件。

气流速度影响空气流动，人体运动对气流也有影响。即使没有风，由于足表面和鞋腔的空气之间以及鞋的不同部位空气之间存在着温度差和气压差，也会产生空气的局部相对运动。

第四节　鞋的渗透性能

要保证适宜的鞋内微环境，鞋必须要有良好的卫生性能，也即要求成鞋具备良好渗透性能，鞋材良好的渗透性能是保证成鞋渗透性能的基础。

鞋透过气体（空气）、水蒸气、水分、热量和静电的能力为鞋的渗透性。下面分别从透气性、透水汽性、透湿性、导热性和导电性五个方面进行讨论。

一、透气性（气体渗透性）

透气性是材料流通空气的能力，指在一定压力和时间内，单位面积试样所透过空气的量，透气性用经 $1cm^2$ 材料试片，在 1h 内渗透过去的空气体积（ cm^3 ）来度量。

人不仅用肺呼吸，也利用皮肤的大量毛孔呼吸。在 38 ~40℃ 高温下，经皮肤的呼吸加强，特别是在进行重体力劳动时，甚至能达肺内气体交换的 10% 。

当足与外界空气隔绝时，就会感觉憋闷、不舒适。设计师在鞋靴设计时，对结构和材料运用要注意其透气性。

气体的流动和分子扩散运动以及气体中夹带的水汽，形成湿热传递。鞋的透气性影响空气的流动，引起足与鞋间微气候的温度变化，水汽和液态水的传输，造成微气候的湿度的改变以及皮肤的湿冷感。

当温度一定时，鞋材的透气性随空气相对湿度的增加而下降，这是由于鞋材吸收水分后，纤维膨胀，使内部的孔隙减少，再加上附着水分将鞋材中孔隙阻塞，导致透气性下降。

在相对湿度一定时，鞋材的透气性随环境温度的升高而提高。温度升高使气体分子的热运动加强，使分子扩散和透湿能力增强，虽然鞋材有热膨胀，但因水分不易吸附于纤维，故不能产生湿膨胀及阻塞，所以鞋材的透气性得到改善。

鞋的透气性与鞋的结构、材料及加工工艺有直接关系，受环境温度和相对湿度的影响。有些防护鞋要求材料不透水，则应着重从结构上解决透气问题。

穿着皮面鞋时，足平均能得到需氧量的78%。合成材料的鞋使足的供氧量降低到需氧量的45%~60%。足的氧供应不足，会引起足痛和血液循环障碍，甚至损伤肌肉和骨头。良好的透气性有助于鞋内外空气的流通，保证CO_2、汗液、多余热量和臭味排出。鞋类实现透气的途径，除缝隙、口门、花孔和气眼外，就是鞋材的微孔。鞋的结构和材料不同，透气性能差异很大。

环境温度升高时，皮肤呼吸加强，鞋内空间CO_2的积累也加速。因此，夏季鞋的结构必须具备特别高的透气性。冬季时，皮肤呼吸减慢，CO_2的排出速度减慢，因此，对冬季鞋的透气性要求不高。同时应注意：透气性越高，鞋的热防护性能越低。

皮革和合成革等帮面材料的透气性主要与材料的孔隙度和厚度有关，与材料正反面的压力差有关。例如，开孔的数量越多，尺寸越大，透气性越高。材料的厚度和密度越大，空气沿孔隙壁的摩擦增加，透气性越低。由于在鞋材的毛细管中沉积汗的干燥物质，在其他条件相同时，汗浸渍越多的鞋材的孔隙度越小，鞋的透气性越低。

天然皮革由于胶原纤维交织之间和纤维本身存在着较多的空隙，具有优良的透气性能。皮革的透气速率与其空气压差之间呈现良好的线性关系，透气过程是空气在压差作用下于皮革内外两侧传递的过程。

涂饰和贴膜会降低皮革的透气性，复合试样的透气性主要受单层试样本身透气能力的影响。

透气性指标，在一定范围内的确能够决定鞋内部与环境之间的空气交换能力。高度的透气性可以材料的开孔来实现。但在环境温度一定时，鞋材的透气性随相对湿度的升高而降低。当相对湿度升高时，引起纤维膨胀，导致纤维孔隙减小，鞋材的透气性随之降低。

在盖住足背的鞋中，仅仅靠透气性，不足以维持足必要的舒适性。舒适性在很大程度上取决于材料的透水汽性和湿容量。

二、 透水汽性

水蒸气从鞋腔内向鞋腔外渗透过材料。透水汽性是材料渗透水蒸气的能力，即水蒸气由湿度较大的空间透到较小的空间中的能力。水蒸气透过材料有两个途径：经分布在纤维之间的透孔渗过；由空气湿度较高的介质，通过水汽吸附、扩散和分解等作用，经纤维壁渗透到湿度较低的介质中。

透水汽性测定包括被测试样正反两面水汽湿度差和1h、经$1cm^2$材料通过的水汽量。皮革材料透水汽的能力利用渗透速度表示，其测定条件为：温度为25℃，材料一侧相对湿度为100%，另一侧相对湿度为零。上述方法的重点在于测定透水汽性时，应准确地保持湿热条件。

足汗中的水汽应连续不断地从鞋内排出，以防止将鞋袜浸湿，水汽经鞋帮及内底排出。鞋在穿着条件下，鞋腔内外空间的温差比较大，并随着外部温度降低而变大，鞋的透水汽性随之提高；周围空气的相对湿度对鞋材的透水汽性也有影响，随着空气的相对湿度增大，鞋材的透水汽性降低。由此可见，鞋的透水汽性受环境的影响很大。

皮革透水汽性好，能够排出穿用者身上的汗汽和水汽，使穿用者感到舒适。透水汽性与材料的孔率有关。水蒸气分子的直径一般为 $0.0004\mu m$，轻雾的直径一般在 $20 \sim 100\mu m$。只有鞋材的孔径大，孔率多时，透水汽性才会好。

透水汽性与材料结构和厚度，以及材料与水分的关系（亲水性的，与水相互作用强烈；或疏水性的，与水的相互作用微弱）有关，并受鞋内外温差和相对湿度差的影响。

凡是影响革孔率的因素，如原皮结构、加工过程和涂饰材料等都关系到革的透水汽性。此外，也依所处环境的温度和湿度而定，试样两边的温度和相对湿度差越高，透水汽性也随之增加。

在不同温度和湿度环境下进行的人造革透水汽性试验表明，在冬季，靴面材料从鞋中排出水分的能力比夏季时要大一些，这是由于不同季节时鞋内外温差的不同引起的。

足的温度降低的原因，主要不是由于排汗，而是由于汗液挥发。汗滴排出的热量为 $8769J/kg$，而在同一温度下，水汽排出的热量为 $136512J/kg$，水汽排出的热量是汗滴排出热量的 15 倍。

合成革由于透水汽性和容湿性较差，从鞋内排出水汽困难，在步行过程中，足不断与鞋垫摩擦，可能形成高温小病灶，引起足底过热，甚至灼痛。

透水汽性与透气性之间具有一定联系，但两个参数并非总是完全相同。例如，有的皮革透气性低，但具有传导大量水蒸气的能力。加脂油性革几乎完全不透气，但由于它的透水汽性高，不会引起足大量排汗。

未经过涂饰的皮革的透水汽作用是水分子在蒸汽压力作用下，在皮革微孔内的迁移和胶原上亲水性基团运动对水分子的传递的加合。而涂饰后的皮革、贴膜皮革或合成革则只是水分子在蒸汽压力作用下在皮革微孔内迁移的结果。

复合试样的透水汽性受组成复合试样的单层材料的透水汽性的大小、孔率、亲水性、表面状态和组合方式的影响。鞋的制作应尽量避免两种透水汽性能差距较大的材料进行帮面组合。如果皮鞋帮面采用天然皮革，而鞋里使用合成革，就不能发挥出天然皮革优异的透水汽性能。制鞋时粒面朝外的皮革粒面层进行防水处理有利于皮鞋的防水，肉面层的疏松和保持原有的亲水性有利于皮鞋的排汗，这样就可以得到既防水又排汗的皮鞋。

材料的透水汽性不足时，足排出的汗形成的水汽，凝结在鞋的内表面上，使透气性降低。吸湿性能不足的材料，就易使足多汗以排出热量。

鞋在穿着过程中的舒适性，与透水汽性和湿容量有关，材料的湿度增加时，透水汽性提高，但湿度达到平衡状态时，就不再增高。若材料的湿度继续提高，透水汽性就下降。在靴帮材料深处沉积的汗中的盐类，并不降低透水汽性，却大大提高材料凝结水分的能力。

三、 透湿性

透湿性决定鞋材吸收足排出的水分，并在一定压力下将水分排出鞋的能力。这是由于鞋材上有透孔所决定的。透湿性用1h，经过1cm²材料透过的水量（mL）来表示，测定条件是19.6kPa。

影响微气候区湿度的主要因素是织物的吸湿能力，吸湿能力强的鞋，其微气候区湿度就低。

鞋内材料吸、放湿性能也是影响舒适性的一个重要因素。由于运动时足出汗导致鞋腔内过度潮湿，易打滑，对于运动员会影响到比赛成绩，对于老年人会影响行走过程中的平衡，严重时会出现滑倒，造成严重后果。而且长期的湿热环境还有利于细菌的繁殖，易导致足癣等多种疾病的产生。鞋内材料良好的吸、放湿性能是安全和健康的需要。

如果鞋阻碍水蒸气的通过，使人体皮肤与鞋之间的微气候中的湿度增大，水蒸气将积累到一定程度而冷凝成水，使人感到黏湿、发闷。鞋的透湿性能是在热环境中维持人体热平衡的决定因素。

当人体积聚的热量散发后，滞留的汗液不仅使人感到黏湿，甚至还使人产生冷感，由于这一过程持续时间较长，将严重影响人体的舒适感。

鞋的透湿性与鞋材的透湿性能密切相关，可用鞋材的透湿量来表示。鞋材的透湿量是指在一定温度和湿度下，在鞋材两面分别存在恒定的水蒸气压差的条件下，在单位时间内通过单位面积织物的水蒸气量。

鞋材料排汗主要通过水分沿微毛细管的移动来完成，只有汗积累成液滴状态时，水分才沿大毛细管移动。

在正常静止情况下，人体皮肤向外以蒸汽形式排放水分，活动激烈时以汗液形式排出。足在静止状态下，皮肤水分蒸发量为 0.5 ~ 1.6g/h；中等负重时蒸发水分为 1.8 ~ 3.2g/h；在负重情况下为 6 ~ 12 g/h。足通过发汗和不显汗排出的水分，首先被鞋内的材料所吸附，然后通过与内鞋接触部位或空气层，使水分被鞋的内壁所吸附，最后沿鞋内壁移动，通过鞋上的孔隙排出部分水分。若这些汗液能暂时被内底、鞋里和鞋帮吸附和贮存，不滞留于足表面，穿鞋时就有舒适感；反之，足汗滞留，水分过多时，不仅妨碍足皮肤呼吸，产生异味，而且吸收人体热量，使足部受凉，易患脚气或引发全身性疾病，如关节炎和感冒等。

在低湿条件下，由于纤维吸湿量较少，而且空气的扩散系数比纤维大得多，水汽主要通过织物间孔隙向水蒸气分压较低的一侧扩散，水汽在鞋材中的传递与纤维类别关系不大，鞋材的厚度和孔隙是决定透湿性的主要因素。

在高湿或鞋材结构较紧密的情况下，水汽不再只是经过织物中的孔隙传递而是由纤维自身进行传递，纤维的类别成为影响水汽传递的重要因素。一方面纤维吸湿产生溶胀，使鞋材更加紧密，使透气性降低，从而依靠孔隙扩散传湿的作用减弱；另一方面与鞋材的截面积相比，纤维的表面积是相当大数量级的量。纤维吸湿量较大时，水分通过纤维表面扩散即毛细管产生的芯吸作用得到加强。鞋材的芯吸性能是指：能有效吸附皮肤表面的水分并将其快速地从鞋内传递出去。鞋材的芯吸性能成为织物传湿的主要方面，织物孔隙率减小引起的扩散透湿减弱成为次要方面。

当环境中水蒸气压增大时，鞋内外水蒸气压差变小，蒸发散热阻力增大，蒸发散热量显著减小，所以透湿性减小。

在高原地区或低压环境中，由于大气压强降低，空气密度变小，对流散热减少，蒸发散热量增加，鞋材的湿阻性随着大气压强的降低而减少。

水分和水蒸气在纤维中的扩散系数随温度的升高而呈指数增大，水蒸气在空气中的扩散系数随空气温度的升高也增加。因此，鞋材的透湿性随环境温度的上升显著增加。

材料的吸湿与放湿性能是一对矛盾体：吸湿性能好，其排湿性能就差；而吸湿性能差，其排湿性能就好。从根本上讲，吸湿和放湿是除湿过程的两个阶段。

革的吸水性在很大程度上取决于革的孔率，但革纤维组织的紧密度、油脂含量、填充物质的性质和量以及涂饰材料的用量等对吸水性也有影响。革中油脂含量多及疏水性填充物质多，可降低吸水程度。凡使革纤维增加紧实度的操作都会降低革的吸水性。

如果帮底的吸湿性很差，足底排出的汗液无法被吸收或释放到鞋腔之外，就会产生闷湿感。在低温情况下这种闷湿感转变成冰冷感，进一步刺激汗腺而排汗。若帮底的排湿性很差，在脱去鞋靴后材料中所存储的汗液在短时间内难以释放完全，再穿用时，肯定会感到不舒适。

水分及其蒸汽经内底的端面渗透很大一部分。皮革是一种独特的材料，其端面的透湿性和透水汽性比垂直于皮革表面方向的相应指标，几乎高出 $2 \sim 3$ 倍。

皮革具备最好的透湿性。斜纹布的透水汽性优于皮革，但透湿性不如皮革。带有厚涂层的天然面革也可以通过纤维吸湿，因而天然皮革帮面材料的卫生性能优良。若足在 8h 内排出的水分为 $40 \sim 50g$，在同一时间内，皮革透过的水分可达 10g，而合成革仅为 $5 \sim 6g$。

皮革加工工艺对透气性、透水汽性、吸湿性等性能均存在显著影响，如磨砂革在生产中粒面被磨掉，使比较致密的粒面层变得疏松，容易透过水汽和空气，从而使其具有突出的透气性、透水汽性；全粒面革虽然没有经过粒面磨光，仅在表面涂了一层较薄的涂饰材料，其革面仍留有动物皮原有的自然花纹，涂饰层较薄，因此仍具有较佳的透气性；修面革用砂纸磨去了皮革粗糙的表面，使其光滑平坦，再涂了一层较厚的树脂，树脂形成的厚膜层使它的透气性远不如全粒面革和磨砂革；而漆革是采用清漆涂饰的方法从有机溶液中把高分子物质沉积在革的表面上制得，从而对毛孔的堵塞比较严重，使透气性、透水汽性下降，是皮革中卫生性能最差的。

要想使鞋里革达到容易吸收足汗的目的，必须使涂膜尽可能薄。

人造革材料主要指使用高分子聚合物、增塑剂、稳定剂和其他助剂组成的混合物，涂覆在各种底基上经加工而成，是主要的皮革代用材料。人造革轻、薄、软，但其强度不如合成革，怕划伤，制成鞋帮后，鞋帮中多加补强件而使透气和吸湿性能变差。人造革吸湿性能主要取决于布基材料的亲水性，而不是泡沫涂层。常用的布基纤维材料有棉、麻和黏胶纤维等，由于表面涂层所用的聚合物，使得人造革卫生性能尤其是透气和透水汽性能较差。

合成革是在人造革的基础上发展起来的，大部分以纺织布或无纺物为底基，经过新型树脂浸涂后，呈现立体交叉结构的仿革制品，外观好且柔软。合成革与天然皮革相比具有质地均匀、美观、抗水性好、耐酸碱等特点，但卫生性能也较差。

从鞋的结构方面来考虑：将鞋帮面开设许多小孔，让鞋内的湿热气体尽快散发出去，是最为简单的一种方式。在鞋底的侧面开设许多小孔，并使之与内底连通，这样，被足底加热的空气就会被从侧面进入的相对较冷的空气不断置换，从而降低鞋内温湿度。若是高度吸湿的内底材料，再加上自然通风的结构会取得更好的效果。

外底在鞋中是与地面直接接触的部分，与中底和内底一同起到保护足在行走中不受外部冲击的作用。底革作为制鞋材料，在步行时必须具有易弯曲、不易滑倒和耐磨损等特性，同时由于经常与湿润的地面接触，还要具有一定的耐水性。中底革是鞋的中心部件，起固定鞋面的作用。为了防止因足汗引起的易滑，内底和中底材料应具有吸收水分的功能。当使用的外底、中底和内底材料吸湿性能差时，足经常处于潮湿状态，一般称这种鞋的"心地部分差"。国际标准化组织规定：内底的吸水性不应小于 $70 mg/cm^2$，解吸性不应小于水吸收的 80%。

有人收集意大利、英国和日本的各种底革进行测定与分析，底革中一项重要的性质，即耐水性：意大利底革为 8h，英国底革为 18h，而日本的底革居于两者之中，为 12h。由于植物鞣剂的吸着度和固定度不同而引起了耐水性差异。底革的其余物理力学性能间的差异不大，一般样品都能达到要求。

常用中底有：纯植鞣革、铬鞣革、铬鞣二层革及树脂处理的铬鞣二层革等。市场上也出现了代用品，如再生革和纤维人造革等。由于它们的质地均匀，容易裁断，具有价格优势，在实际中使用的量不断增加。

中底革的两大类代用品中，抗张强度、断裂伸长率及撕裂强度等力学性能方面，纤维人造革的值比再生革的大，但比纯植鞣革的低。吸湿度指标，测试的再生革为 $19.2 mg/cm^3$，纤维人造革为 $12 mg/cm^3$。耐水度指标，所测试的再生革为 90min，纤维人造革为 6min。从吸湿度、耐水性等比较来看，再生革具有优良性能，是理想的中底革代用品。

橡胶外底使内底排汗困难，不透水的疏水性内包头和主跟，妨碍汗经前尖和后跟排出。配有橡胶外底的鞋，内底上的水分不能由橡胶鞋底排出，只有经沿条侧面和内底、橡胶外底间的皮革中底，排出极少量的水分。因此，需采取特别的措施来解决鞋底排湿问题。

人体足上的皮肤虽然只占全身总皮肤面积的 7%，但却分布有 40% 以上的人体汗腺组织，高密度分布的汗腺每天会分泌出大量汗液，当人们行走或运动时，足上分泌的汗液成倍增加。有人利用单向导湿技术提高鞋舒适性，其原理如图 6 - 1 所示。

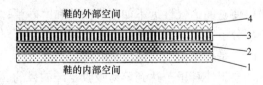

图 6 - 1　单向导湿结构示意图[99]

1—疏水材料　2—导湿材料　3—吸水材料　4—包覆材料

第一层是鞋里并与皮肤接触的是吸水性很低的疏水材料；第二层是具有良好芯吸效应的导湿材料，纤维表面形成细微沟槽，具有大量毛细管，可快速传递湿气；第三层是具有强吸水性的材料，如棉或超强吸水剂等，超强吸水剂的吸水率可以达到自身质量的几百倍，甚至 1000 倍以上；第四层是朝外的包覆材料，如皮革或其他纤维面料。

足所产生汗液可以很快通过疏水材料层和导湿材料层被吸水材料所吸收，由于疏水材料几乎不吸收汗液，而吸水材料的吸水性又特别强，因而几乎所有汗液都穿过疏水材料和导湿材料等进入到吸水材料层，从而形成单向导湿结构，将足上所产生的汗液有效转移到吸水材料层，使鞋内空间保持干爽舒适。与吸水材料层直接接触的导湿材料层和包覆材料层，都具有一定吸水能力，但远低于吸水材料层，因不与人体皮肤接触，因而不会使鞋内感觉到潮湿。不穿鞋时，吸水材料中的水分可以通过包覆材料层缓慢释放到鞋的外部空间。在穿鞋的过程中，也会存在这种湿气的排放现象，从而使结构能够保持长期的单向导湿性能。

由此可见：用疏水性纤维做内层、亲水性纤维做外层的双层结构更有利于导湿、快干。

聚四氟乙烯防水透气膜是一种以微孔透气为主的薄膜，薄膜中存在很多像毛细管一样的微孔，微孔的孔径很小，气体可以通过，但液滴不能通过，从而使其具有防水透气性能。

可将鞋底开孔，用聚四氟乙烯防水透气膜覆盖鞋底的孔洞，再将单向导湿结构复合到防水透气膜上，形成单向导湿和排湿结构。

图 6-2 所示为鞋底开孔，并采用防水透气膜的 GEOX 鞋底结构示意图。

透气性和透湿性好的鞋，对汗液蒸发影响较小，被汗水浸透的鞋会减慢蒸发速度，因为鞋被汗水浸透后，其间的水分占去了鞋料之间的空隙，失去了透气性能，从而使蒸发速度变慢。

图 6-2　透气防水鞋底结构

四、导热性

导热性是对物体传热的能力的衡量，物体传导热量的能力用导热系数表示，就是 1s 内经厚度为 1m、面积为 $1m^2$、物体两面的温差为 1℃时，通过物体的热量。

鞋的导热性表示鞋的导热能力，在分析这一性能时，必须考虑两个热流之间的复杂关系和相互作用，这两个热流是：由鞋内向鞋外的热流和由鞋外向鞋内的热流。鞋的导热性应有助于把足放出的热量从鞋内空间排入环境。

导热性与材料的成分、结构和湿度有关。大孔的高湿度材料，具有高的导热性。具有大孔、直孔、联通孔和透孔时，由于空气流、蒸汽流和水分流可以自由传送热量，导热性提高。当空气速度、热流温度和压力增加时，空气的导热性较高。

鞋的热排放可经由两种途径，经鞋底的热排放和经鞋帮的热排放。

被鞋遮盖的足面积有 700～800cm²，其中支承面仅有 150cm²，占 15%～20%。另外，在足的支承面与内底之间，没有空气层，而在足背与鞋帮之间，有空气层。足的支承面与鞋底直接接触，热量经鞋底传给支承面。

材料的湿度增高时，导热性增加，因为水分的导热系数〔0.54W/（m·℃）〕为空气导热〔0.024W/（m·℃）〕系数的 20 多倍。例如，干皮革由于孔隙度高，导热差，但很易吸收水分和水蒸气，特别是从肉面和端面。皮革浸湿后，导热性显著增加。由于纤维浸湿后膨胀，湿革的导热性可达到干革的2倍，甚至更高。

人体与环境发生复杂联系并互相作用，产生相互影响。人体通过鞋与周围环境保持热平衡是舒适性的重要条件。在高、低温环境中，都会使人体热平衡受到破坏，体温调节出现障碍，导致人体某些生理及病理的发生。在极端环境中，这些现象表现得更为突出。人无论处在哪一种环境中，都会产生一定的热感觉。影响人体冷热感的各种因素所构成的环境称为热环境。

当环境温度高于足皮肤温度时，环境中的热能将通过辐射和对流传至人的足部，然后经血液流动传入人体，只有大量出汗才能维持热平衡。裸足时从环境中通过辐射、对流所得的热量更多。鞋有隔热效果，透气性和吸湿性良好的鞋能显著地减少足从环境中得热。

人对冷环境最初的反应是血管收缩，肌肉紧张甚至打抖，这不会危及健康。但如果长时间在过冷环境中工作，人体无法产生足够的热量来维持热平衡，体温就会下降，进入人体冷却区。通常认为体温低于35℃称为低温症，在32～35℃范围内，表现出剧烈地发抖，低于32℃时发抖停止，心率、呼吸都受到抑制，精神错乱也开始出现，进一步降温，可能会导致昏迷。低到22～23℃时，新陈代谢缓慢，有生命危险。过冷环境对人体的另一种危害是局部冻伤，直接暴露的皮肤表面可能出现不同程度的组织坏死。

在寒冷的气候条件下，足皮肤表面的辐射散热是对着它周围的鞋内表面进行的，鞋能够阻挡大部分发自人体皮肤的长波红外线，因而就温暖了鞋的内表面。同时由于在鞋纤维之间的空隙中含有大量不活动的空气，这些空气的导热系数很小，因此显著地减少了鞋内表面向外表面的传热量，实际上对热流起了屏蔽作用，或称为热阻作用。

热阻的物理意义是试样两面温差与垂直通过试样单位面积的热流量之比，这与电流通过导体的电阻相类似。织物各层的热阻是可以相加的。热阻用克罗值来度量。克罗值的定义为：在气温21℃、相对湿度小于50%和风速不超过0.1m/s的室内，一个健康的成年人静坐时保持舒适状态时所穿服装的热阻为1clo。

鞋的热舒适性能是指鞋对足与外界进行热能交换的调节能力。当外界气候寒冷时，需要鞋材具有较好的保温性能以御寒；当外界气候炎热时，则需要鞋材具有较好的散热性能。保温性和散热性的优劣可以用导热系数来衡量。

夏季鞋的热传导性起次要作用。主要是从鞋的帮面结构着手。为使产品穿着凉爽，应该尽量增大帮面的露空面积，提高产品的散热性和排湿性。另外，夏季人体易产生汗液，如果帮面紧贴足部皮肤会产生黏湿感，皮肤触觉不适。因此，夏季鞋产品的楦型应适度肥大，使帮面与足部皮肤之间有适当的空隙，增加散热性和排湿性。

冬季鞋的热传导性起主要作用。材料的表面温度差和热传导时间由穿着环境及穿着时间决定，使用热导率低的材料和较厚的材料可减小传热量。

静止空气是所有材料中热传导率最低的，所以，只要不形成对流，鞋材中空气的含量越多保暖性越好。

鞋材的膨松度与其含水量及承受压力相关，干燥状态织物一般有较好膨松度。因此，保暖性优良的鞋帮应采用有相当疏水性的材料。为了保持在穿着中鞋的保暖性，还要求鞋材有较好的弹性，以便在受压后可迅速恢复到原来的膨松度。

天然皮革都是由胶原纤维编织成的三维立体网状结构，存在大量的空洞和孔隙，且胶原纤维本身也有大量体积不一的微孔。在这些空隙中有热传导性最差的空气的存在，因此天然皮革的保温性很好。各种天然毛皮、人造毛皮以及毛毡等保暖性里料由于毛纤维内部也包含了大量的空气而具有很好的保温性。鞋帮和衬里的组合往往使用胶粘剂将整个结合面粘合，而胶粘剂又渗入材料内部，堵塞纤维间隙，降低了材料的保温性。成鞋后整饰工段中对帮面进行填充、打蜡、喷光等处理，同样也会降低材料的保温性。

从冬季产品的保暖性角度来看，目前的制鞋生产工艺应尽量避免使用填充性后整饰材料；将传统的整面刷胶粘合面里的操作改为"点胶"或"线胶"粘合，或者使用透气性胶粘剂。冬季产品的保温性更多地取决于底部件。

从保温的角度来看，底材宜选用发泡材料，依靠底材中大量存在的气泡空腔来提高保温性。用外底和保暖材料内底制成的复合底，可使足部与地面形成一个隔热层，防止热量从足底散失。保暖性和透气透湿性成负相关的关系，若要提高保暖性，透气透湿性能就要降低。

春秋季鞋产品的穿用舒适性主要是考虑湿和热的吸收与释放问题，其隔热、保暖等性能则属于次要方面。

五、导电性

导电性表示材料与通过它的电流之间的关系。材料的导电性经常按电阻系数来判断。按照这一指标分类，材料分为导体、半导体和绝缘体。

两种物质相互摩擦时，容易失去电子的一方带上正电，容易得到电子的一方带上负电。这两种独力存在的正电荷和负电荷就是人们通常所指的静电（即静止的电荷）。除摩擦作用之外，电场或电磁场的感应也是静电产生的一个重要原因。静电可以积累，即失去的电子越多，积累的正电荷就越多；得到的电子越多，积累的负电荷就越多。静电积累可产生极高的电压。

静电长期在皮肤表面集聚会导致新陈代谢混乱、循环系统和神经系统受损，引起人体疲劳。

静电的危害指静电放电对静电敏感产品造成的损害。静电危害的大小或静电损害的严重程度取决于静电积累的程度（静电电压）和静电敏感产品的静电感度。静电电压越高，危害越大；产品的静电感度越大，越易于受到静电的危害。

防静电鞋和导电鞋都是以消除人体静电为目的的防护鞋。防静电鞋可以防止人体静电积聚，导电鞋不仅可以在尽可能短的时间内消除人体静电，而且还可以使人体所带的静电电压降为最低。

防静电鞋是用来防止因人体带有静电而引起的燃烧或爆炸，能导出人体静电荷，鞋子不析出粉尘，能防尘抗静电。适用于橡胶、印刷和电子等行业中的某些场所，同时它也能避免由于250V以下的电气设备所偶然引起的对人体的电击和火灾。导电鞋也是用来防止因人体带有静电而引发的燃烧与爆炸，但它仅适用于没有电击危险的场所。

防静电鞋与导电鞋的区别在于鞋底电阻，前者的电阻值必须在$100 \sim 1000M\Omega$，而后者的电阻值则不能大于$100k\Omega$。

制作鞋用的皮革，电阻很高。不过鞋经常是略微润湿的，从而具有高度的导电性能，能保证电荷流动。

鞋用合成材料的使用量很大，但许多合成材料不导电，其表面上产生的静电荷，可以保留很长时间。

静电的产生在工农业生产中是不可避免的，其造成的危害主要可归结为以下两种：其一，静电放电造成的危害；其二，静电引力造成的危害。生产具有防静电功能的防静电鞋具有重要意义。

防静电剂主要是表面活性剂，按使用方法分外处理型和内添加型两种。

外处理型防静电剂敷涂在鞋用材料的表面，防静电剂分子的亲油基吸附在材料表面，表面的亲水基易吸附环境中的微量水分，形成导电层，起到加速表面电荷泄漏的作用。外处理型防静电剂涂在材料表面，时效短，应用面不广。

内添加型防静电剂添加到鞋用高分子材料中一起塑化成型，防静电剂的极性基（亲水基）都向着空气一侧排列，形成单分子导电层。防静电剂的表面活性越强，防静电性能越好，效果越持久。

在鞋底材料中配入抗静电助剂，虽基本上能达到消除静电的要求，但无法在穿鞋人与地面之间直接建立起通电渠道。特别是当鞋的内腔轮廓和脚型外轮廓的吻合度较差时，就会减损其消除静电的效果。有一种更直接、更有效的途径，即使导电金属丝穿越外底和内底的各个层，与足底直接接触，从而在人体与地面之间，直接架起排除静电的通道。这样，就能随时把沿通道积聚的静电导出鞋外。

为了泄放静电和防止雷击，采用导电塑料或导电橡胶研制成导电安全鞋，它具有地线功能。鞋底共有三层，与足掌接触的内层，放置了具有导电性能的碳线，中间层即在碳线下面放上一层导电海绵，最外一层便是用导电橡胶制作的鞋底。

由于工业上的工种多种多样。制鞋工业生产两种鞋：导电鞋（防静电鞋或导电鞋）和绝缘鞋（防电鞋）。防静电鞋的电阻值大于或等于 $100k\Omega$ 和小于或等于 $1000M\Omega$。穿用防静电鞋，可以避免人体带有静电。防静电鞋通过消散静电荷来使静电积累减至最小，从而避免诸如易燃物质和火花引燃危险。在化学工业，橡胶工业、轮胎生产中，人体带静电的情况最严重。导电鞋的电阻值小于 $100k\Omega$。如果必须在尽可能的最短时间内将静电荷减至最小，例如处理炸药，则必须使用导电鞋。

防静电鞋和导电鞋的电阻会由于屈挠、污染或潮湿而发生显著变化。如果在潮湿条件下穿用，鞋将不能实现其预定的功能。穿用过程中，一般不超过 200h 应进行一次电阻测试。如果电阻不在规定的范围内，则不能作为防静电鞋或导电鞋使用。

防静电鞋和导电鞋在穿用时不应该同时穿绝缘的毛料厚袜及绝缘的鞋垫。使用导电鞋的场所应是能导电的地面，使用防静电鞋的场所应该是防静电的地面，防静电鞋应与防静电服配套使用。

穿普通鞋的人，在工作中与带电材料接触，身体就带有静电荷。在这种情况下，火花放电的不愉快感觉会影响工作节奏。另外，在防爆环境下，人体就会成为发生火灾和爆炸的潜在源泉。

绝缘鞋对电工作业人员起绝缘防护作用。

第五节　鞋的耐汗性

　　当体温调节机能依靠皮肤散热不够时，人体会以出汗的形式来增加散热。出汗对体温调节有很大的作用。足是人体单位面积汗腺最多的部位之一。人体各部位每平方厘米上的汗腺数如图6－3所示。

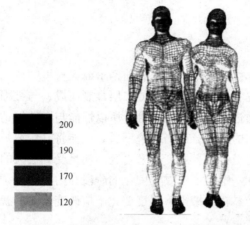

图6－3　人体各部位单位面积汗腺数目示意图

　　足部的汗腺分布也不均匀，足底汗腺分布密度最大，足背汗腺分布密度最小，脚后跟部位的汗腺分布居中。足上几个部位每平方厘米上的平均汗腺分布数目如图6－4所示。

　　足部的汗腺很多，出汗量自然就高，汗液对鞋会有什么影响呢？

　　汗液使鞋材和接缝破坏，是鞋过早损耗的原因之一。汗中约含有1%的可溶性干燥物质，其中主要是氯化钠、酸类和其他化学活性物质。汗从内底或鞋帮挥发时，这些干燥物质聚集在内底和帮面材料上，逐渐堵塞它的毛细管，使鞋的脆性增加。

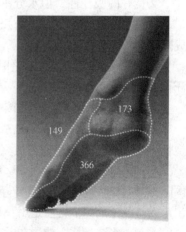

图6－4　脚部位单位面积汗腺
　　　　数示意图

　　在穿鞋过程中，汗不断地积聚在鞋的内表面上，为各种土壤微生物和其他微生物创造出良好生长繁殖条件。汗液的影响，由于尘埃和泥污的存在而加深，另外，由于多次屈挠和足与鞋表面的摩擦，使鞋材的强度和弹性大大降低，引起破损、腐烂、内底变硬、跖趾部位龟裂和帮面出现斑点。

　　人体活动时，汗液分泌增加，改变鞋的含湿量，鞋如果因吸收汗水而湿润，湿纤维比干纤维具有更高的导热系数，使鞋的传热能力增加。另外，湿鞋与皮肤及袜间的相互粘连，使原有空气层减少，导致鞋的热阻降低。

　　来自人体皮肤和外界环境中的一切脏污都能堵塞鞋料之间的空隙，减少鞋料中和鞋内空气层的静止空气，并且皮肤分泌的污垢和环境中的尘土，都是固体物质，其导热性比空气大得多，因此，脏污的鞋热阻减小，同时也使得鞋的透气性降低。

由青霉菌和细菌形成的色素，常破坏人造材料制品的外观，出现灰、绿、黑、粉红等各种颜色的斑点。

鞋的耐汗性在很大程度上取决于鞋材的耐汗性。鞋用材料耐受足汗长期浸渍的能力叫鞋材的耐汗性。在脚汗长期浸渍下，鞋材的透气和除湿性能不仅会降低，而且可能导致材料性能的改变。

一、 对鞋材的要求

遭受汗作用最多的部位是鞋垫、后跟和前帮里或无衬里的鞋面革。鞋里革一般由绵羊皮、山羊皮、马皮、猪皮和牛皮等的头层或二层鞣制而成，与鞋面革配合使用，可以增加鞋面强度。由于鞋里革通过袜子与人足接触，所以性能与鞋的舒适性有关。当鞋穿在足上时，衬里必须能吸收鞋内的湿气；而当鞋脱下后，又能将其释放。这样，才能提高足的舒适感。不能透过湿气的衬里会使鞋腔变成密封仓，使足受到极大的伤害。

制鞋过程中，包括在一定温度下黏合固化的阶段在内，衬里须能承受住这种温度，既不遭受任何损伤，也不熔黏在鞋楦上。温度变化不应改变产品的触觉。

鞋里革应具有以下特点：

①具有弹性，使足舒适。

②良好的吸汗性，但水分不能浸透，因此尽可能采用轻涂饰。

③较大的摩擦因数，以防止步行时滑脚现象发生，当然，摩擦因数过大，会给脱鞋造成障碍。

④耐汗性，当耐足汗性差时，革易受损伤。通过戊二醛复鞣处理可以提高鞋里革耐汗性。

⑤染色摩擦坚牢度好，当染色摩擦坚牢度差时，容易污染袜子或足。

如果鞋垫、后跟和前帮里或无衬里的鞋面革经过染色，因经汗液浸泡，可能引起皮革褪色，需考察皮革颜色坚牢度（特别是深色革），这就涉及有色皮革耐汗牢度问题。

我国的轻工行业标准《QB/T 2464. 23—1999（2009）皮革　颜色耐汗牢度测定方法》和国际标准《ISO 11641：1993 皮革—颜色牢度测试—颜色耐汗牢度》就是专门针对此问题提出来的。测试的标准方法是用一种人造汗液模拟人出汗的作用进行测试，将试样与毗连织物紧贴着制成复合试样，放置在适当装置中，保持一定的温度、压强，保留规定的时间，再将复合试样干燥。在测试过程中，皮革的颜色可能会发生变化，毗连的织物可能会被沾污。沾色用灰色样卡评定毗连织物的沾色程度，变色用灰色样卡评定皮革试样颜色的变化。

微量氨基酸是导致染色物色泽牢度变化的主要因素，其中影响最大的是"组氨酸"。

人汗液的 pH 通常在 6~7，在停滞状态下，pH 升高到 8.0 或 8.5。

汗液刚排出时带弱酸性，后来由于微生物作用，pH 通常显示弱碱性。碱性汗液对皮革颜色影响大大超过酸性汗液。

美军试验方法标准 3211.2—75 规定，皮革试样经人造汗液定时湿热处理后，以试样面积变化的百分率表示其质量，称为皮革的耐汗形稳性。可见汗液可引起制品的形状改变。

皮革受汗液作用变质损坏的原因中，汗液的成分应是主导因素，与之相关联的两个重要因素，一是汗液的湿热作用，二是伴随汗液的机械作用。

在设计鞋内底部件时，可以根据汗腺的分布，选择恰当的材料，在汗腺分布密度大的部位，要充分考虑所选择材料的吸湿和透气性能，以确保湿气能及时地被吸收或排出。人脚趾和足底心易出汗，因此在温度、湿度适宜的条件下，霉菌、真菌极易生长繁殖，引发脚气等疾病。

由于鞋里革易吸足汗，染色摩擦坚牢度要强，涂饰颜色最好选淡色系列。选用深色时，要考虑染色坚牢度的因素。

二、 汗液浸泡对鞋材的影响

有些材料在汗液浸渍时，其体积膨胀，强度降低，致使鞋体变形，鞋内部件迅速损坏，耐折性能变差，容易折断。汗对鞋面皮革的作用，与不受汗作用的皮革对比，耐多次屈挠性降到原值的 $1/3 \sim 1/2$。

鞋在穿着过程中，由于特殊细菌（尿细菌类，又称作氨化器）生命活动的结果，尿素受破坏，析出氨气和铵盐。在这种情况下，皮革产生翘曲、变黑、发硬、松脆、脱鞣，细菌与泥污、灰尘和土壤一同带入鞋内。皮革脱鞣后易被腐败微生物和霉菌继续破坏。

Williams-Wym 采用人工汗液对皮革进行了系统的耐汗试验。他们将样品（收集的样品没有进行复鞣处理）浸泡于 10 倍样品中的人工汗液中，将它们在 40℃ 的恒温器中浸泡 2d 后，取出样品，挤掉汗液，平铺于玻璃板上放入热循环干燥箱中，经 40℃、2d 的干燥处理（这被称为一次处理）。将一次处理后的样品，更换汗液重复以上操作作为 2 次处理。以此类推进行 4、8、16 次处理，对各种处理次数不同的样品进行质量和面积的测量，再进行抗张强度、断裂伸长率、撕裂强度、铬含量和收缩温度的测定，鞋里革的耐汗试验中的机械性能变化值，见表 6-4。

表 6-4 鞋里革耐汗试验后革的机械性质变化[91]

种类	浸渍次数	厚度*/mm	质量变化率/%	面积变化/%	抗张强度*/(kg/mm)	断裂伸长率*/%	撕裂强度*/(kg/mm)
	0	0.66±0.02 (100.0)	100.0	100.0	1.56±0.89 (100.0)	32.1±10.1 (100.0)	3.14±0.95 (100.0)
	2	0.79±0.06 (119.7)	121.6±2.3	96.3±1.4	1.17±0.42 (75.0)	4.4±7.2 (107.2)	2.55±0.71 (81.2)
猪革	4	0.72±0.05 (109.1)	119.2±1.8	97.6±1.6	1.07±0.26 (68.6)	30.1±6.3 (93.8)	2.59±0.86 (82.5)
	8	0.63±0.07 (95.5)	112.7±3.1	98.8±2.9	1.19±0.32 (76.3)	26.0±7.6 (81.0)	2.63±1.08 (83.8)
	16	0.54±0.09 (81.1)	98.9±1.4	97.3±8.6	1.30±0.56 (83.3)	13.2±7.4 (41.1)	2.00±1.31 (63.7)

续表

种类	浸渍次数	厚度*/mm	质量变化率/%	面积变化/%	抗张强度*/(kg/mm)	断裂伸长率*/%	撕裂强度*/(kg/mm)
马革	0	0.91±0.07 (100.0)	100.0	100.0	1.15±0.29 (100.0)	46.8±11.0 (100.0)	3.11±1.00 (100.0)
	2	0.97±0.10 (106.0)	122.1±4.7	90.2±3.3	0.99±0.24 (86.1)	47.9±9.1 (102.4)	2.41±0.70 (77.5)
	4	0.80±0.08 (87.9)	115.8±3.3	87.1±2.6	1.31±0.33 (113.9)	49.6±6.6 (106.0)	3.30±0.81 (107.1)
	8	0.70±0.08 (76.9)	107.3±1.5	84.5±3.1	1.31±0.30 (113.9)	41.4±10.4 (88.5)	3.67±0.79 (118.0)
	16	0.64±0.09 (70.3)	99.2±1.2	85.6±3.1	1.24±0.42 (107.8)	33.9±7.1 (72.4)	3.60±0.57 (115.8)
小羊革	0	0.62±0.04 (100.0)	100.0	100.0	1.85±0.29 (100.0)	48.4±7.8 (100.0)	2.93±0.71 (100.0)
	2	0.80±0.05 (129.0)	127±4.1	94.7±2.1	1.64±0.29 (88.6)	45.6±8.0 (94.2)	2.15±0.74 (73.4)
	4	0.73±0.07 (117.7)	119.4±6.5	92.0±2.5	1.92±0.42 (103.8)	43.8±12.3 (90.5)	2.67±1.35 (91.1)
	8	0.64±0.04 (103.2)	110.1±4.1	88.9±3.0	2.26±0.66 (122.9)	40.9±4.9 (84.5)	3.03±1.45 (103.4)
	16	0.58±0.04 (93.5)	102.3±2.6	89.2±2.5	2.24±0.44 (121.1)	31.3±7.4 (64.7)	2.77±1.31 (94.5)
牛革	0	1.08 (100.0)	100.0	100.0	108 (100.0)	36.8 (100.0)	4.12 (100.0)
	2	1.30 (120.4)	110.1	96.5	1.30 (120.4)	35.9 (97.6)	3.48 (84.5)
	4	1.28 (118.5)	108.4	96.2	1.27 (117.6)	36.6 (99.5)	4.22 (102.4)
	8	1.24 (114.8)	101.0	95.1	1.03 (95.4)	32.9 (89.4)	3.48 (84.5)
	16	1.16 (107.4)	96.5	94.3	1.25 (115.7)	26.4 (71.7)	3.57 (86.7)
合成革	0	0.80 (100.0)	100.0	100.0	0.08 (100.0)	98.3 (100.0)	2.34 (100.0)
	2	0.82 (102.5)	122.5	99.0	0.82 (102.5)	87.7 (89.2)	2.23 (95.3)
	4	0.81 (101.3)	123.4	97.8	0.43 (53.8)	93.3 (94.9)	2.26 (96.6)
	8	0.81 (101.3)	116.1	98.4	0.54 (67.5)	113.3 (115.3)	2.57 (109.8)
	16	0.81 (101.3)	119.3	98.5	0.53 (66.3)	97.7 (99.4)	2.34 (100.0)

*平均值±可信度95%。括号中的数据为相对于未处理的百分比，下同。

由于汗液里含有盐分，革样浸渍后，吸收了汗液中的盐分，革的厚度和质量比没有浸渍处理前有所增加，2 次浸渍处理后达最大值，3 次处理后呈现慢慢下降的趋势。马革厚度在浸渍处理前后变化最大。浸渍处理对抗张强度的影响无明显趋势，但对断裂伸长率影响明显，断裂伸长率随浸渍处理次数增加而减少，其中猪革经 16 次浸渍处理后，断裂伸长率减少了 40%。

鞋里革耐汗试验的各物理性能变化结果见表 6-5。

表 6-5　　　　　　　　　　鞋里革的耐汗性试验后物理性质的变化[91]

种类	浸渍次数	0.5MPa 荷重时伸长率*/%	极限伸长率*/%	极限荷重*/kg
猪革	0	41.6±9.3（100.0）	73.9±11.7（100.0）	8.8±2.3（100.0）
	2	47.9±12.1（115.1）	70.5±15.8（95.4）	8.2±1.7（93.2）
	4	43.4±11.3（104.3）	72.7±8.4（89.4）	8.2±1.8（93.2）
	8	43.5±8.0（104.6）	65.1±17.2（88.1）	7.2±2.1（81.8）
	16	35.0±10.3（84.1）	44.2±12.8（59.8）	5.2±1.7（59.1）
马革	0	29.4±8.7（100.0）	61.1±11.5（100.0）	11.6±2.0（100.0）
	2	39.0±6.9（132.7）	62.0±12.9（101.5）	10.2±1.9（87.9）
	4	36.4±7.2（123.8）	65.9±14.7（107.9）	10.7±2.4（92.2）
	8	46.1±7.1（156.8）	67.7±16.3（110.8）	8.4±1.0（72.4）
	16	37.5±8.9（127.6）	57.0±15.7（93.3）	7.6±0.8（65.5）
小羊革	0	27.2±1.4（100.0）	57.0±8.2（100.0）	11.5±2.0（100.0）
	2	34.1±4.1（125.4）	67.0±15.0（117.5）	11.6±1.8（100.9）
	4	33.6±4.7（123.5）	66.3±13.5（116.3）	11.3±2.4（98.3）
	8	33.2±4.8（122.1）	63.9±14.5（112.1）	11.2±2.1（97.4）
	16	29.3±7.6（107.7）	57.5±19.0（100.9）	10.1±2.0（87.8）
牛革	0	32.7（100.0）	66.3（100.0）	13.9（100.0）
	2	29.0（88.7）	56.9（85.8）	12.6（90.6）
	4	31.2（95.4）	65.6（98.9）	12.5（89.9）
	8	37.5（114.7）	58.0（87.5）	12.1（87.1）
	16	32.7（100.4）	63.0（95.0）	9.6（69.1）
合成皮革	0	不能测定	96.8（100.0）	3.4（100.0）
	2		88.5（91.4）	2.6（76.5）
	4		90.0（93.0）	3.0（88.2）
	8		95.9（99.1）	3.2（94.1）
	16		92.8（95.9）	3.2（94.1）

*平均值 ± 可信度 95%。

在低荷重时革的伸长率不受浸渍处理的影响。革的最大伸长率却受浸渍处理的影响，

16 次处理后的猪革、马革的极限荷重约减少 60.7%。人工汗液处理使皮革的物理性能降低。

鞋里革耐汗实验的化学分析值结果见表 6 – 6。

表 6 – 6　　　　　　　　　　鞋里革的耐汗性试验后革的化学分析值变化[91]

种类	浸渍次数	铬含量*/%	收缩温度*/℃
猪革	0	3.81 ± 0.50 (100.0)	93.9 ± 3.6 (100.0)
	2	2.17 ± 0.27 (57.0)	71.2 ± 1.9 (75.8)
	4	1.78 ± 0.19 (46.7)	61.0 ± 1.8 (65.0)
	8	1.54 ± 0.22 (40.4)	53.3 ± 3.0 (58.9)
	16	1.42 ± 0.19 (37.3)	52.5 ± 2.0 (55.9)
马革	0	4.01 ± 0.18 (100.0)	103.1 ± 2.6 (100.0)
	2	2.42 ± 0.08 (60.3)	82.1 ± 1.3 (79.6)
	4	1.93 ± 0.28 (48.1)	71.4 ± 2.1 (69.3)
	8	1.59 ± 0.23 (39.7)	65.6 ± 2.7 (63.6)
	16	1.48 ± 0.20 (36.9)	60.6 ± 2.2 (58.5)
小羊革	0	3.49 ± 0.76 (100.0)	100.3 ± 4.7 (100.0)
	2	1.98 ± 0.57 (56.7)	84.4 ± 1.5 (84.5)
	4	1.42 ± 0.71 (40.7)	75.1 ± 3.4 (74.9)
	8	1.13 ± 0.66 (32.4)	71.3 ± 3.8 (71.1)
	16	1.0 ± 0.67 (28.7)	68.5 ± 4.9 (68.3)
牛革	0	4.55 (100.0)	106.2 (100.0)
	2	2.30 (50.4)	82.9 (78.1)
	4	1.90 (41.7)	75.6 (71.2)
	8	1.60 (35.1)	68.0 (64.0)
	16	1.46 (32.0)	64.5 (60.7)

* 平均值 ± 可信度 95%。

铬含量随浸渍处理次数增加而减少，说明发生了铬溶脱的现象，而且铬溶脱现象与畜种关系不大。热变性温度随浸渍处理次数增加而减少。从化学角度分析，由于汗破坏了铬络合物中的化学键，鞣制效果也随之降低，使革的物理性能低下。这是因为汗液中的无机盐等小分子物质，对于皮革中的铬具有一定的溶出作用。

国际标准化组织目前正在组织皮革内萃取金属的标准测定方法的编写工作。这套方法特别适用于铬的测量，也可用于很多其他金属，包括铝、铜和铁等的测量。

汗液浸泡对革的透湿率也有影响。刘京龙等人的试验表明：随着汗液浸泡次数的增加，猪坯革的透湿率呈先升高然后下降的趋势。这可能是因为：在汗液浸泡的初期，汗液中的某些无机盐等物质会渗透到皮革胶原纤维的内部，起到一定的分散皮革胶原纤维的作用，从而对气态水分子在皮革纤维内部的传递，起到一定的增加作用。经过几次浸泡后，其中的一些物质会沉积在皮革的表面或内部，阻塞气态水分子的通过，从而使皮革试样的透湿性能下降。

综上所述，必须要求鞋具备一定的耐汗性。鞋的耐汗性与鞋材的耐汗性密切相关，与鞋材的制造过程相关。

据汤克勇等试验得知：复鞣能够提高皮革胶原纤维的耐汗性；加脂使得皮胶原纤维的耐汗性降低。

铬复鞣的皮革胶原纤维试样经过浸汗处理后，耐干热收缩性能急剧降低，并且耐干热收缩性能与浸汗处理时间呈反比关系：浸汗时间越长，其耐干热收缩性能越差。原因可能是，在浸汗处理时，由于汗液中某些成分与皮革胶原纤维发生作用，使胶原纤维分子之间的一些化学键断裂，使得皮胶原纤维的微观结构发生了变化，变得不稳定，容易发生收缩。另外，浸汗处理时，汗液中的某些物质会与铬鞣皮革胶原纤维中的铬发生作用，使其发生"脱鞣"作用，使皮革胶原纤维在热的处理方面变得不够稳定，容易发生收缩。

汗液处理使得加脂皮胶原纤维的耐干热收缩性能降低了。对于不同的加脂剂，其耐干热收缩性能受汗液处理时间的延长，降低的程度不同。

第六节 鞋的感觉性能

人对鞋的感觉是依靠五官感知的，尤其密切关联的是皮肤感觉、嗅觉感觉和听觉感觉。鞋的感觉性能按对应的感觉器官分为：与触器官有联系的是触觉性能；与嗅器官有联系的是嗅觉性能；与听器官有联系的是声学性能。

一、触觉性能

人们在穿鞋时，足部会有各种各样的感觉，有时觉得舒适，有时觉得难受。鞋应具备良好的触觉性能。影响触觉性能的因素很多，如鞋是否合足、足底和足背压力、鞋的稳定性及鞋腔内的微气候等。有些方面的内容在前面章节已经述及，本节只讨论触觉性能的其余方面。将鞋的触觉性能分为：光滑性、支撑性和借感觉器官鉴别的性能三个方面。

1. 光滑性

鞋部件及其连接部位的表面应光滑，以保证在穿着和穿脱鞋等时的安全。对鞋的里面要求极其严格，鞋内表面无皱褶、伤痕、不平整等，鞋子内部不可有凸出的粗糙缝线刺激足部，也不可有铁钉或其他突出物。这样才能保证不会对足造成局部过分挤压或局部压力过大。

2. 支撑性

鞋的支撑性可分为内支撑性和外支撑性，内支撑性是指与足底支承面接触的内底面的性能。

鞋的内底面可能是柔软的、有弹性的，以预防或治疗为目的时，鞋内底可能是凹凸不平的。

日常穿用鞋的内底面应是软的，与足的摩擦因数不大，不致引起足的过热而成鸡眼。

专用鞋的情况有所不同。例如，有一种夏季矫型鞋，内衬特制的鞋垫，鞋垫由塑性、硬橡胶和铝的混合料制成，作用如同锉子，足在步行中沿垫片滑动，有助于去掉足底皮肤的上表皮层，鞋的两侧内表面和中间都较硬。为了起到特殊效果，应赤足穿用。

鞋的外支撑性与足支承面的触觉有联系，与鞋底厚度及材料性能有关。例如，日常穿用鞋的鞋底必须阻挠支承面的不平部位对足的伤害。而专用运动鞋却经常采用最低厚度的鞋底，以便于足球队员感觉到球，体操运动员感觉到木杠，举重运动员感觉到木板台、速度、花样滑冰运动员和冰球运动员感觉到冰，登山运动员感觉到岩面等的存在。

3. 借感觉器官鉴别的性能（触摸方法）

人用触摸方法可以感知刚度、光滑性、弹力、粗糙度和黏性等，对于鞋来说，主要在穿鞋和脱鞋时有这种感受。对接触和压力最敏感的是人的手指，在脱鞋中系鞋带，解鞋扣等过程中手的感觉可以证明这一点。

触摸性能为来自材料的综合感觉。对织物的感觉划分为：丝绸、类亚麻、类棉、毛茸等感觉。

对足的触觉感受来讲，通常用感觉极限实验来确定。

二、 嗅觉性能

鞋的气味由足分泌物和鞋材的气味等混合而得。气味知觉通过专用感受器获取，这种感受器在上鼻腔中部和鼻中隔的黏膜内。表面有嗅细胞的黏膜不超过 $5cm^2$。人体共有嗅细胞6000万个。嗅觉特别灵敏、细腻。物质的气味在空气中仅有极少量的时候，人就能嗅到。

鞋应具备良好的嗅觉性能，至少不得有令人讨厌的气味，应能吸收汗味。人们经常面对鞋内的恶臭气体，对此必须采取必要的措施加以净化。

1. 恶臭气体

恶臭气体是指凡能刺激人的嗅觉器官，引起不愉快、厌恶或损害人体健康的气体。

脚臭是一种令人不愉快的气味，给人们的日常生活带来困扰。皮肤的分泌和排泄功能主要通过皮脂腺和汗腺完成，汗腺通过汗液分泌和蒸发调节足温，由此在鞋腔内形成低氧、高湿和富营养的环境，为细菌生长提供了有利条件。脚臭来自细菌分解汗液、皮脂和蛋白质而产生的有气味的脂肪族化合物和甲基硫化物。

鞋内恶臭气体中对人体健康危害较大的有氨、硫化氢、硫醇类、二甲基硫、三甲氨、甲醛、苯、乙烯、正丁酸和酚类物质，这些气体进入人体后，直接危害人的呼吸系统、循环系统、消化系统、内分泌系统和神经系统，使人烦躁不安，精力分散，记忆力下降。

恶臭气体除硫和氨外，大部分为有机物，具有极强的亲水性和亲脂性，其沸点低，挥发性强。

鞋内恶臭气体可分两种情况：一是没有穿用的鞋内恶臭气体；二是穿用后的鞋内恶臭气体。没有穿用的鞋内恶臭气体主要来源于鞋材和胶粘剂。不同的鞋材和制鞋工艺，其气体成分不同。皮鞋中的恶臭气体主要来源于皮革、鞋底、中底、内设弹性体、鞋里、胶粘剂和光亮剂等处理剂。由于上述材料在制作过程中，添加的各种助剂，包括溶剂、浸润剂和偶联剂等，导致了许多有机挥发物混合产生恶臭气体，而布鞋和胶鞋的气味一般来源于硫化材料和粘合用胶等。

穿用后的鞋内气体情况发生了变化，一是在湿热摩擦的作用下，鞋内气体加快释放速度；另一方面，足上汗腺分泌物的排出，包括水分、蛋白质、无机盐和脂类物质，造成细菌生长繁殖、发酵及死亡细菌尸体腐烂产生异臭气体，使鞋内臭味加重。

2. 鞋内恶臭气体净化技术

鞋内恶臭气体净化方法可分为六大类，分别采用不同的原理净化鞋内恶臭气体，以下分别叙述。

（1）掩蔽中和技术　掩蔽中和技术采用一种或多种芳香物质和添加剂与恶臭气体中和，形成另一种新的，使人们愉快的气体或改变恶臭气体化学成分，使人们的嗅觉可以接受。

掩蔽中和可采用三种方法实现：采用更强烈的芳香物质喷涂在鞋内的里材垫层内；微囊缓释技术将芳香物质设置在包裹物体内，在温度、湿度适宜的条件下释放；采用中和剂消耗恶臭气体。

采用掩蔽中和除臭，方法简单，可快速消除恶臭，成本较低。但需要对不同的芳香物质进行调整，适当控制不同物质产生的气体比例，而中和剂材料较多，难以准确把握。此外，掩蔽中和技术的除臭时效较短，在摩擦、洗刷后快速挥发。中和产生的新物质，因人而异，可能会有轻微的气味。

（2）稀释扩散技术　稀释扩散技术采用新的具有结构功能的装置，将鞋内恶臭气体排出或部分排出，降低鞋内恶臭气体的浓度。

稀释扩散可采用五种方法实现：采用单向进气阀和出气阀来控制泵的工作状态；采用大底结构变化使气体压缩排放；采用鞋内自然通气孔与外界相通自然排放；通过帮面、帮孔向外排放；通过鞋口特殊设置排气门窗，向外排放气体。

稀释扩散除臭方法能有效地除湿，破坏细菌生存条件和环境，但复式结构包括增加气泵、气阀等装置，结构复杂，成本较高，同时必须提高气体排放和换气效率，方可达到净化目的。

（3）吸收、吸附技术　吸收、吸附技术采用具有溶解和吸附功能的液相或固相物质对恶臭气体进行溶解和吸收，通过固相高比表面和表面能极强的物质，对恶臭气体进行吸附，使之移到固相物质表面或内部，防止其释放挥发。

可采用四种方法实现：采用具有吸附功能、表面能高的粉体、颗粒或块体材料设置在鞋内或制作成净化器件，如采用分子筛、活性炭或高比表面的纳米材料，制作成净化床，设置在鞋的底部或帮的里侧，以达到吸附和净化作用；制作成鞋垫，在鞋垫内设置净化床；将吸附分解功能的材料与胶体复合使用，设置在粘合体系内，用于帮面和里衬的粘合，同时达到净化作用；将吸收功能的液相材料设置在固体颗粒为载体的表面或内部，使之与恶臭气体接触而达到"溶解"目的。

这种除臭方法利用吸收和吸附功能的物质，净化效果较好，但消耗材料多，成本较高，吸附后恶臭气体分子吸附在粒子上面，必须脱附、解吸方可除去恶臭气体分子，吸收物质吸收恶臭气体分子后，转化成其他物质，当达到吸收饱和后失去吸收功能，设计大容量吸收物质效果更佳。

（4）氧化分解技术　氧化分解技术采用具有强氧化能力和活化催化功能的物质对鞋内恶臭气体进行净化，其实质是通过净化材料与恶臭气体进行化学反应，使之产生新的物质。

可采用四种方法实现：将具有净化功能的物质制作成净化床式配件设置在鞋内；将具有氧化分解功能的颗体、颗粒、块体或薄膜材料设在鞋内的材料空间里，通过导层和微孔进行缓释反应；可以与吸附材料复合制成床体或垫体设置在鞋内；可以制成活动的调换的垫体后置于鞋内。

氧化分解技术净化效率高、催化效果好、除臭功能强，但耗用氧化剂和催化剂，成本较高。

（5）整鞋内置净化技术　整鞋内置净化技术是将具有恶臭气体的整鞋放入净化设备中进行净化处理。其净化机理在于设备内设有负离子发生，红外净化或微波发生器。设备内的负离子、红外波或微波等对鞋内的恶臭分子进行分解，对细菌进行灭活，达到净化目的。

（6）微生物净化技术　微生物净化技术是一项新兴的净化技术，利用微生物的代谢活动使恶臭气体氧化、降解，对含硫、氨、氮的恶臭气体进行分解，具有成本低、脱臭效率高的特点。其机理在于利用微生物的生化作用达到分解的目的。该技术应用于鞋内可能产生微生物的不正常生长和人体心理负面影响，还有待进一步探讨。

以上各种除臭净化方法并非都进入了实用阶段，但鞋的除臭已经引起了人们的普遍重视，也有一些这方面的应用实例。如一家美国公司制造了一种鞋垫，其中含有与软胶乳混合的活性炭粉末。这种鞋垫既能吸汗，又能吸汗味。

一些鞋为了排出汗臭，鞋的内表面用特殊液体做过处理。有人研制出这样的鞋，由于加入了芳香物，鞋具有一定香味。个别鞋采用了具有香水气味的芳香衬垫和附加部件。

三、声学性能

鞋的声学性能主要指鞋在穿着过程中发出的摩擦声和丝鸣声等。硬底鞋在穿着时，可能与地面发生强烈的撞击声响，软底鞋在穿着时，可以因人体重力是否作用到鞋底上而发出吱吱声。

鞋在穿用过程中，不应产生过大的噪声，影响安静的环境，因此应具备良好的声学性能。鞋与支承接触时不得吱吱作响和有敲击声。

复习思考题

1. 鞋在使用过程中应具备哪些功能？
2. 鞋内有毒有害物质主要有哪些？各有什么危害？
3. 评价鞋卫生性能的指标有哪些？为什么？
4. 描述鞋内微气候的参数有哪些？举例说明影响鞋内微气候的因素有哪些？
5. 鞋用材料渗透性包括哪几个指标？各指标的含义如何？
6. 请分析哪几方面的因素影响鞋的透气性？
7. 汗液对鞋的性能有什么影响？为什么？
8. 针对鞋内恶臭气体，主要有哪些净化方法？各自的特点如何？

第七章　鞋的安全性能

鞋的基本功能是保护功能，人类对鞋保护性能的要求表现在多个方面，在不同的环境条件下，要求各不相同。在常见的条件下，我们关注鞋的安全性能，希望鞋能够有助于防滑。在极高或极低温等极端条件下，鞋类的保护性能尤为重要。

第一节　鞋的保护性能

在日常生活、生产和运动时，足都有可能受到损伤，在不同的环境下，外界对人体作用的性质、延续时间和强度等不同。因此，必须根据用途，使鞋具备一定的保护性能，以预防足的损伤。

生活用鞋能保证人足在通常的环境条件下，免遭物理（寒冷、不平支承面和滑动等）和生物（爬虫或昆虫咬伤等）作用的侵害。生活用鞋的保护性能不占主要地位，通过常规的鞋类结构即能实现。

生产用鞋和运动鞋的穿着条件特殊，其保护性能便具有重要意义。防护环境作用的性能分为：防物理作用、防化学作用和防生物作用性能三个方面。

各大运动鞋业公司都在进行各类运动鞋的功能性研究，以确保参加各种运动项目的运动员，在运动时足部受到最小的伤害，据此研究制造出相应的功能性运动鞋。

保护工人的防护用鞋，也具备特殊性能。很多鞋都需保护足免遭部件、工具掉落引起的碰伤或碰撞在硬物上等的侵害。在企业的机工车间里，在机床中循环的润滑冷却液，有总量的2%~8%溅落在工人鞋上。在化学工业企业里，作用于操作工人鞋上的侵蚀性介质，有温度为0~100℃的不同浓度的酸碱物质。在这种环境下穿着的防护鞋应能耐腐蚀，并能保护足免受腐蚀。

鞋同样应保护人足免遭生物侵害。

保护劳动者在工作时，足部不致受到伤害的鞋子，叫作工作鞋，也称为安全鞋。工作鞋系就鞋子的穿用目的而言，安全鞋系就其功能命名。工作鞋有维护工作者安全的功能，运动鞋有维护运动者安全的功能，故安全鞋是较广泛的称法。工作鞋或安全鞋也常称为劳动保护鞋。

在工作中，足部较易受到伤害的行业有：采矿业、农业、林业、运输业、制造业、钢铁业、仓库业、码头业及救火队员等。导致职业灾害的主要因素有：①水滑、水浸；②冷、热；③重物落击；④热熔物质烫伤——金属、玻璃、熔浆；⑤尖物刺穿；⑥油滑；⑦静电产生火花，导致爆炸；⑧腐蚀性物质或有毒物质的侵害。

为了预防有害的影响，鞋应具备一定的保护性能。保护性能主要包括：防机械作用（防冲击、防刺穿、防滑和防震性能）、防水作用（防水性能）、保证热舒适性作用（防寒、防热性能）和防电作用（防电性能），以下分别讨论上述四类性能。

一、 防机械作用性能

1. 防冲击性能

鞋在穿着时，可能遭受瞬间（冲击或刺穿）和长期的有害机械作用。在生活中可能发生鞋（最常见的是前尖部位）碰撞在某些硬物或重物上，受到撞击或物体落在足上等。生活用鞋对于足遭受冲击，起保护作用的是刚性内包头和主跟以及鞋底。

供生产用的防护鞋是在不同劳动条件下供劳动者穿用以保护足和人身不受伤害的鞋产品。防护功能鞋须根据工作环境而选用不同的材质、结构和工艺来制作，否则就不具备保护功能。

如处理冷却的金属和在未冷却的炉内工作的工人，穿着带金属包头的专用鞋，可以保护足前尖不受伤害。包头用经过热处理的、厚度为（1.5±0.15）mm的钢板制成，可承受200J的冲击。金属加工车间多见金属屑和润滑油散落地面，因此鞋底应用耐油橡胶如丁腈或弹性较好的塑料。伐木工人用的鞋，具有刚度特强的卡普纶内包头，可以防护大、小树枝等降落时的冲击。矿井工人用的鞋也有保护包头。防砸压是建筑工人鞋的第一需求，采用钢包头是有效保证，除了以包钢的鞋头保护脚趾外，并可加足背护片。

有一种供重型机械操作者和搬运工人穿的安全鞋，鞋头内有一种用强度为80MPa的特殊钢材制作的衬里，以保护足被砸伤，试验表明：即使1t重的重物砸在足背上也安然无恙。此外，鞋底也比一般鞋底表面粗糙，可防止摔倒。另一种安全鞋是为摩托车骑手而设计的，这种鞋的鞋头和后跟均衬有一薄层特殊钢板，可承受450kg的压力而不变形。如果骑车不慎摔倒，可保护足部免受损伤，故又称骑士鞋。

保护脚趾安全鞋的耐压力性能及抗冲击性能用鞋头受压和冲击时鞋头高度变化表述。其要求见表7-1。

表7-1 耐压力性能及抗冲击性能[7]

类别	耐压力/kN	抗冲击		变形后高度/mm	
		冲击锤/kg	高度/mm	鞋头	内包头
An1	15	23	900		
An2	10		450	≥15	≥22
An3	4.4		120		
An4	3.0	5	450	≥15	≥22
An5	1.5		225		

注：An1、An2、An3为金属内包头，An4和An5为非金属内包头，如玻璃钢等。试验方法按行业标准LD50规定进行。

对保护脚趾安全鞋的耐压力性能及抗冲击性要求是分级的，应根据不同的作业场所选用不同类型的鞋。表7-2列出了各类鞋的适用范围。

表7-2　　　　　　　　　　　　　　各类保护鞋的适用范围[7]

类型	适用范围
An1	冶金、矿山、林业、港口、装卸、采石等作业
An2	机械、建筑、石油化工等作业
An3	电子、食品、医药等作业
An4、An5	纺织、钳工等作业

运动鞋的性能常按耐穿性、安全保护性、舒适性以及运动专项性等几方面进行评价。

在运动鞋的结构中，保护性能极其重要。运动鞋防冲击的方法是采用特殊的保护贴片、护片和衬垫（软的、半刚性或刚性的），以及增加内包头、主跟和外底的刚度和厚度。

运动鞋还需满足专业运动的特殊功能，如重量轻、强度高、减震性好、具备保护性能及能提高运动成绩等。

随着运动功能要求的不同，中底结构变化较大。有特殊要求时，还有功能部件如气囊、导气与导汗装置和传感器等。

各式球类运动鞋、田径运动鞋、冰上运动鞋、登山运动鞋和武术运动鞋等，尽管都叫运动鞋，但由于竞技内容、场地条件、奔跑剧烈程度等的差异，鞋的造型、结构、材料和工艺都不一样。自由式摔跤和拳术用的高腰鞋，在第一跖趾关节和内、外踝处，衬以软垫的保护贴片，可以使运动员在做下蹲等动作时保足不受过大的冲击。

足球鞋的楦与脚型非常接近，不是为了追求舒服，而是要有足鞋合一的感觉，有利于运动员对球的控制。足球运动员用足的前尖、足背和里外怀踢球，冲击力可达5680N。另外，足也可能碰在球门上或与其他队员相撞。因此，足球鞋的趾弓区域，由内包头的最硬部位和装在鞋里面的软质微孔材料衬垫来保护，避免运动员的足受伤。靴舌下面的保护衬垫，可以缓和用足背踢球的冲击力。

为保证足球运动员的安全，在鞋的周边上，利用极硬的内包头、主跟和衬垫，形成保护构架。用皮革做的鞋后部高护片保护跟腱。在护片中采用内衬，提高防冲击性能。

篮球运动中不断的起动、急停、起跳和迅速的左右移动等动作，需要篮球鞋有很好的防冲击性、稳定性和屈挠性。篮球运动中，落地缓冲时最大冲击力能达到体重的5～7倍。这种冲击力在人体内会产生震荡波，对人体各部位造成不同程度的伤害。缓冲减震功能是篮球鞋的基本保护功能。篮球鞋的踝部保护和后跟稳定性非常重要，可从鞋帮的高度和中后帮硬度（加补强体）等方面改进来改善对踝关节的保护。一定高度的后帮防侧翻装置可以有效地提高鞋子的侧向稳定性。图7-1所示的篮球鞋，其长鞋舌升至足踝处，与宽鞋口形成足部的有效保护，同时增加舒适度。高帮的运动鞋可以提供良好的护踝作用。

打冰球时，若运动员互撞倒在冰上，鞋侧帮可能被冰或冰球杆冲击；用足拦截冰球时，也可能受到冰球的冲击（质量为0.17～0.18kg的实心橡胶冰球，用力抛出时，飞行速度可达2000～2300m/s）。因此，冰球鞋需要特别高的防冲击性能。

图 7 - 1　篮球鞋长鞋舌[145]

冰球守门员的鞋，用厚而硬的底革或塑料补做外装环形护片。

登山鞋的内包头，用特别硬而坚固的皮革制作，是为了适应山区条件，保护足因撞在岩石上或石块上受伤，也可利用高腰鞋前尖的硬质部分起到保护。重型登山靴为登雪山而设计，靴帮设计很高，一般在 20cm 以上，能够很好地保护足踝等部位。靴面采用硬塑树脂或加厚牛皮或羊皮缝制，内衬保暖鞋套，适应复杂恶劣的积雪、坚冰和岩石混合地形，有效保护登山运动员的足。

2. 防刺穿性能

在一些特殊的环境下穿着的鞋，需要保护足免遭强大的压力。可在鞋内采用各种衬垫，用于预防跑钉等冲穿内底面。如在田径鞋的跑钉钉头上面，固定一块钢板；在皮底高腰足球鞋的每一对跑钉上面，放一块钢纸板衬垫；自行车运动员用的便鞋，为防止由于脚蹬框上的锯齿压迫外底，使鞋变形而发生疼痛感，鞋内装有钢勾心衬垫。重型登山靴的靴底内衬钢板，具有很强的抗刺穿能力。

防刺穿鞋是指在内底与外底之间装有防刺穿垫，能防止足底刺伤的防护鞋。

抗刺穿力是指试验机以 25mm/min 的速度，将硬度不低于 HRC 52、锥度30°、锥端为 φ1mm 的穿刺钉压入鞋底，当鞋底被完全穿透时的力。不同级别的要求应符合表 7 - 3 中相应的数据。

表 7 - 3　　　　　　　　　各级别的抗刺穿力要求[7]

级别	抗刺穿力/N	级别	抗刺穿力/N	级别	抗刺穿力/N
特级	≥1100	Ⅰ级	≥780	Ⅱ级	≥490

Ⅱ级防刺穿鞋适用于有玻璃、铁屑、竹片等尖利物的场所或妇女等体轻、负重较小者使用。特级和Ⅰ级防刺穿鞋用于较恶劣的工作环境，如易被铁钉刺伤的场所。

劳动保护鞋需保护足不遭受过大的压力。如矿工鞋的鞋底应有一定的厚度和韧性以适应砂石硌脚的需要。消防鞋除防火外需防砸防钉，故在橡胶外底中间还要加上一层金属片或类似防刺穿物。

采用特种钢或芳纶织物做防刺层，抗刺穿强度高。采用高强纤维织物与橡胶的复合底，抗刺穿强度可以达到一级防刺标准。

同一种材料的防刺层，随着防刺层数的增加，抗刺强度也随之增加，但层数增多后，屈挠性变差，不便于运动。

防刺材料的类型和厚度对鞋底屈挠性的影响很大，如果能在防刺材料的高强度和柔软性之间找到平衡点，就可以降低鞋重，并能增加鞋的屈挠性，从而缓解运动疲劳。

3. 防磨损性能

磨损是一个物体与另一个物体发生接触和相对运动中，由于机械作用而造成的表面材料不断损失的过程。磨损表现为松脱的细小颗粒（磨屑）的出现，以及表现为受摩擦力作用的表面上的材料性质（化学性能、物理性能和机械工艺性能）和形状（形貌和尺寸、粗糙度和厚度）的变化。由磨损引起的材料损失的量称为磨损量，它的倒数称为耐磨性。

运动引起鞋底各部位不同程度的磨损，有些部位的磨损程度远大于其他部位。例如，链球运动员在传球时向右方旋转，支点是右足的跖趾部位、外踝和左足跟部。投球手转动时产生很大的角速度，由于投递物的重量（链球带链总质量为 7.725kg）在链上产生的力，使鞋与场地（混凝土地面）之间，产生很大的摩擦力。外底跖趾部位和后跟，以及鞋侧面第五跖趾关节区域磨损严重。

橡胶的磨耗过程相当复杂，其耐磨性取决于橡胶的强度、作用的疲劳程度和摩擦情况等。可选用耐磨橡胶制作鞋底的易磨损部位。

链球鞋外底的后跟和跖趾部位的补强体，用耐磨橡胶制成。这种鞋用热硫化工艺生产。田径鞋、排球鞋、网球鞋和击剑鞋，也都装有类似的补强件。

由于击剑比赛在金属场地上进行，外底和与支承接触的部位磨损很快，因此，击剑鞋也需要装补强件。

4. 防震性能

混凝土工、模型工和裁断工等工种的操作人员在工作中要承受频率超过 11Hz 的震动，而且这种震动的持续时间很长。

足的骨骼架构形成弓形，以减缓运动时对地的冲击力。但足弓所能承受的冲击力是有一定限度的，即使足底肌肉和角质层还可缓冲一部分力，仍需额外特别的保护才能使足不致受伤。

减震的目的就是要让减震物产生最大形变或增大实际接触面积，这种形变可以是材料形变也可以是结构形变。这种形变使地面对足的冲击部分转变为鞋底吸收的能量，从而达到减震的目的。

能起到减震作用的材料非常多，大凡能产生形变的材料都可以用于减震，材料形变越大，减震效果就越好。能用于鞋底的材料多为弹性体材料，也有少量发泡体材料。也可通过鞋底的结构形变来吸收震动，如在鞋底中加入气囊、弹簧或钢片等。

减震研究的目的不仅要尽力降低冲击地面的力值，而且要减小余震强度和次数。

从舒适性和安全性的角度考虑，鞋的足弓位置应该加上缓冲和减震装置，在不影响足弓正常功能的基础上，有效改善穿用性能。减弱震动水平的最有效手段之一，是使用有多层泡沫橡胶外底的防震鞋。

防震鞋能衰减来自足部的震动，缓解震动对人体的伤害。防震鞋减震值是指穿着防震鞋的试验者站在震动台上，测定震动台的输入震动速度级与鞋底输出的平均震动速度级的差值。防震鞋的减震值在不同震动频率的震动时，应符合表 7-4 中相应的要求。

表7-4 防震鞋的减震要求[7]

倍频程频带中心频率/Hz	减震值/dB
16	2~4
31.5	4~7
63	4~7

图7-2 篮球鞋的气垫

在篮球运动的投篮等动作中需要跳跃，落地时人体会承受很大的冲击，篮球鞋需要良好的减震功能。图7-2所示的篮球鞋，其鞋跟处的气垫增加运动中的减震性、弹性与灵活性。

田径运动的跳跃项目用鞋，为了减缓足跟与地面的冲击，内底装有缓冲垫。在跳跃的最后阶段，足着地瞬间，主要冲击落在足跟上，可达8820N。

跳伞运动员的鞋，具有多层泡沫外底，可预防运动员在着陆瞬间受到强烈冲击。外底前尖部位厚20mm，后跟部位厚度可达40mm。

从跳板上跳跃用的高腰皮鞋，鞋底需要有很好的减震作用，可预防着地瞬间受到很大的冲击。为了保证减震作用，这种鞋使用弹性好的橡胶外底。

芯片智能鞋采用传感器，能够对鞋子的避震系统进行精确检测，并能够感应跑步者的身形和步伐，根据地面软硬程度自动调节。利用传感器感应跑步者不同的缓冲情况，将数据传递到位于运动鞋底部拱形处的微处理器。处理器逐步调整鞋子的避震系统，提供最佳的缓冲。鞋子内置了电池提供电力支持。这是因为鞋的减震性能很好时，导致能耗增大，引起身体的疲劳，从而可按照所需减震要求，协调鞋的减震性能和能耗之间的关系，达到最佳的效果。

二、防水性能

鞋应保护人足不受水分的有害作用，鞋应具备一定的防水性能。

在穿着中经常与水接触的鞋，如防护鞋（渔民鞋，木材浮运工人用鞋等）、运动鞋（滑冰鞋、滑雪鞋和登山鞋等）和春秋季节穿用的生活用鞋，防水性能都具有重要的意义。

鞋内渗入水分，会明显影响足。浸水后鞋重增加60%~80%，鞋内表面渐渐变粗，防寒性变差。足长时间处于润湿状态，会引起磨伤，冬天引起冻疮和风湿病，夏天引起皮炎。

在有些运动场所，鞋常接触水，如高尔夫运动场地。高尔夫运动场地常为草地、水塘或沙地，而且比赛时间较长。没有防水功能的高尔夫球鞋，浸水后不仅很重，而且易滑，非常容易使足受伤而影响运动，如果在严寒的季节，还容易冻伤。所以品质精良的高尔夫球鞋，应该具备良好的防水性。

水分渗入鞋内的途径：经后帮或靴筒上口处足与鞋之间的空隙浸入；经帮面、鞋底浸入；经口门、花孔、帮底的接合处浸入。帮底接合处的钉子、螺钉和木钉留下的透孔或残留孔，鞋跟面磨损时，后跟部位经鞋跟空腔浸入水分。

防水鞋的制作始于帮样设计。在鞋口部位使用柔软的填充物，可贴紧脚踝，又不限制腿部的活动，这种紧密状态使水不易渗入。防水鞋不应在帮面上有多处接缝或装饰性缝线。这是因为很小的未填充的针线孔就足以让水渗入。鞋帮底的结合工艺对鞋的防水性能有很大的影响，采用钉钉工艺的鞋的防水性能就不如采用胶粘工艺的鞋的防水性能好。

可利用吸水性、透水度和透水率三个指标，来评定鞋的防水性能。

鞋的吸水性与材料的吸湿能力有关，这是鞋浸透水分的最初阶段。鞋的吸水性用鞋吸水后增重来评定。

单侧与水分接触时，鞋的吸水性，主要取决于外底和鞋帮材料的防水性能。与橡胶外底比较，多数皮革外底具有较高的吸水性，因此防水鞋应选用橡胶外底。

在鞋穿着过程中，外底重复承受多次压缩。压缩时，浸入外底里的水分向鞋里和鞋外挤出。经过接踵而来的冲击，外底毛细管形状和尺寸改变，水分通过吸入效应渗入深处。由于浸湿和随后的干燥，在穿鞋过程中多次重复，外底的孔隙率增加。同时，孔隙被灰尘和泥污堵塞，由于人体体重对外底的挤压，孔隙缩小。

在穿鞋过程中，由于与水分相互作用的结果，外底中的某些水溶性洗出物质被排出，使外底更易吸水。

皮革外底粒面层在穿鞋过程中磨损，对吸水性也有影响。在底革制作过程中所用鞣剂的品种，在一定程度上对它的吸水性也有影响。

鞋面通常浸湿较轻，因为它与水接触较少，有表面疏水膜保护。

透水度表示与鞋接触的水分，经过多少时间到达鞋内表面。对防水性而言，鞋的透水度越高越好。

透水率是水分经鞋材或隙缝浸入鞋内，用在规定时间内渗入的水量来表示。对防水性而言，鞋的透水率越低越好。

国际标准对防护鞋规定：当鞋的试穿者在宽 0.6m，长 9 ~ 10m，注水（30 ± 3）mm 深的水槽中，以每秒 1 步的速度行走 100 个槽长，检查鞋内透水面积，不应超过 3cm² 或用防水测试仪检测鞋，15min 后应无透水发生。

传统的防水鞋一般为单层外壳结构，如注射鞋。这种结构没有接缝，没有针孔等泄漏点，其中最有代表性的是具有硫化外观的方头高筒橡胶靴。橡胶靴的缺点是靴筒僵硬、笨重且透气性差。

为了达到防水又透气的目的，可在透水的鞋帮里面衬有防水膜。鞋帮不透水但透水蒸气的鞋被称为半透气鞋或"可呼吸的鞋"。理想的防水膜可渗透水蒸气，并具有弹性，伸长率大于 50%。同时，将其粘贴到鞋帮上所用的胶粘剂最好是防水的和能热活化的，从而提高鞋的防水性和舒适性。

一般来说，如果水不能进入，也就不易排出。鞋帮衬里需通过排走体热产生的湿气来保持足的干燥和舒适的，同时又不会有厚重感。如薄膜装在帮面和衬里之间，这种薄膜带有微孔，内部热气可以从微孔中散出，但微孔足够小，能阻挡水从鞋外部进入。

三、 热舒适性能

在极端环境温度下，足不受寒或过热，是鞋的主要功能之一。

温度感受器有冷感受器与热感受器。皮肤温度在 13 ~ 33℃ 内波动时，由冷感受器做出反应；皮肤温度在 33 ~ 45℃ 内波动时，由热感受器发挥作用。皮肤温度低于 13℃ 或高于 45℃ 时，由于皮肤内的温度信息传递和痛感传递神经相同，所以，冷感或热感就被痛感所代替，从而引起痛感。

人类为了适应外界环境的气候，按季节穿着不同的鞋来寻求足与鞋腔之间的舒适微气候，这是我们穿鞋的目的。理想的鞋能够根据外界环境条件和人体活动状态的不同而调节鞋内微气候，能够挡住或转移水分和热，以便使鞋内微气候经常保持在舒适范围内。

1. 防寒性能

大量生活用鞋和生产用鞋供冬季低温时穿用。

在极寒冷的地区，冻伤事故中的 70% ~ 90% 是肢部冻伤，是由于鞋的防寒性能不足造成的。肢部过分受冷，会导致整个机体变冷，并可引起感冒和其他疾病。

在寒冷条件下，潮湿是促使足部发生冻伤的重要因素，如冻疮、战壕足和浸渍足等。这类非冻结性冻伤，常在冰点以上气温，伴有高湿条件下出现。人的足部在安静状态下的出汗率为 0.5 ~ 1.5g/h。如果鞋袜的渗透性能不好，则足易受冻。汗水可使袜子和鞋底潮湿，从而降低了鞋袜的保暖性能。

足底在人站立时，与鞋底紧密接触，步行时部分贴合，最易受寒。足与鞋底紧密贴合时，鞋底底面对雪地或潮湿土壤等低温导热系数高的支承面的放热强度大，远大于对空气的放热强度，对鞋底的耐寒性能要求很高。如冷库工人鞋应用耐寒性最好的橡胶或塑料作较厚的鞋底，考虑冷库贮藏物品种类，如肉品库地上油渍很多，需用耐油橡胶或塑料制作。

国际标准规定：防护鞋在 (－17 ± 2)℃ 下检测时，内底上表面温度降低不应超过 10℃。

与鞋底相比，鞋帮与足的贴合不那么紧密，受压较小，足与鞋帮间的空气层，有助于足的防寒。防寒鞋对鞋帮的基本要求：既要防止相当风速的气流进入鞋腔内，又要允许鞋腔内水蒸气或湿空气可散发出去。防寒鞋制作的关键在于如何使靴子的高帮和足紧密配合，以使靴内的空气流动速度最小，同时注意增加鞋底厚度。

2. 防热性能

鞋的防热性能是指应保护人足，避免遭受高温、飞溅熔化金属（防火性能）和辐射能（防辐射性能）损伤。

在铸造车间从事热金属冶炼工作的工人，经常与温度为 80 ~ 120℃ 的支承面接触，需防热鞋以防足部过热。冶金和锅炉工人的鞋要有很好的耐热性，常要用模压橡胶生产鞋底。为了减轻鞋底重而又不降低其隔热防寒效果，可使面层为高耐磨实心层，里层为发泡结构的多层鞋底。

在一些高温环境下工作，随着时间的延长，体表周围温度的升高，红外线穿透皮肤组织的深度就会加深，有时深达 10mm，能直接作用到皮肤的血管、淋巴管、神经末梢及其他皮下组织，对人体产生伤害。应采用防热性能好的鞋材以减少辐射热的传入。

气温高于35℃以上的环境，称为高温环境。在高温环境中，鞋的作用有两个方面：一方面鞋可以减少外界热能传入体内，这是有利的一面；另一方面，在闷热的夏天，鞋阻碍体热散失和汗液蒸发，给人增加了热负荷，因此要求鞋材的透气透湿性好，以有助于体热散失和汗液蒸发。

隔热要求与热的程度和工作时间的长短有关。机场或空军基地的救火员、钢铁业、采矿业和某些制造业的工人，常在炙热的地方工作相当长的时间。高温防护鞋在内底与外底之间装有隔热中底，以保护高温作业人员足部在遇到热辐射、飞溅的熔融金属火花或在热物面（一般不超过300℃）上短时间行动时免受烫伤、灼伤或砸伤。鞋帮面一般采用有阻燃性能的优质牛油浸革、猪油浸革或鞋用棉帆布，成鞋用模压工艺制作。

国际标准规定：防护鞋在150℃（或250℃）下检测时，内底上表面温度升高不应超过22℃，鞋底不应有变形或脆化现象。

沈金伦等制作的森林灭火作战防护鞋，选用对芳族聚酰胺丝和一种预氧化丝混纺的纤维制作鞋帮。该纤维不仅能阻挡化学物质和热辐射，而且还具有很好的热稳定性。可长时间作业在温度280℃的环境中，并能承受瞬间800~1000℃的高温。隔热层为阻燃纤维毡，遇火不燃烧，耐瞬间火焰可达700℃以上，可长期使用在280℃以上的环境。采用改性橡胶硅、橡胶及碳纤维材料制成的鞋底，具有阻燃、耐磨、防滑和防刺的性能，可耐高温300℃，承重1470N。

杜邦公司研制推出杜邦智能纤维，在高温环境可自动膨胀而包容更多空气，从而提高其绝热性能，作为消防服装的防热内衬，这种方式也可移植到鞋帮中。

四、防电性能

鞋的防电性能是指在人们意外触电时，防止电流通过人体与大地之间构成通路，对人体造成电击伤害。人们通常是通过双足接触地的，所以电绝缘鞋的关键部位是鞋的大底。

绝缘靴鞋是电工作业的辅助安全用具，对电工作业人员起绝缘防护作用，是保证安全生产必不可缺少的防护用品。绝缘靴鞋绝缘性能的好坏首要的是电性能指标在一定的工频电压下看其泄漏电流的大小。不管是在低压下还是在高压下都必须使其泄漏电流值小于人体的摆脱电流，否则就起不到绝缘保护的作用。绝缘靴鞋的高压试验过程是对成品靴鞋的物性破坏过程，重复试验将降低原产品的绝缘性能。

《GB 12011—2000 电绝缘鞋通用技术条件》对电绝缘鞋从生产、包装、运输、贮存和使用都做出了具体规定。既约束了生产厂家以利提高质量，也对产品使用者提出了要求，如在使用时应避免锐器刺伤鞋底，使用时鞋面保持干燥，避免接触高温和腐蚀性物质。

电绝缘鞋能阻断电流从足部通过身体，起到保护穿着者免受电击的作用。电绝缘鞋为不小心接触坏电器提供有限保护。主要用于特殊工种——电工穿用，其目的是保证电工在操作时起到绝缘保护作用。电绝缘鞋最重要的就是保证它的绝缘性能。对从事带电作业的工人，穿着电绝缘鞋用以预防人身触电。这种鞋的外底用高电阻材料制成（如杂色橡胶和聚氯乙烯），用模压或浇铸法与鞋帮相接。

在湿度的影响下，电绝缘能力明显降低。排汗时，产生电解效应，这是水分与盐类相互作用的结果。这时，做鞋用的皮革被氧化，其结果是：只要有了水分，电导就增加，从而影响绝缘性能。

用磨损极重的革底皮面便鞋做试验，在干燥状态下的电气绝缘能力，比湿态试验高2倍。因此，对鞋的防电性能要考虑实际使用时的常见湿度范围。

电绝缘鞋不能保证100%防护电击，因此，使用期间防护水平可能受到鞋被刻痕、切割、磨损或化学污染而损坏的影响，应定期检查，损坏的鞋不具备防护作用。在污染鞋底材料的场所穿用，例如化学药品，也会影响鞋的电性能。

在同时存在多种危害因素的作业场所工作或需要从事不同工种作业时，需穿多功能防护鞋。多功能防护鞋产品很多，如焊接工作鞋，同时具有隔热、耐高温和绝缘等功能。森林防火鞋须阻燃、防穿刺和防滑。还有防砸绝缘鞋，耐油防静电鞋等。

耐油鞋与绝缘鞋是两个不相关的品种，尤其是绝缘鞋不耐油。电工在穿用过程中，往往接触油类，不到一个星期，这种鞋就会起反应而变形，影响正常作业。耐油绝缘鞋在保持绝缘性能的基础上，大大提高耐油性。有人研制出耐油绝缘鞋，这种鞋接触油一年多不变形。特别适用于石油化工、机械加工、电力和食品加工等工业企业电工穿用。

第二节　鞋的摩擦性能对人体的影响

目前，可供选择的鞋底材料极其繁多，材料的性能应与鞋穿着条件和支承面的性质相匹配。应使鞋底与支承面间具备一定的摩擦性能，以便防止鞋在支承面上打滑，摩擦因数是这一性能的具体指标。

鞋靴穿着舒适性需要鞋的内部与足之间存在一定的摩擦性。在由外界声音提示而突然中止步行，大的鞋袜间摩擦力时所需的垂直和前后方向的力减少，表明行走的抗干扰能力提高。如果鞋内底很光滑，在没有鞋垫的情况下，穿这种鞋走路便会消耗多的能量，前足掌和身体容易感觉到疲劳，这就相当于车轮在打滑的路面上行驶。良好的鞋里防滑性能够减少足在鞋内部滑移，提高足与鞋之间的整体性。如果是后帮主跟处鞋内面光滑，缺乏摩擦性，鞋在该部位的跟脚性就不好。

一、鞋摩擦性能的表征及要求

防滑性是鞋底的基本性能之一，对成鞋穿着的安全性与舒适性具有重要的作用。鞋底材料大多是高分子聚合物和天然皮革，其物理力学性能受温度的影响比较大，而鞋底的防滑性能又和鞋底材料的物理力学性能息息相关，温度是鞋底防滑性能的影响因素之一。很多材料在低温下，摩擦因数急剧下降，因此，对冰雪路面上行走的鞋底材料有特殊的要求。

鞋底的防滑性直接影响着鞋穿用时的安全性和舒适性。鞋防滑性差，运动时容易打滑摔跤。鞋底的防滑性能可以用鞋底与路基的动摩擦因数和静摩擦因数的大小来表示，摩擦因数越大，防滑性能越好。

在鞋底和支承面性质一定时，摩擦因数为一常数，与接触面积的大小无关，而与接触物体的材料、表面粗糙度、湿度、温度及润滑情况等因素有关。影响摩擦因数的因素很复杂，包括环境因素和人为因素等。环境因素包括路面特征、鞋子、地面污染物和坡度等。人为因素包括敏感程度、生物机理、神经控制和信息传递过程等。

　　摩擦因数值为试验测得，表7－5列举了几种材料的摩擦因数。可以通过润湿或不同的地板处理方法，大大改变其数值。人体足底与鞋里之间的摩擦因数会因鞋内腔温湿度的改变而改变，内底吸湿后，表面状态会发生改变。少量吸水后立体感增强，摩擦因数会有所提高；大量吸水至内底表面形成水膜，内底的防滑性能就会下降。

表7－5　　　　　　　　　　　　　　　鞋与场地表面的摩擦因数[8]

鞋/鞋底	场地表面				
	地毯	粒面地板	聚氯乙烯	沙地	沥青
普通鞋/橡胶	1.15~1.25	1.05~1.15	1.00~1.10	0.50~0.60	0.70~0.80
慢跑鞋/橡胶	1.05~1.15	0.95~1.05	0.80~0.90	0.40~0.50	0.70~0.80
网球鞋/橡胶	0.60~0.70	0.80~0.90	0.40~0.50	0.40~0.50	0.75~0.85

　　橡胶与光滑支承面的摩擦因数，软橡胶大于硬橡胶。运动速度提高时，摩擦因数增加。

　　鞋防滑性能可分为动态防滑性能、静态防滑性能和动态临界角。动态防滑性能是通过一个滑块，以恒定的速度在一个水平面上的滑动来测定的；静态防滑性能是测定移动一个在水平面处于静止状态的滑块所需要的力；动态临界角是通过调节一个平滑斜面的角度，使在它上面的人的足下发生滑动来测定的。我们经常说的摩擦因数是指滑动摩擦因数，鞋防滑性能是指动态防滑性。

　　从力学分析可知，跑步时，足着地过程中先是滑动然后静止，足先受地面的滑动摩擦力，静止后受静摩擦力。鞋和支承面间的滑动摩擦因数较小可提高鞋的缓冲性能，而静摩擦因数较大表明鞋的蹬伸效果好。但在静摩擦因数大，动摩擦因数小时，防滑性能就差。

　　弯道跑时，整个身体向跑道圆心方向倾斜，右肩稍高于左肩，跑的速度越快，倾斜度越大，右足用前足掌内侧，左足用前足掌外侧蹬地，同时，加大右腿的蹬地力量与摆动幅度；摆动腿前摆时膝关节均稍偏向圆心方向。右臂的幅度大于左臂，右臂前摆时手稍向左前方，后摆时肘关节稍向右后方，右臂相应地加大摆动力量与幅度，左臂则靠近体侧前后摆动。在这种情况下，鞋底与地面的摩擦不仅在前后方向上，也出现在侧向上。因此，根据力学分析，在鞋底前掌上加开花纹，可防止侧向滑移。

　　长跑运动分直道跑和弯道跑，因此，跑鞋的鞋底要求防滑的方向应是多向性的，底部花纹和造型能使鞋子具有多向防滑性，经过分析和多方面的观察，正反方向的波形防滑能力最强，如"《"的波纹具有多向的防滑性。

　　脚趾在足的最前端，可以灵活运动。在赤足自然悬垂的状态下，脚趾会自然向上弯曲，与足底大约成15°角。因此，鞋的前尖也要有一定的跷度，以适应脚趾的特点，同时也会使人走路变得轻松而不板脚。慢跑鞋鞋头最大的特点是鞋头设计成有点上翘，因为人足在自然提起时，脚趾和足底会形成一定的角度，鞋底的橡胶上翻到鞋头上，是为方便脚趾用上力增加跑动时的摩擦力。

在其他运动中，鞋的防滑性也很重要，如在湿滑的草地上进行高尔夫球运动，足步稳定极其重要，站不稳就可能造成比赛的失误，因此高尔夫球鞋必须有良好的防滑性，使双足每前进一步都能牢牢地抓稳地面，为运动员的每一个动作提供稳定的基础。

人们运动时需要鞋内与足底、鞋底与地面间有恰当的摩擦力，鞋底摩擦力大，可避免滑倒，并能有效地制动和起跳；但摩擦力太大，又会影响足的灵活性，产生疲劳，对踝骨、韧带及肌肉造成过度的拉力，造成下肢运动伤害。

二、 鞋底防滑性的研究

防滑性指鞋底结构防止滑动的特性。在光滑的地面上行走，鞋子易前滑，可导致人向后跌，所以，人们往往会将重心前移，目的是在不可避免滑倒时，避免头部受伤。鞋底的防滑性能直接影响鞋子的穿着性能。

与行走面平行的力为剪力，没有足够的鞋地界面摩擦力，鞋底剪力就会引起打滑，影响人体的稳定性。

与垂直分力相比，剪力的数值很小，前后方向的峰值剪力出现在站立相的早期和晚期。在站立相早期，足部施加向前的作用力到地面，在加载时相结束时，前后方向的峰值剪力约为体重的13%，在中间支撑时相时，矢状面内的剪力最小，后跟抬起前，足部开始施加向后方向的剪力，该剪力在最终支撑时相持续增长，峰值剪力约为体重的23%，在冠状面内，内侧方向的峰值剪力出现在加载时相的中间，约为体重的5%，外侧方向的峰值剪力出现在最终支撑相，约为体重的7%。

影响鞋底防滑性能的因素较多，主要是鞋底材料和花纹两方面。

选用与支承面间摩擦因数较大的材料制作鞋底可使鞋底获得较大的摩擦力。天然橡胶、丁苯橡胶具有较高的摩擦因数，适宜作鞋底。顺丁橡胶有优良的耐磨性和弹性，但是它的抗湿滑性差，抗拉伸强度和抗撕裂性差，因此鞋底材料中应合理使用，用量不宜超过30%。在其他条件相同的情况下，软鞋底的防滑性能比硬鞋底更好。

相互接触又相对运动的两表面间接触的面积实际上只是两表面的突起部分，实际接触面积比目测的接触面积小得多，摩擦力就是由实际接触面积上的相互碰撞产生的，随着正压力的增大，实际接触面积也增大，相互碰撞作用增强。

两物体表面开始接触时是一种点接触，在正压力的作用下，接触点的负荷很大，使接触的凸起部分产生弹塑性形变，从而使接触面积增大，更多原子非常接近，原子间相互作用力增强。

通过鞋底花纹对地面的抓着，可增加鞋底与地面的作用力，使人在行走或跑、蹬等动作时不会产生滑移。

大底花纹的结构设计图案千变万化，可分为普通花纹和特殊花纹。普通花纹可分为规则花纹和自由花纹，规则花纹由规则的几何图形构成，如点状式、折线纹（波浪纹）和菱形花纹等，自由花纹是不规则花纹，通常仿照自然界中的一些纹理，如树皮、碎石或皮革等。特殊花纹一般是为一些专业运动鞋而设计的具有特殊功能的花纹，如有不规则止滑快的登山攀岩专业鞋的鞋底花纹。

鞋子在路面上出现滑移分为前后方向和左右两侧方向，即纵向和横向。防滑性能良好的鞋底应该具有防止纵向和横向滑移的性能。纵条纹在光滑的路面上防滑性较好，但是在粗糙路面上的防滑性欠佳，且抗纵向滑移性极差。而横条纹在光滑路面上的防滑性欠佳，且抗横向滑移性极差。所以在鞋底花纹的设计中很少单独采用这两种花纹。折线纹和波浪纹是横条纹与纵条纹的结合体，既有横向成分又有纵向成分，具有抗四个方向滑移的功能，在鞋底花纹设计中广泛采用。

为了确定鞋底与支承面间所需的摩擦因数值，并采取提高防滑性的措施，如研制底纹、吸盘或防滑跑钉等，必须了解人体运动力学，特别是了解可能发生滑动瞬间的力学情况。当要求的摩擦力超过鞋地界面能提供的摩擦力时便会滑倒。

步行时，在脚前掌与支承面接触的最后瞬间，足蹬离支承面，使身体向前移动。在支撑腿的支撑阶段中，有足跟着地和脚趾蹬离两个瞬间，其水平支承分力达到极值，可能发生滑动。

足跟着地时，足受到明显的水平分力，有沿支承面滑动的趋势。阻止滑动趋势的是鞋底与支承面间的摩擦力。鞋沿支承面的滑动量取决于足着地的水平分力与鞋底与支承面之间摩擦力的大小。

鞋后跟着地的最初瞬间，鞋与支承面间的角度因人而异，变化幅度较大，一般超过20°，随后快速减小，出现向前滑移时约 12°。

在行走过程中，鞋后跟部位是否滑动还与鞋跟面的棱线状况有关，穿坏的鞋跟更易滑动。

刚性材料制作的鞋跟，如果跟底面棱线整齐，在动态体重的作用下，压入支承面，那么在着地瞬间就能可靠地预防滑动。不过，在像冰这样滑而硬的支承面上，鞋底与支承面间的摩擦因数不大，在水平分力为最大值的瞬间，也可能滑倒。

脚趾蹬离时的水平分力在滚动过程中逐渐增长，与足跟着地时突然产生的水平分力相比，非常有利。且脚趾蹬离时的力分布在前尖跖趾部位比较大的面积上，接近双倍的动态体重，虽然不能保证鞋底遇到凸起物能产生形变，但却以破坏自身的结构即被刺破来达到，这样的鞋材也不可取。因此弹性形变包括两个概念：一是高的延伸率，二是高的强度。

普通的皮鞋、布鞋和凉鞋的底纹密且浅，因为穿着时很少剧烈运动，不需太大的摩擦力。

鞋底花纹的设计是运动鞋防滑的一道难题。普通运动鞋用粗深人字纹、水纹或倒顺函纹即可基本满足要求。而专业运动鞋必须结合实际需要进行精心设计。足球鞋和高尔夫球鞋都是在草地上奔跑，草坪很松软，不宜用平底，所以鞋底上有鞋钉与草下的地面接触，鞋钉可深入到泥土中以得到防滑效果。尤其是足球鞋，即使用钉子，也得依据草的深浅疏密甚至草的不同品种而进行相应的调整。路况越差，鞋钉越长，以提高抓地防滑的功能。鞋钉的材质、长度、数量、分布位置的不同，会获得不同的防滑性。所以一个专业足球运动员备有几双不同钉高的鞋。一种可更换鞋钉的足球鞋已经面世，可根据不同的比赛场地更换不同的鞋钉。

鞋钉的引入会带来一些问题，如足球运动中软组织损伤的罪魁祸首就是鞋钉。为此现在的足球鞋钉大都采用软体材料，鞋钉的内核部分采用金属，但鞋钉的外部完全由塑料等软体材料包裹，使鞋钉的顶端锋利程度大大减低，从而降低对人体的伤害概率。鞋钉多为圆锥体，也有做成长方形的。鞋钉多以尼龙或 TPU（热缩性聚氨酯）注塑成型。

足球鞋楦的前跷比较高，与跑鞋类似，是为了便于奔跑，这种跑就如同百米速跑，所以鞋底也安装了鞋钉，有利于急停、猛拐或起跳等需要大防滑力的动作。足球鞋等需要有一定的鞋钉来抓地防滑，是因为需要材料本身的瞬间形变来达到扩大接触面，增加防滑力。当路面主要为碎石、土、草坪或雪面等时，鞋底的突起花纹能够深入到松软的路面中去，使突起花纹的垂直部分也与地面接触，成倍地增加鞋底与地面的接触面积，从而极大地增加防滑力。

专业保龄球鞋的防滑系统很特殊。以右投手为例，其左足鞋底用皮革，而右足鞋底则用橡胶，且在其前尖部也镶有一小块皮革。之所以这么做，完全是从方便投掷与躯体保护的需要出发。起步时胶底能抓得住地面，加速时皮底能跟得上步伐（摩擦因数小），滑步掷球时先用前尖滑动，后用胶底刹住。

运动鞋中对防滑系统要求最高的莫过于攀登鞋。攀登鞋又分登山鞋和攀岩鞋，前者要在鞋底上安装金属爪等特殊构件，后者则要求鞋底高度柔软且具高弹性和高强度，鞋材仍以橡胶最好。

田赛与径赛运动鞋不同，前者一般是在较短的时间内高速运动，然后完成某一特定动作，如跳远、跳高和投标枪、铁饼及铅球等，对鞋底的要求很高，由于地面多为砾石或草地，因而鞋底花纹的结构要粗犷，既能抓住地面而又不嵌石子或泥沙，帮面要紧托足身。

在田径运动中，要求鞋与跑道的摩擦因数不得低于 1.7；而当运动员全速奔跑时，摩擦因数则需控制在 0.8 左右，但一般跑鞋的鞋底和跑道的摩擦因数只有 0.4～0.6，因此，需要通过鞋钉来增大接触面积。可将跑鞋钉前端制成圆柱形，以取得较佳防滑力。

径赛运动中的中长跑和短跑鞋在帮面结构上应有所差别。短跑鞋穿着的时间较短，鞋型更紧一些，尤其是足弓的位置，鞋钉长度超过长跑鞋。长跑鞋穿着时间长，足运动后发热膨胀更多，需鞋钉较短，穿着比较舒适，尤其是足掌及足跟部分更注重减震功能。

网球运动的场地较好，网球鞋底花纹不用很粗大。室内的篮球场采用木地板或塑胶材料，硬度适中，室外的场地以水泥为主，相对较硬，但场地很平整，所以篮球鞋底花纹中粗偏细。

有专家研究吸盘对橡胶防滑性能的影响。在耐脂肪的橡胶外底面上，有了吸盘以后，只有在湿而混有脂肪的陶板地面上，才会明显提高防滑性能。在这种情况下，外底表面空腔中的空气被挤出，使空腔中形成真空，好像把外底吸着在支承面上似的。支承在干燥地面上时，就不会出现吸着效应，可用吸盘空腔不能密封来解释。

第三节　鞋底部件的耐磨性

制鞋材料从大的方面分为鞋面材料、鞋底材料和各种辅料。鞋底材料主要有天然底革、橡胶、聚氨酯、聚氯乙烯和热塑丁苯橡胶（SBS）等。对鞋底材料的主要性能要求是：耐磨性能强、屈挠性能好等。

鞋底部件的耐磨性是我们非常关心的问题，只有鞋底材料具有较好的耐磨性，鞋底花纹的美观性才能保持较长的时间，鞋底花纹直接影响到鞋底的防滑性。同时鞋底也不致因耐磨性不好而变形，以致影响鞋的穿着性能。

鞋底的耐磨性和防滑性一样受材料、路基、湿度及鞋底花纹的影响，但这些因素对耐磨性和防滑性的影响方式及程度不同，鞋底的防滑性能与耐磨性能之间不存在一种简单的对应关系。

对于绝缘鞋和防酸鞋而言，磨耗性能的高低直接关系到产品的安全性能和使用寿命。

鞋底磨耗是不同因素多次反复共同作用的结果。影响因素包括：物理因素（屈挠、压缩、磨损、冲击、温度、水分和臭氧等），化学因素（汗、酸类等）和生物因素（微生物等）。

环境条件的影响主要是温度，温度越高，试样的磨耗量越大。

对鞋底材料进行耐磨耗测试目前普遍采用的方法有两种：一种是国标法，按照国家标准《GB/T 3903.2—2008 鞋类　通用检验方法　耐磨性能》对鞋底材料进行耐磨测试，另一种是行业标准法，按照行业标准《QB/T 2884—2007 鞋类　外底试验方法　耐磨性能》对鞋底材料进行耐磨测试。

国家标准《GB 15107—2005 旅游鞋》规定了对一般穿用的运动鞋、练习鞋、健身鞋、散步鞋、慢跑鞋和休闲鞋需进行耐磨性测试。耐磨性能测试用旋转的磨轮垂直压在试样上，以一定负荷、一定速度、持续一定时间，对试样进行磨耗实验，测量试样磨痕长度。

在通常的穿着情况下，铬鞣革外底能经 5 个月磨损，绉胶外底可比普通橡胶外底多穿 5～7 个月。橡胶外底的耐磨性，比革底高 1.2 倍。鞋底部件的磨耗，与鞋在穿用过程中部件的减薄有关。可利用磨损鞋底部件 1mm 厚所需的穿着时间（d）来表现耐磨性。甚至有人认为：外底或后跟穿用时的耐磨性只能通过步行穿着试验来确定。

耐磨性能是鞋重要的质量指标之一，成鞋在穿用过程中鞋底会受到反复的相当大的摩擦，如果鞋底没有较好的耐磨性能，会影响鞋子的穿用寿命。耐磨性好的材料要具备下述特点：强度高，在外负荷作用过程中，破坏深度浅且缓冲性能好（作用的负荷分布均匀）。

一、皮革外底的耐磨性

由于鞋底和支撑面间相互作用，支承面的粗糙微粒对外底的挤入和划伤等机械作用，引起鞋底微粒在下表层中被磨平。外底的磨损与支承面的实际接触面很小有关，人们运动时的不同瞬间，鞋底的不同部位与支撑面接触，在某些瞬时，实际接触面积仅占鞋底总面积的 1.2%～7%，其上的单位面积压力很大，可达 20～30kPa，人体在滑动和滚动过程中，外底沿支承的相对滑动也易造成鞋底磨损。

在多种因素的作用下，外底接触面的温度上升，为其上的微粒脱离鞋底创造了条件。皮底鞋在穿着时，革底易充水，在温度升高的条件下，即在湿热作用下鞋底更容易磨损。人们行走时，革底磨损表面的温度可以接近于革的收缩温度。

有专家做了这方面的实验，得出结论：在相同部位的条件下，底革耐磨性与其收缩温度有关，即与鞣制材料有关，实验结果见表 7-6。

表 7 – 6 底革耐磨性与鞣制方法和收缩温度间的关系[9]

鞣制类型	磨损/(r/mm)	收缩温度/℃
裸皮	270	65.5
栎树栲胶鞣	588	78.3
荆树皮栲胶鞣	656	81.5
甲醛鞣	701	88.5
铬鞣	869	95.5

由表中数据可知：同种的革、相同的部位，革的收缩温度越高，耐磨性越好，但耐磨性与收缩温度不成线性关系。

底革的耐磨性和弹性、硬度也有一定关系。鞋底弹性的提高使耐磨性增加，而硬度的过分增加将造成耐磨性的降低。因为硬度提高时，鞋底和支承表面的有效接触面积降低，鞋底接触部分的压强急剧增加，造成革的局部磨损加快。显然，弹性好的底革和地面的接触面大，受力更分散。

皮革外底的磨损与链间键的断裂有关。在相同的机械作用下，外底温度越高，磨损越大。有人设想，在外底的许多高应力部位上，包括承受滑动摩擦的部位，局部温度提高，导致皮革的摩擦层熔接在一起。

外底熔接部位的磨损迅速，熔接后皮革的机械强度明显下降，这是因为许多链间腱断裂决定的。由于熔接结果，皮革的耐磨性降低到原值的1/3以下。

水分对耐磨性的影响局限于革中水合水的范围，水分的进一步增加没有实质性的影响。底革水分提高伴耐磨性降低，不仅在浸入水中以后，即便因空气的相对湿度增加，使底革的水分含量提高，其耐磨性也会明显下降。底革润湿时耐磨性的降低，与在水分的作用下，胶原分子间内聚力削弱有关。

底革含有大量水分时的破坏，为纤维性破坏，这时胶原结构的分子间键（链间键）被水分削弱，底革主要沿削弱的分子间键解体，即沿纤维轴向定位。

底革含有少量水分时的破坏，为脆性破坏。过分干燥的底革，分子间合力特别大，磨损时像脆性体，无论沿分子间键（链间键）的破坏或主化合价链的断裂，都同时发生。底革破坏的特点是不定向。

底革水分含量高时，发生纤维性磨损，而含较少水分时，发生脆性磨损。在实际情况中，因为鞋底容易湿润，纤维性磨损较多。

鞋外底在穿着过程中承受多次屈挠和拉伸。假设一个步伐的平均持续时间为1s，每天平均步行4h，则在5个月的穿鞋期间，外底将承受屈挠200多万次。

皮革外底承受多次屈挠和拉伸的疲劳作用，将加速它的摩擦损耗。鞋底承受的变形次数越多，磨损越严重。

二、 橡胶外底的耐磨性

近年来，专家们在橡胶磨损本质方面，进行了不少研究。部分研究人员认为，橡胶是高弹性聚合材料中最典型的代表，具有三种磨损形式：疲劳磨损、磨料磨损和滚动磨损。

另有研究人员认为，聚合材料的磨损可以分为磨料磨损和摩擦磨损。两种表面破坏形式的组合及其相互作用，决定了橡胶的磨损情况。

在磨料磨损过程中，材料受摩擦体中尖锐凸起部位的显微切削，产生高应力。疲劳磨损的特征是材料在硬而粗糙的支承面上多次变形而产生破坏。若橡胶与支承间的吸附力较高，则产生滚动磨损。磨料磨损和滚动磨损比疲劳磨损的程度激烈得多。外底橡胶的弹性模数越高，磨料磨损所占比例越大。

外底橡胶的磨损由其表面上出现细微的裂纹开始，这些裂纹只有在显微镜下才能看到，是由于在外底面上压进小硬粒，例如，直径 0.2 ~ 0.3mm 的沙子和石块，这样的变形具有局部性质，在压进部位引起很大的拉伸，从而引起细微的断裂。若遇到尖锐微粒，甚至会切断橡胶表面。压进去的硬质微粒，可能与土壤保持连接或部分探出外底表面，由于外底的运动改变方向，便从鞋底的表面剥下一小片。

橡胶的耐磨性能取决于本身的内聚力和摩擦表面的黏着力，包括底料的扯断强度、扯断伸长率、耐疲劳性能和黏弹性能等的综合影响。不能笼统地说磨耗与某项物性有关。不同的橡胶材料的耐磨性不同，选择耐磨性能好的橡胶是提高橡胶鞋底耐磨性的关键。

外底厚度对橡胶耐磨性具有重大影响。厚度增加时，不仅外底的寿命增加，1mm 厚度的磨损时间也延长，这是由于鞋底厚度增加提高了外底的缓冲能力，从而使压力在鞋底上的分布更均匀，降低了局部承受的峰值压强，从而减少了磨损量。

三、 鞋底的易磨损部位

在足部与地面接触时，地面对足的支撑反作用力会传送至全身，地面对人体的垂直支撑反作用力，走路时最高可达体重的 1.5 倍，跑步时为体重的 3 ~ 3.5 倍。因此，人的体重不一样，鞋底承受的作用不相同，需要的鞋底厚度也应不尽相同。同一产品的商品鞋的鞋底厚度相同，不同体重的人穿着相同厚度鞋底时，磨损情况则不相同。

每个人的走路姿势不同，足的着力点也不一样。步行时用力不均匀，使得鞋底的一些地方磨损较快，有的人鞋底内侧磨损较严重，有的人鞋底外侧磨损较严重，还有的人双足鞋底为不对称磨损。鞋底常见的磨损部位是后跟内外侧和前掌内外侧以及跖趾关节部位等。双足鞋底不对称磨损多是因双膝受力不均，最典型的症状就是双腿长短不一。

一般情况下，鞋底周边边缘向内 10 ~ 15mm 比鞋底内部更易磨损，磨损程度最大的是鞋头和后跟部位。

鞋头外侧磨损程度常小于内侧。这是因为足蹬离地面时，拇趾最后提起且向前推进，拇趾部位承受较大摩擦力。

鞋头受磨程度常小于后跟。走路时，后跟先着地，鞋跟接触面小，所受冲击大，最容易磨损。

80% 以上的人是以脚后跟外侧先着地，足在落地时，多朝向内偏移，因此，外侧磨损程度大于内侧。

在磨损较严重的鞋头内侧和后跟外侧，可考虑增加耐磨的橡胶贴片。

鞋跟因单位面积上所受压力较大，磨损也较严重。一旦鞋跟磨损后，跟面变得不平，引起整个鞋底受力大小和方向的变化，人体的运动稳定性也相应受到影响。故对鞋跟的耐磨性有较高要求。

鞋跟除了承受横向压缩和摩擦以外，还要承受屈挠、拉伸和纵向压缩作用。鞋跟承受的压力值，与其结构和尺寸、人的步态和体重有关。

鞋跟承受的负荷为人体重的 20% ~ 150%，因步宽、鞋跟高度和式样等而有所变化。尽管负荷的产生时间极短（约 1/60s），但引起鞋跟的应力很大。

鞋跟与支承面接触之后，通常要滑动，引起跟面或鞋跟底面后部磨损。鞋跟与支承面的接触面积越小，人体体重越大，土壤微细硬粒嵌入跟面越深，引起的鞋跟破坏就越严重。

当跟面后棱沿支承面滑动时，除了上述变形以外，鞋跟还要承受屈挠。屈挠程度与鞋跟高度、对支撑面的倾斜角、滑动速度和摩擦因数有关。

沿不平地面行走时，鞋跟的屈挠最大。下山时，鞋跟上部受重力作用，力的方向向前；下部受摩擦力作用，力的方向向后。由于两种力作用的结果，鞋跟向后弯曲，趋向于脱离外底。这时，跟面下部的后下方点，承受很大的拉伸。上山时的作用相反，摩擦力使鞋跟在外底下面屈挠，跟面压缩，横向拉伸。

在鞋底其他方面条件不变的情况下，耐磨耗性和止滑性常成反比，耐磨耗性越好，止滑性便下降；止滑性越好，耐磨性就越差。应通过大量的测试对比，找到耐磨耗性和止滑性最佳的结合点。

复习思考题

1. 鞋应具备哪几个方面的保护性能？为什么？
2. 分析身边的一些鞋的设计是如何对使用或作业环境因素加以考虑的。
3. 鞋的摩擦性能对人体有什么影响？为什么？
4. 在易滑支承面或支承面与鞋底摩擦因数太小时，人体行走的步态与正常步态有何不同？为什么？
5. 应如何提高鞋底的防滑性能？为什么？
6. 比较皮革外底和橡胶外底的耐磨性，分析影响这两类材料耐磨性的主要因素有哪些。

第八章 人体测量数据及其在箱包设计中的应用

箱包是用来装物品的各种包的统称，包括购物袋、双肩包、单肩包、挎包、腰包和拉杆箱等。箱包可按功能、形态和风格等进行分类。

箱包具有非常悠久的历史，在人类社会千百年的发展和变迁中，箱包的产生与演变和人们的生活方式息息相关。

箱包可能以提在手上、挎在肩上或背在背上等多种方式与人体发生联系，这种联系注定了箱包与人体相关联部位的人体测量数据有关，在箱包的功能设计过程中，需要了解目标人群的人体测量数据的规律性以保证其适用于同类人群。

第一节 常用的人体测量数据

在设计不同的产品时，会涉及人体不同部位的尺寸，结构化的人体测量数据是指人体按照不同部位划分而得到的数据，如脚型的测量就针对下肢进行。在箱包的使用中，涉及的人体部位就很多了，与很多部位的测量数据都可能有关，需要设计师对所设计箱包的使用过程进行分析，找出所需考虑的人体尺寸，并顾及具体的使用条件而定出箱包的功能尺寸。

人体测量数据大致分为形态参数、生理参数和运动参数三种类型。形态参数包括人体尺寸、体重和体表面积等；生理参数包括感知反应、生物力学特征（肢体力量）、疲劳与生理规律等；运动参数包括肢体运动特性、各关节的运动范围等。其中形态参数是最重要和应用最广的数据，本章只讨论形态参数，生理参数和运动参数在下一章中述及。

一、 我国成年人人体结构尺寸

在设计箱包功能尺寸时，通常使用的人体尺寸数据来源主要出自国家标准《GB/T 10000—1988 中国成年人人体尺寸》。GB/T 10000—1988 是 1989 年 7 月开始实施的我国成年人人体尺寸国家标准。该标准根据人机工程学要求提供了我国成年人人体尺寸的基础数据，它适用于工业产品设计、建筑设计、军事工业以及工业的技术改造、设备更新及劳动安全保护。

该标准共提供了七类共 47 项人体尺寸基础数据，标准中所列出的数据是代表从事工业生产的法定中国成年人（男 18～60 岁，女 18～55 岁）人体尺寸，并按男、女性别分开列表。在各类人体尺寸数据表中，除了给出工业生产中法定成年人年龄范围内的人体尺寸，同时还将该年龄范围分为三个年龄段：18～25 岁（男、女）；26～35 岁（男、女）；36～60 岁（男）和 36～55 岁（女），且分别给出这些年龄段的各项人体尺寸数值。为了应用方便，各类数据表中的各项人体尺寸数值均列出其相应的百分位数。但限于篇幅，本章中仅引用了工业生产中法定成年人年龄范围内的人体尺寸（其他三个年龄段的人体尺寸从略），供使用时查阅。

1. 人体主要尺寸

国标 GB/T 10000—1988 给出身高、体重、上臂长、前臂长、大腿长及小腿长共六项人体主要尺寸数据，除体重外，其余五项主要尺寸的部位如图 8 - 1（a）所示，表 8 - 1 为我国成年人人体主要尺寸。

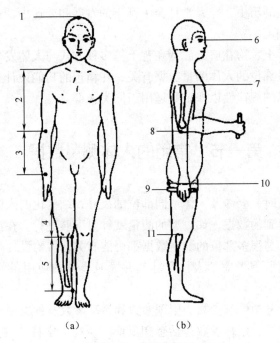

图 8 - 1 立姿人体尺寸

1—身高 2—上臂长 3—前臂长 4—大腿长 5—小腿长 6—眼高 7—肩高 8—肘高
9—手功能高 10—会阳高 11—胫骨点高

人体主要尺寸中的身高和体重是大多数产品设计中都要用到的数据，在产品设计中经常会针对不同身高和体重的人群设计相应尺寸的产品或设定产品尺寸的调节范围。身高和体重也是人体测量数据中最容易获取的数据，从而也是其他人体尺寸推算的基础，可用来计算人体体重系数等参数。如有时以包重（装物品后重）不超过儿童体重的百分比来确定背包的负荷，从而定出背包的容积。

表 8 - 1　　　　　　　　　　　　　　人体主要尺寸　　　　　　　　　　　　　　单位：mm

名称	男（18~60岁）							女（18~55岁）						
	P_1	P_5	P_{10}	P_{50}	P_{90}	P_{95}	P_{99}	P_1	P_5	P_{10}	P_{50}	P_{90}	P_{95}	P_{99}
体重/kg	44	48	50	59	70	75	83	39	42	44	52	63	66	71
身高	1543	1583	1604	1678	1754	1775	1814	1449	1484	1503	1570	1640	1659	1697
上臂长	279	289	294	313	333	338	349	252	262	267	284	303	308	319
前臂长	206	216	220	237	253	258	268	185	193	198	213	229	234	242
大腿长	413	428	436	465	496	505	523	387	402	410	438	467	476	494
小腿长	324	338	344	369	396	403	419	300	313	319	344	370	375	390

2. 立姿人体尺寸

该标准中提供的成年人立姿人体尺寸有：眼高、肩高、肘高、手功能高、会阴高及胫骨点高，这六项立姿人体尺寸的部位如图 8 - 1（b）所示，我国成年人立姿人体尺寸见表 8 - 2。

人体的很多操作都是在站立姿势下完成的，人们行走和站立操作时的视野与眼高密切相关。在长筒靴的设计中，为方便膝关节的活动，其高度一般低于膝关节高度或高于膝关节高度部分需做特殊处理以不影响膝关节的活动度，胫骨点高可作为确定长筒靴高度的参考。手功能高在箱包的功能设计中有重要的用途，可作为确定公文包和行李箱等最大高度的依据。

表 8 - 2　　　　　　　　　　　　　　立姿人体尺寸　　　　　　　　　　　　　　单位：mm

名称	男（18~60岁）							女（18~55岁）						
	P_1	P_5	P_{10}	P_{50}	P_{90}	P_{95}	P_{99}	P_1	P_5	P_{10}	P_{50}	P_{90}	P_{95}	P_{99}
眼高	1436	1474	1495	1568	1643	1664	1705	1337	1371	1388	1454	1522	1541	1579
肩高	1244	1281	1299	1367	1435	1455	1494	1166	1195	1211	1271	1333	1350	1385
肘高	925	954	968	1024	1079	1096	1128	873	899	913	960	1009	1023	1050
手功能高	656	680	693	741	787	801	828	630	650	662	704	746	757	778
会阴高	701	728	741	790	840	856	887	648	673	686	732	779	792	819
胫骨点高	394	409	417	444	472	481	498	363	377	384	410	437	444	459

3. 坐姿人体尺寸

标准中的成年人坐姿人体尺寸包括：坐高、坐姿颈椎点高、坐姿眼高、坐姿肩高、坐姿肘高、坐姿大腿厚、坐姿膝高、小腿加足高、坐深、臀膝距及坐姿下肢长共 11 项，坐姿尺寸部位如图 8 - 2 所示，表 8 - 3 为我国成年人坐姿人体尺寸。

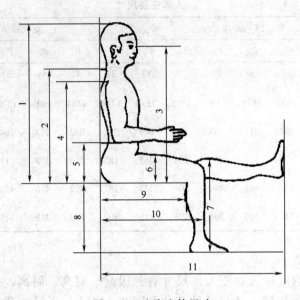

图 8 - 2　坐姿人体尺寸

1—坐高　2—坐姿颈椎高　3—坐姿眼高　4—坐姿肩高　5—坐姿肘高　6—坐姿腿厚
7—坐姿膝高　8—小腿加足高　9—坐深　10—臀膝距　11—坐姿下肢长

　　坐姿眼高决定了人体坐立时的视野，可作为办公室隔断等高度确定的依据。从立姿人体肘高和手功能高之差可计算出肘部到手握物的中心线之间的距离，坐姿肘高与小腿加足高之和减去肘部到握物中心线间的距离即可得到坐姿时人们顺手提取放在身边公文包的合适高度，即公文包提手柄到包底的高度。

表 8 - 3　　　　　　　　　　　　　　　　坐姿人体尺寸　　　　　　　　　　　　　　单位：mm

名称	男（18～60岁）							女（18～55岁）						
	P_1	P_5	P_{10}	P_{50}	P_{90}	P_{95}	P_{99}	P_1	P_5	P_{10}	P_{50}	P_{90}	P_{95}	P_{99}
坐高	836	858	870	908	947	958	979	789	809	819	855	891	901	920
坐姿颈椎点高	599	615	624	657	691	701	719	563	579	587	617	648	657	675
坐姿眼高	729	749	761	798	836	847	868	678	695	704	739	773	783	803
坐姿肩高	539	557	566	598	631	641	659	504	518	526	556	585	594	609
坐姿肘高	214	228	235	263	291	298	312	201	215	223	251	277	284	299
坐姿大腿厚	103	112	116	130	146	151	160	107	113	117	130	146	151	160

续表

名称	男（18~60岁）							女（18~55岁）						
	P_1	P_5	P_{10}	P_{50}	P_{90}	P_{95}	P_{99}	P_1	P_5	P_{10}	P_{50}	P_{90}	P_{95}	P_{99}
坐姿膝高	441	456	461	493	523	532	549	410	424	431	458	485	493	507
小腿加足高	372	383	389	413	439	448	463	331	342	350	382	399	405	417
坐深	407	421	429	457	486	494	510	388	401	408	433	461	469	485
臀膝距	499	515	524	554	585	595	613	481	495	502	529	561	570	587
坐姿下肢长	892	921	937	992	1046	1063	1096	826	851	865	912	960	975	1005

4. 人体水平尺寸

标准中提供的人体水平尺寸是指：胸宽、胸厚、肩宽、最大肩宽、臀宽、坐姿臀宽、坐姿两肘间宽、胸围、腰围及臀围共十项，其部位如图8-3所示，我国成年人人体水平尺寸见表8-4。

肩宽可作为确定双肩背包两包带间距离的一个依据，腰围可作为皮带长度设计和跨在腰部的包袋带长等的设计依据，胸围、腰围和身高是计算体型系数等的基本参数。

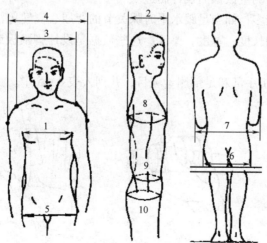

图8-3　人体水平尺寸

1—胸宽　2—胸厚　3—肩宽　4—最大肩宽　5—臀宽　6—坐姿臀宽　7—坐姿两肘间距
8—胸围　9—腰围　10—臀围

表8-4			人体水平尺寸									单位：mm	
名称	男（18~60岁）							女（18~55岁）					
	P_1	P_5	P_{10}	P_{50}	P_{90}	P_{95}	P_{99}	P_1	P_5	P_{10}	P_{50}	P_{90}	P_{95}	P_{99}
胸宽	242	253	259	280	307	315	331	219	233	239	260	289	299	319
胸厚	176	186	191	212	237	245	261	159	170	176	199	230	239	260
肩宽	330	344	351	375	397	403	415	304	320	328	351	371	377	387
最大肩宽	383	398	405	431	460	469	486	347	363	371	397	428	438	458
臀宽	273	282	288	306	327	334	346	275	290	296	317	340	346	360
坐姿臀宽	284	295	300	321	347	355	369	295	310	318	344	374	382	400
坐姿两肘间距	353	371	381	422	473	489	518	326	348	360	404	460	378	509
胸围	762	791	806	867	944	970	1018	717	745	760	825	919	949	1005
腰围	620	650	665	735	859	895	960	622	659	680	772	904	950	1025
臀围	780	805	820	875	948	970	1009	795	824	840	900	975	1000	1044

5. 手与足部

手的测量包括手掌和手指的长度、宽度、厚度及腕关节的掌屈、背屈、内旋、外旋和以中指为基准的半径侧或侧偏移的角度，其测量数据主要用于手动控制器及手持工具和器械等的设计。如各种手柄的直径的尺寸应根据手掌内旋时握成的圆形尺寸而定，键的功能尺寸均按照手指宽度的测量数据而设计制造。

足部的测量数据较多，如当足跟水平时踝关节的背屈、侧转等活动的角度，以及裸足和穿鞋时足掌、脚趾的长度、宽度、厚度。这些数据是设计脚踏板或脚控器的长度、宽度和倾斜角的重要依据。

按图8-4逐项分析手部和足部测量项目，并列入表8-5中。

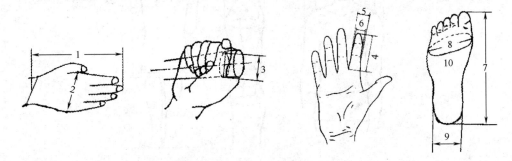

图8-4 手部与足部测量项目

1—手长 2—手宽 3—手握围 4—食指长 5—食指近位指关节宽
6—食指远位指关节宽 7—足长 8—足宽 9—脚后跟宽 10—足围

　　手宽和手握围是确定提手柄宽度和直径等的依据，手长在一些手持包袋的设计中可用于确定外观尺寸，以便于方便地握持。足长和足宽等足部尺寸在鞋设计和足印分析中都有实用价值。

表 8 – 5　　　　　　　　　　　　　　　手部与足部测量项目

名称	说明	测量方法
手长	手伸直，从中指指尖点至远侧挠腕关节纹中点的距离	被测者前臂抬平，手伸直，远侧挠腕关节纹上的测量点大致相当腕关节折褶的中点
手宽	从挠侧掌骨点至尺侧掌骨点的直线距离	被测者前臂水平，手伸直，四指并拢，掌心向上
手握围	握一个圆锥体时，食指和拇指围成的圆环内圈长度	被测者手握一测锥，小手指在锥尖一侧，各手指的指尖轻轻触及掌心皮肤，拇指可自由活动，仅有一部分在测量范围内
足长	足跟后侧至足尖与足纵轴平行的最大距离	被测者站立，将重量平均分在双足上（足自由抬起时的尺寸小一些）
足宽	足底两侧间的最大距离	被测者站立，将重量平均分在双足上（足自由抬起时的尺寸小一些）
脚后跟宽	足跟两侧间的最大距离	被测者站立，将重量平均分在双足上（足自由抬起时的尺寸小一些）
足围	以胫侧跖骨点为起点，经足背、腓侧跖骨点和足底至起点的围长	被测者取坐姿，右足自然前伸

　　我国成年人人体手部尺寸见表 8 – 6。

表 8 – 6　　　　　　　　　　　　　　　　手部尺寸　　　　　　　　　　　　　　　单位：mm

名称	男（18 ~ 60 岁）							女（18 ~ 55 岁）						
	P_1	P_5	P_{10}	P_{50}	P_{90}	P_{95}	P_{99}	P_1	P_5	P_{10}	P_{50}	P_{90}	P_{95}	P_{99}
手长	164	170	173	183	193	196	202	154	159	161	171	180	183	189
手宽	73	76	77	82	87	89	91	67	70	71	76	80	82	84
食指长	60	63	64	69	74	76	79	57	60	61	66	71	72	76
食指近位指关节宽	17	18	18	19	20	21	21	15	16	16	17	18	19	20
食指远位指关节宽	14	15	15	16	17	18	19	13	14	14	15	16	16	17

我国成年人人体足部尺寸见表8-7。

表8-7　　　　　　　　　　　　　足部尺寸　　　　　　　　　　　　单位：mm

名称	男（18~60岁）							女（18~55岁）						
	P_1	P_5	P_{10}	P_{50}	P_{90}	P_{95}	P_{99}	P_1	P_5	P_{10}	P_{50}	P_{90}	P_{95}	P_{99}
足长	223	230	234	247	260	264	272	208	213	217	229	241	244	251
足宽	86	88	90	96	102	103	107	78	81	83	88	93	95	98

人体尺寸的增长，一般是男性在20岁结束，女性在18岁结束。通常男性在15岁、女性在13岁时，手的尺寸就达到了固定值；男性17岁，女性15岁，足的大小也基本定型。成年人的身高会随年龄的增长而收缩一些，但体重、肩宽、腹围及胸围却随年龄的增长而增加。所以在进行产品设计时，要注意到不同年龄组尺寸数据的差别。

6. 各大区域人体尺寸的均值和标准差

一个国家的人体尺寸由于区域、民族、性别、年龄和生活状况等因素的不同而有所差异，而我国是一个地域辽阔的多民族国家，不同地区间人体尺寸差异较大。因此，在我国成年人人体测量工作中，从人类学的角度，并根据我国征兵体检等局部人体测量资料划分的区域，将全国成年人人体尺寸分布划分为以下六个区域（1997年以前的情况，不含香港和澳门）。

①东北、华北区：包括黑龙江、吉林、辽宁、内蒙古、山东、河北、北京、天津。

②西北区：包括新疆、甘肃、青海、陕西、山西、西藏、宁夏、河南。

③东南区：包括安徽、江苏、浙江、上海。

④华中区：包括湖南、湖北、江西三个省。

⑤华南区：包括广东、广西、福建三个省。

⑥西南区：包括贵州、四川、云南三个省。

为了能选用合乎各地区的人体尺寸，GB/T 10000—1988标准中还提供了上述六个区域成年人体重、身高和胸围三项主要人体尺寸的均值和标准差值。六个区域成年人的体重、身高和胸围的均值 $\overline{x}$ 和标准差 S_D，见表8-8。

表8-8　　　　　　　　六个区域的身高、胸围、体重的均值 $\overline{x}$ 及标准差 S_D

项目		东北、华北区		西北区		东南区		华中区		华南区		西南区	
		均值 $\overline{x}$	标准差 S_D	均值 $\overline{x}$	标准差 S_D	均值 $\overline{x}$	标准差 S_D	均值 $\overline{x}$	标准差 S_D	均值 $\overline{x}$	标准差 S_D	均值 $\overline{x}$	标准差 S_D
男（18~60岁）	体重/kg	64	8.2	60	7.6	59	7.7	57	6.9	56	6.9	55	6.8
	身高/mm	1693	56.6	1684	53.7	1686	55.2	1669	56.3	1650	57.1	1647	56.7
	胸围/mm	888	55.5	880	51.5	865	52.0	853	49.2	851	48.9	855	48.3

续表

项目		东北、华北区		西北区		东南区		华中区		华南区		西南区	
		均值 $\bar{x}$	标准差 S_D	均值 $\bar{x}$	标准差 S_D	均值 $\bar{x}$	标准差 S_D	均值 $\bar{x}$	标准差 S_D	均值 $\bar{x}$	标准差 S_D	均值 $\bar{x}$	标准差 S_D
女 (18~ 55 岁)	体重/kg	55	7.7	52	7.1	51	7.2	50	6.8	49	6.5	50	6.9
	身高/mm	1586	51.8	1575	51.9	1575	50.8	1560	50.7	1549	49.7	1546	53.9
	胸围/mm	848	66.4	837	55.9	831	59.8	820	55.8	819	57.6	809	58.8

在使用国标 GB/T 10000—1988 中成年人的体重、身高、胸围三项人体尺寸时，如需选用合乎某地区的人体尺寸，可根据表 8-8 中相应的均值和标准差，并按照百分位数值的计算方法，可求得所需的相应人体尺寸。

例：设计适用于90%西南地区女性使用的背包，试问应按怎样的身高设计背包尺寸？

解：查表8-8知西南地区女性身高平均值为1546mm，标准差为53.9mm。

要求背包适用于90%的人，故以第5百分位和95百分位确定尺寸的界限值，查变换系数表得 $K=1.645$

第5百分位数身高为：$h=1546-(53.9\times1.645)\approx1457$（mm）

第95百分位数身高为：$h=1546+(53.9\times1.645)\approx1635$（mm）

故按身高1457~1635mm设计背包，可适应于90%的西南女性使用。

7. 我国香港地区成年人人体尺寸

由于在进行全国成年人人体尺寸抽样测量工作时，香港地区尚未回归祖国，因而在我国 GB/T 10000—1988 标准中，所划分的全国成年人人体尺寸分布的六个区域内，不包括香港地区。而在此之前，香港地区已为各种设计提供了较完整的成年人人体尺寸。表8-9给出其中常用的 P_5、P_{50}、P_{95} 三种百分位数的成年人人体尺寸。

表8-9　　　　　香港地区成年人人体尺寸[10]　　　　　单位：mm

名称	男			女			名称	男			女		
	P_5	P_{50}	P_{95}	P_5	P_{50}	P_{95}		P_5	P_{50}	P_{95}	P_5	P_{50}	P_{95}
身高	1585	1680	1775	1455	1555	1655	胯宽	300	335	370	295	330	365
眼高	1470	1555	1640	1330	1425	1520	胸深	155	195	235	160	215	270
肩高	1300	1380	1460	1180	1265	1350	腹深	150	210	270	150	215	280
肘高	950	1015	1080	870	935	1000	肩肘长	310	340	370	290	315	340
胯高	790	855	920	715	785	855	肘-指长	410	445	480	360	400	440
指关节高	685	750	815	650	715	780	上身长	680	730	780	615	660	705
指尖高	575	640	705	540	610	680	肩-指长	580	620	660	525	560	595
坐姿高	845	900	955	780	840	900	头长	175	190	205	160	175	190

续表

名称	男			女			名称	男			女		
	P_5	P_{50}	P_{95}	P_5	P_{50}	P_{95}		P_5	P_{50}	P_{95}	P_5	P_{50}	P_{95}
坐姿眼高	720	780	840	660	720	780	头宽	150	160	170	135	150	165
坐姿肩高	555	605	655	510	560	610	手长	165	180	195	150	165	180
坐姿肘高	190	240	290	165	230	295	手宽	70	80	90	60	70	80
腿厚	110	135	160	105	130	155	足长	235	250	265	205	225	245
臀－膝长	505	550	595	470	520	570	足宽	85	95	105	80	85	90
臀－腿弯长	405	450	495	385	435	485	双臂平伸宽	1480	1635	1790	1350	1480	1610
膝高	450	495	540	410	455	500	双肘平伸宽	805	885	965	690	775	860
腿弯高	365	405	445	325	375	425	立姿垂直伸及	1835	1970	2105	1685	1825	1965
肩宽（两三角肌）	380	425	475	335	385	435	坐姿垂直伸及	1110	1205	1300	855	940	1025
肩宽	335	365	395	315	350	385	前伸及	640	705	770	580	635	690

二、 我国成年人人体功能尺寸

当涉及用户无法在固定位置使用的产品时，还必须考虑动态人体测量数据。人体的静态尺寸是结构尺寸，而人体的动态尺寸是功能尺寸。人体功能尺寸是描述人在各种姿势、做各种动作时的尺寸。动态人体尺寸测量的特点，是在任何一种身体活动中，身体各部位的动作并不是独立无关而是协调一致的，具有连贯性和活动性。例如手臂可及的极限并非唯一由手臂长度决定，还受到肩部运动、躯干的扭转、背部的屈曲以及操作本身特性的影响。

人的双臂可上举，可平伸，可左右分开，可做许多拉、推、扬、举、抛掷及旋转等动作。双手能做很多事，特别是手指，十分灵活。更多的情况是手指、手掌、前臂及上臂联合行动。

人的技能局限很大。身高、臂长和手足尺寸有限度，高个与矮个，男人与女人，成人与幼童，身体各部分的尺寸和比例各不相同，不同程度地限制了人的四肢活动范围和操作。

人体四肢的活动还有一定的方向性，如：

① 手指只有向掌心弯曲。

② 手腕的转动一般只能在 180°以内。

③ 前臂与上臂只能在同一平面上屈伸。

④上臂向后伸动的角度很小。

⑤ 双腿同样不能后伸得很高。

人们关心的是以不同姿势工作时，手足的活动范围。

肢体活动角度分为轻松值、正常值和极限制，分别使用于不同的场合。轻松值主要用于经常性的，使用频率较高的场合。极限值则常用于使用频率低，但涉及安全或限制的场合。

在安排操作空间时，应考虑其他因素的影响：

①体型差别：上下肢长度比例并非绝对相同。

②动静差别：四肢不动时占空间较小，活动时带动躯体位移，占空间较大。

③用力程度：用力小，四肢活动范围小；用力大，四肢活动范围扩大。

④年龄特点：中、小学生的课桌椅，成年人的工作台与工作椅的高低、宽窄、大小各有不同要求。老年人专用物品有安全防护和简便省力的需要。

1. 人在工作位置上的活动空间尺度

人体尺度决定着人的活动空间，但是对于人的活动空间的设计，不能只考虑人体尺度这一项基本因素。

人在各种工作时都需要有足够的活动空间，工作位置上的活动空间设计与人体的功能尺寸密切相关，在人体结构尺寸测量数据的基础上，可以推导出人体活动的可达包络线图作为活动空间尺寸设计的依据。

由于活动空间应尽可能适应于绝大多数人的使用，设计时应以高百分位人体尺寸为依据。所以，在以下的分析中均以我国成年男子第 95 百分位身高（1775mm）为基准。

在工作中常取站、坐、跪（如设备安装作业中的单腿跪）、卧（如车辆检修作业中的仰卧）等作业姿势。现从各个角度对其活动空间进行分析说明，并给出人体尺度图。

（1）立姿的活动空间　立姿时人的活动空间不仅取决于身体的尺寸，而且也取决于保持身体平衡的微小平衡动作和肌肉松弛足的站立平面不变时，为保持平衡必须限制上身和手臂能达到的活动空间。在此条件下，立姿活动空间的人体尺度如图 8 - 5 所示。

人们时常需要将行李箱或公文包放到架子上或汽车的行李箱中，应在比较方便的活动范围内进行此类操作，可据立姿活动空间的人体尺度确定操作时对箱包的提举角度，从而确定所针对群体能达到的提举力量。

图 8 -5（a）为正视图，零点位于正中矢状面上（从前向后通过身体中线的垂直平面）。图 8 -5（b）为侧视图，零点位于人体背点的切线上，在贴墙站直时，背点与墙相接触。以垂直切线与站立平面的交点作为零点。

（2）坐姿的活动空间　根据立姿活动空间的条件，坐姿活动空间的人体尺度见图8 -6。

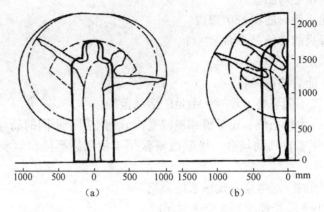

图8-5　立姿的活动空间[10]

———— 稍息站立时的身体轮廓，为保持身体姿势所必需的平衡动作已考虑在内

— · — 头部不动，上身自髋关节起前弯、侧转时的活动空间

············· 上身不动时手臂的活动空间

———— 上身一起动时手臂的活动空间

　　坐姿活动空间的人体尺度可以用于确定把公文包等放在座椅旁时，在站立的同时能方便提起公文包时，公文包的高度和宽度范围。

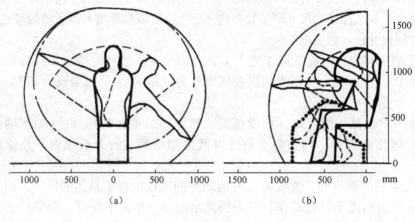

图8-6　坐姿的活动空间[10]

———— 上身挺直及头向前倾的身体轮廓，为保持身体姿势而必需的平衡动作已考虑在内

— ▲ — 从髋关节起上身向前、向侧弯曲的活动空间

············· 上身不动，自肩关节起手臂向上和向两侧的活动空间

———— 上身从髋关节起自前、向两侧活动时手臂自肩关节起向前或向两侧的活动空间

············· 自髋关节、膝关节起腿的伸、曲活动空间

　　图8-6（a）为正视图，零点在正中矢状面上。图8-6（b）为侧视图，零点在经过臀点的垂直线上，并以该垂线与足底平面的交点作为零点。

　　（3）单腿跪姿的活动空间　根据立姿活动空间的条件，单腿跪姿活动空间的人体尺度如图 8 - 7 所示。

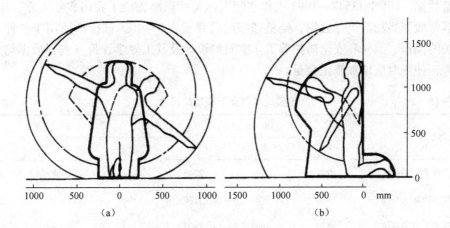

图 8 - 7　单腿跪姿的活动空间[10]

———— 上身挺直头前倾的身体轮廓。为稳定身体姿势而必需的平衡动作已考虑在内

·············· 上身从髋关节起侧弯

— · — 上身不动，自肩关节起手臂向前、向两侧的活动空间

———— 上身自髋关节起向前或向两侧活动时手臂自肩关节起向前或向两侧的活动空间

取跪姿时，承重膝常更换。由一膝换到另一膝时，为确保上身平衡，要求活动空间比基本位置大。

图 8 - 7（a）为正视图，其零点在正中矢状面上。图 8 - 7（b）为侧视图，其零点位于人体背点的切线上，以垂直切线与跪平面的交点作为零点。

（4）仰卧的活动空间　仰卧的活动空间的人体尺度如图 8 - 8 所示。

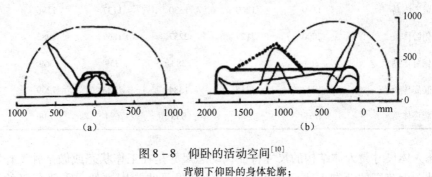

图 8 - 8　仰卧的活动空间[10]

———— 背朝下仰卧的身体轮廓；

— · — 自肩关节起手臂伸直的活动空间；

·············· 腿自膝关节弯起的活动空间。

图 8 - 8（a）为正视图，零点位于正中中垂平面上。图 8 - 8（b）为侧视图，零点位于经头顶的垂直切线上。垂直切线与仰卧平面的交点作为零点。

2. 常用的人体功能尺寸

人体功能尺寸是由关节的活动、转动所产生的角度与肢体的长度协调产生的范围尺寸。前述常用的立、坐、跪及卧等作业姿势活动空间的人体尺度图，可满足人体一般作业空间概略设计的需要。但对于受限作业空间的设计，则需要应用各种作业姿势下人体功能尺寸测量数据。GB/T 13547—1992 工作空间人体尺寸标准提供了我国成年人立、坐、跪、卧及爬等常取姿势功能尺寸数据，经整理归纳后列于表 8 – 10。该标准适用于各种与人体尺寸相关的操作、维修和安全防护等工作空间的设计及其工效学评价。表列数据均为裸体测量结果，使用时应增加修正余量。

表 8 – 10 　　　　　　　　　　我国成年男女上肢功能尺寸 　　　　　　　　　单位：mm

测量项目	男（18~60岁）			女（18~55岁）		
	P_5	P_{50}	P_{95}	P_5	P_{50}	P_{95}
立姿双手上举高	1971	2108	2245	1845	1968	2089
立姿双手功能上举高	1869	2003	2138	1741	1860	1976
立姿双手左右平展宽	1579	1691	1802	1457	1559	1659
立姿双臂功能平展宽	1374	1483	1593	1248	1344	1438
立姿双肘平展宽	816	875	936	756	811	869
坐姿前臂手前伸长	416	447	478	383	413	442
坐姿前臂手功能前伸长	310	343	376	277	306	333
坐姿上肢前伸长	777	834	892	712	764	818
坐姿上肢功能前伸长	673	730	789	607	657	707
坐姿双手上举高	1249	1339	1426	1173	1251	1328
跪姿体长	592	626	661	553	587	624
跪姿体高	1190	1260	1330	1137	1196	1258
俯卧体长	2000	2127	2257	1867	1982	2102
俯卧体高	364	372	383	359	369	384
爬姿体长	1247	1315	1384	1183	1239	1296
爬姿体高	761	798	836	694	738	783

静态人体尺寸是人体结构的尺寸特征，动态尺寸是在工作状态或做某种工作时的运动中的尺寸。大范围的动态人体尺寸测量和统计结果是非常困难的，需要高级的设备和技术，如光度计摄影系统、人体测量摄影机和三维测量装置等。因此，不排除利用静态人体尺寸来计算动态人体尺寸。动态测量的重点是测量人在执行某种运动或操作时的身体特征，通常是对手、上肢、下肢和足所及的范围以及各关节能达到的距离和能转动的角度进行测量。

三、 其他国家成年人人体尺寸

同一个国家的人体尺寸由于区域、民族、性别、年龄和生活条件等因素的不同而异，例如，从表 8 - 8 可以看出，就身高而言，我国成年男子身材较高（均值为 1693mm）的东北、华北地区与身材较矮（均值为 1647mm）的西南区相比，身高尺寸相差 46mm。

不同国家的人体尺寸则由于地理、社会及经济等条件的不同差异更大，世界上身材最高的民族是生活在非洲苏丹南部的北方尼洛特人，平均身高达 1828.88mm，世界上身材最矮的民族是生活在非洲中部的俾格米人，平均身高只有约 1371.6mm。

从表 8 - 11 可以看出，就身高相比，成年男子身材较高（均值为 1780mm）的英国与身材较矮（均值为 1651mm）的日本比较，身高尺寸相差 129mm。所以，在制造各种与人体尺寸有关的出口工业产品时，必须考虑到产品进口国家的人体测量数据。

表 8 - 11 列出部分国家与地区人体身高均值和标准差，由表中数据可求得设计所需要的任意百分位数的人体身高尺寸。

表 8 - 11　　　　　　　　部分国家及地区人体身高平均值及标准差[10]　　　　　　单位：cm

国别	性别	身高 H	标准差 S_D	国别	性别	身高 H	标准差 S_D
美国	男	175.5（市民）	7.2	意大利	男	168.0	6.6
	女	161.8（市民）	6.2		女	156.0	7.1
	男	177.8（城市青年 1986 年资料）	7.2	加拿大	男	177.0	7.1
原苏联	男	177.5（1986 年资料）	7.0	西班牙	男	169.0	6.1
日本	男	165.1（市民）	5.2	比利时	男	173.0	6.6
	女	154.4（市民）	5.0	波兰	男	176.0	6.2
	男	169.3（城市青年 1986 年资料）	5.3	匈牙利	男	166.0	5.4
英国	男	178.0	6.1	捷克	男	177.0	6.1
法国	男	169.0	6.1	非洲地区	男	168.0	7.7
德国	男	175.0	6.0		女	157.0	4.5

注：本表中除注明年代者外，其余均为 20 世纪 70 年代数据。

从全世界范围来看，美国人、德国人、加拿大人和英国人属于高身材，法国和意大利人次之，东方人较矮。图 8 - 9 给出了美国等七国人身高的百分位数，可作为参考。

东方人和欧美人在身高上的差别主要表现在东方人体躯干长、下肢短，部分国家人口坐高与身高之比差别较小，见表 8 - 12。

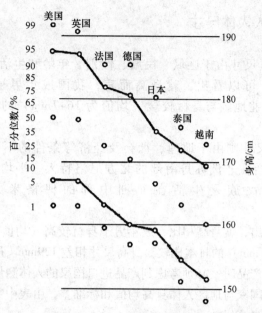

图 8-9　七国人体身高的百分位数

表 8-12		部分国家人口坐高与身高之比			
国　别	男　性	女　性	国　别	男　性	女　性
德　国	0.514		中　国	0.530	0.545
美　国	0.525	0.528	日　本	0.544	0.546
挪　威	0.522		泰　国	0.529	
加拿大	0.525		越　南	0.530	
法　国	0.526		土耳其	0.530	
英　国	0.526				

　　人体尺度随着时间和空间的变化而不同，因此要尽量使用最新的人体数据，并且要考虑地域性。

　　隔若干年应进行一次人体尺寸抽查统计。随着生活水平的提高，科学技术的进步，摄食的科学化、合理化和体育运动的发展，人的身高和各部位尺寸都有加大的趋势。我国大学生中，身高 170cm 的人在 20 世纪 50 年代初属高身材，而在 80 年代则属中等身材。日本人身高，从 1905 年到 1966 年的 60 年间，13 岁男子平均身高增加 13cm，女子增加 12.9cm。大约每 10 年平均增高值为：男子 1.2cm，女子为 1.0cm，体重分别增加 800g 和 200g。

第二节　人体各部分结构参数的计算

对于设计中所需的人体数据，当无条件测量或直接测量有困难时，或者是为了简化人体测量的过程时，可根据人体的身高和体重等基础测量数据，利用经验公式计算出所需的其他各部分数据。

国内外的专业人员，曾经对人体的尺度及其比例关系做过种种测量和研究。他们的统计数据和研究成果，有许多可以作为设计依据或重要参照。比如，就人的个体而言，人双臂双手左右平伸时，两中指指间的距离等于人的身高。图 8 - 10 为达·芬奇绘制的标准人体图。

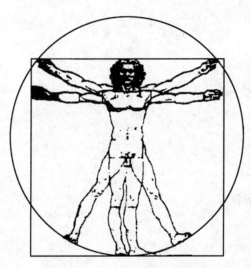

图 8 - 10　达·芬奇标准人体图[87]

人体尺度表中的数据，多取同类人的平均值。然而绝大多数同类人的具体尺度比例，不可能完全等同于平均值。比如，有的人臂长腿短，也有人腿长臂短。每个人的身高与肩宽之比，也不一样。

随着年龄的变化，人体结构比例变化也很大。与成年人相比，幼童的头长在身高中所占比例较大。老年人与成年时相比，头长未减而身高渐减。身高不再增长的青年，体宽会逐渐变化，体形由细瘦型变为标准型或肥胖型。人体结构比例可用人体的体部指数来表征。

一、人体的体部指数

在一般人体测量中，常采用两种以上的测量参数组成的一些比例系数来反映人体各部分的比例关系和形态特征，这里，称这种比例系数为体部指数。常见的体部指数主要有以下六种。

1. **第 1 标准指数**

$$\eta_1 = \frac{L_i}{H} \times 100\%$$

式中　η_1——第 1 标准指数

　　　L_i——人体第 i 部分测量值

　　　H——身高

2. **第 2 标准指数**

$$\eta_2 = \frac{L_i}{H_q} \times 100\%$$

式中　η_2——第 2 标准指数

　　　L_i——人体第 i 部分测量值

　　　H_q——躯干长

3. **体形系数**

$$\eta_3 = \frac{W_x + W_y}{H} \times 100\%$$

式中　η_3——体形系数

　　　W_x——胸围

　　　W_y——腰围

　　　H——身高

4. **李氏体重指数**

$$\eta_4 = \frac{1000\sqrt[3]{W}}{H}$$

式中　η_4——李氏体重指数

　　　W——体重，N

　　　H——身高，cm

5. **罗氏体重指数**

$$\eta_5 = \frac{W}{H^3}$$

式中　η_5——罗氏体重指数

　　　W——体重，N

　　　H——身高，cm

6. **体质指数**

$$\eta_6 = H - W_{xmax} + W$$

式中　η_6——体质指数

　　　W——体重，N

　　　W_{xmax}——最大胸围，cm

　　　H——身高，cm

二、 由身高计算各部分尺寸

正常成年人人体各部分尺寸之间存在一定的比例关系，因而按正常人体结构关系，以站立平均身高为基数来推算各部分的结构尺寸是比较符合实际情况的。而且，人体的身高是随着生活水平、健康水平等条件的提高而有所增长，如以平均身高为基数的推算公式来计算各部分的结构尺寸，是能够适应人体结构尺寸的变化，而且应用也灵活方便。

根据 GB/T 10000—1988 标准的人体基础数据，推导出我国成年人人体尺寸与身高的比例关系，见图 8-11。该图仅供计算我国成年人人体尺寸时参考。由于不同国家人体结构尺寸的比例关系是不同的，因而该图不适用于其他国家人体结构尺寸的计算。又因间接计算结果与直接测量数据间有一定的误差，使用时应考虑计算值是否满足设计的要求。

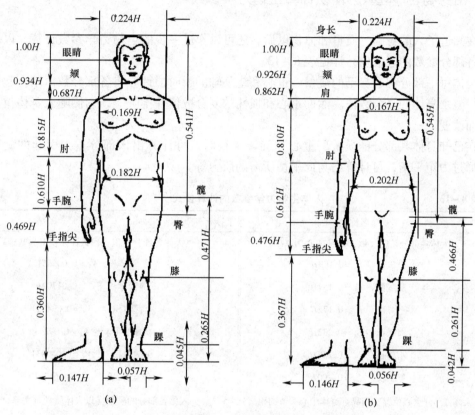

图 8-11　我国成年人人体尺寸的比例关系[10]
（a）男　（b）女

三、 由体重计算体积和表面积

人体质量和体积、表面积之间有一定关系，可根据人体质量推算出体积和表面积。人体的基础代谢率是单位时间、单位表面积的能耗，要计算人体的基础代谢率就需要得知人体表面积，人体表面积是计算基础代谢率的基础数据。

1. 人体体积计算

$$V = 1.015m - 4.937$$

式中　V——人体体积，L

m——人体质量，kg

2. 人体表面积计算

$$A = 0.02350H^{0.42246}m^{0.51456}$$

式中　A——人体表面积，m^2

H——人体身高，cm

m——人体质量，kg

四、由身高、体重、体积计算生物力学参数

在知道了人的身高、质量和体积以后，还可以作进一步的生物力学参数计算，以获得人体各部分参数的近似值，详见表 8–13。

身体每一部分都有自己的质量、重心和绕某轴的瞬时惯性。将各部分数值结合起来就能获得整个身体的复合数值。然而重心和惯性的复合数值并不唯一，它们随着身体位置的变化而改变。

在已知身体某部分的质量、重心和旋转半径时，可计算出该部分重力引起的旋转力矩，通过力矩平衡，可计算出与此平衡所需的肌力等。

表 8–13　　　　　　　　　　人体生物力学参数的计算公式[10]

序号	名称	序号	名称
1	人体各部分长度（以人体身高 H 为基础）	4	人体各部分体积（以人体体积 V 为基础）
	手掌长　$L_1 = 0.109H$		手掌体积　$V_1 = 0.00566V$
	前掌长　$L_2 = 0.157H$		前臂体积　$V_2 = 0.01702V$
	上臂长　$L_3 = 0.172H$		上臂体积　$V_3 = 0.03495V$
	大腿长　$L_4 = 0.232H$		大腿体积　$V_4 = 0.0924V$
	小腿长　$L_5 = 0.247H$		小腿体积　$V_5 = 0.04083V$
	躯干长　$L_6 = 0.300H$		躯干体积　$V_6 = 0.6132V$
2	人体各部分重心位置（指靠近身体中心关节的距离）	5	人体各部分的质量（以人体质量 m 为基础）
	手掌重心位置　$O_1 = 0.506L_1$		手掌质量　$m_1 = 0.006m$
	前臂重心位置　$O_2 = 0.430L_2$		前臂质量　$m_2 = 0.018m$
	上臂重心位置　$O_3 = 0.436L_3$		上臂质量　$m_3 = 0.0357m$
	大腿重心位置　$O_4 = 0.433L_4$		大腿质量　$m_4 = 0.0946m$
	小腿重心位置　$O_5 = 0.433L_5$		小腿质量　$m_5 = 0.042m$
	躯干重心位置　$O_6 = 0.660L_6$		躯干质量　$m_6 = 0.5804m$
3	人体各部分的旋转半径（指靠近身体中心关节的距离）	6	人体各部分转动惯量（指绕关节转动的惯量）
	手掌旋转半径　$R_1 = 0.587L_1$		手掌转动惯量　$I_1 = m_1R_1{}^2$
	前臂旋转半径　$R_2 = 0.526L_2$		前臂转动惯量　$I_2 = m_2R_2{}^2$
	上臂旋转半径　$R_3 = 0.542L_3$		上臂转动惯量　$I_3 = m_3R_3{}^2$

续表

序号	名称	序号	名称
	大腿旋转半径　$R_4 = 0.540L_4$		大腿转动惯量　$I_4 = m_4 R_4^2$
	小腿旋转半径　$R_5 = 0.528L_5$		小腿转动惯量　$I_5 = m_5 R_5^2$
	躯干旋转半径　$R_6 = 0.830L_6$		躯干转动惯量　$I_6 = m_6 R_6^2$

需要其他静态姿势人体尺寸项目数值时，可在小样本抽样测量的基础上建立合理的回归方程进行间接计算，参见跪姿、俯卧姿、爬姿人体尺寸的计算。表 8 – 14 为尺寸项目推算表。

表 8 – 14　　　　　　　　　　　　尺寸项目推算表　　　　　　　　　　　单位：mm

静态姿势	尺寸项目	推算公式	
		男	女
跪姿	跪姿体长	$18.8 + 0.362H$	$5.2 + 0.372H$
	跪姿体高	$38 - 0.728H$	$112.8 - 0.690H$
俯卧姿	俯卧姿体长	$-124.6 + 1.342H$	$-124.7 + 1.342H$
	俯卧姿体高	$330.7 + 0.698m$	$314.5 + 1.048m$
爬姿	爬姿体长	$115.1 + 0.715H$	$223.0 + 0.647H$
	爬姿体高	$140.1 + 0.392H$	$-56.6 + 0.506H$

注：H—身高（mm），m—体重（kg）。

第三节　主要人体尺寸的应用原则

一、人体尺寸在箱包功能设计中的应用概述

随着科技的进步，物质的丰富，人们对箱包的要求越来越高，箱包的舒适性和功用性设计越来越受到重视。如背包的设计应该适合人体肩部构造，便于人体活动。在肩部承重范围内不妨碍血液循环。箱包通过人的操作达到为人服务的目的，因此，必须围绕人的操作和使用方式设计，而人在操作或使用箱包时，都离不开自身生理条件的限制和对箱包的控制能力，超出这一范围，就会感到不舒服或达不到应有的使用效率。

革制品人机工学能够提供人体机能特征参数。正确运用人体测量数据是设计合理与否的关键。数据被误解或使用不当，就可能导致严重的设计错误。

只有在熟悉人体测量基本知识之后，才能选择和应用各种人体测量数据，否则有的数据可能被误解。各种人体测量数据只是为设计提供基础参数，各种统计数据不能作为设计中的一般常识，也不能代替严谨的设计分析。因此，当设计中涉及人体尺度时，设计者必须熟悉数据测量定义、适用条件和百分位的选择等方面的知识，才能正确地应用有关

数据。

产品设计以人体尺度的设计参数作为依据时，不仅表现在要针对成人和儿童等不同的使用者群体，而且针对使用产品的不同性别对象。

现成的人机工程学图表或资料表述的是一般情况下的人体特征以及所适用的条件。在实际使用产品时，标准姿势是不多见的。对某项具体设计而言，无论多么详尽全面的数据库也无法代替设计师深入细致的调查分析和亲身参与体验所获得的感受。在设计中应用人体尺寸的数据时不是对测量数据的照搬，而是对这些数据进行处理并灵活运用。

有时候有价值的数据可以在一些科技著作中找到，然而在某些情况下，有必要在人机工程学原理的引导下通过试验直接获取某一特殊群体的精确数据。

二、 主要人体尺寸的应用原则

人机关系在工业产品的设计、选材、制造、展示、销售、使用、回收和销毁等全部过程中无处不在。所以，人机关系的表现也包含在产品生灭的全过程中。其间最集中最突出的是制造和使用过程。使用是一切人造物设计和制造的最终目的，因而充分研究产品制造和使用过程中可能出现的种种人机关系，是最重要的。

设计师在设计时，必须充分考虑制造者和使用者的全部可能和需要，要想到人体尺度及使用时的方便、舒适、美观和配套规格。

在应用人体尺寸时应合理选择百分位和适用度。确定设计限以满足绝大多数使用者的需要或划分不同的型号以满足不同使用者的需要，是解决设计对象与使用者相互适应问题的两种基本方法。前者主要用于工作空间和生活空间以及许多公用设施的设计，后者主要用于服饰和个人防护等用具的设计。

进行可调范围的设计时，确定可调尺寸的范围一般定为5%~95%百分位。从理论上讲，经过一定调节可满足90%的人的需要。

设计目标用途不同时，选用的百分位和适应度也不同。常见设计和人体数据百分位选择原则归纳如下：

①凡间距类设计，一般取较高百分位数据，常取第95百分位的人体数据。

②凡净空高度类设计，一般取高百分位数据，常取第99百分位的人体数据以尽可能适应100%的人。

③凡属于可及距离类设计，一般应使用低百分位数据。如涉及伸手够物、立姿侧向手控距离、坐姿垂直手握高度等设计皆属此类问题。

④座面高度类设计，一般取低百分位数据，常取第5百分位的人体数据。因为如果座面太高，大腿会受压使人感到不舒服。

⑤隔断类设计，如果设计目的是为了保证隔断后面人的秘密性，应使用第95或更高百分位数据；反之，如果是为了监视隔断后的情况，则应使用低百分位（第5百分位或更低百分位）数据。

⑥公共场所工作台面高度类设计，如果没有特别的作业要求，一般以肘部高度数据为依据，百分位常取从女子第5百分位到男子第95百分位数据。

　　为了使人体测量数据能有效地为设计者利用，从大量人体测量数据中精选出部分产品设计常用的数据，并将这些数据的定义、应用条件、选择依据等列于表 8 - 15，以期对其他设计工作起到抛砖引玉的作用。

表 8 - 15　　　　　　　　　　　　　　　　主要人体尺寸的应用原则

人体尺寸	应用条件	百分位选择	注意事项
肘部高度	对于确定柜台、梳妆台、厨房案台、工作台以及其他站着使用的工作表面的舒适高度，肘部高度数据是必不可少的。通常，这些表面的高度都是凭经验估计或是根据传统做法确定的。然而，通过科学研究发现最舒适的高度是低于人的肘部高度 7.6cm。另外，休息平面的高度应该低于肘部高度 35～38cm	假定工作面高度确定为低于肘部高度约 7.6cm，那么从 96.5cm（第 5 百分位数据）到 111.8cm（第 95 百分位数据）这样一个范围都将适合中间的 90% 的男性使用者。考虑到第 5 百分位的女性肘部高度较低，这个范围应为 88.9cm 到 111.8cm，才能对男女使用者都适应。由于其中包含许多其他因素，如存在特别的功能要求和每个人对舒适高度见解不同等，所以这些数值也只是假定推荐的	确定上述高度时，必须考虑活动的性质，有时这一点比推荐的"低于肘部高度7.6cm"还重要
肘部平放高度	与其他一些数据和考虑因素联系在一起，用于确定椅子扶手、工作台、书桌、餐桌和其他特殊设备的高度	肘部平放高度既不涉及距离问题也不涉及伸手够物的问题，其目的只是能使手臂得到舒适的休息即可。选择第 50 百分位左右的数据是合理的。在许多情况下，这个高度在 14～27.9cm，这样一个范围可以适合大部分使用者	座椅软垫的弹性、座椅表面的倾斜以及身体姿势都应予以注意
立姿垂直手握高度	可用于确定开关、控制器、拉杆、把手、书架以及衣帽架等的最大高度	由于涉及伸手够东西的问题，如果采用高百分位的数据就不能适应小个子人，所以设计出发点应该基于适应小个子人，这样也同样能适应大个子人	尺寸是不穿鞋测量的，使用时要给予适当补偿
坐姿垂直伸手高度	主要用于确定头顶上方的控制装置和开关等的位置，所以较多地被设备专业的设计人员所使用	选用第 5 百分位的数据是合理的，这样可以同时适应小个子人和大个子人	要考虑椅面的倾斜度和椅垫的弹性

续表

人体尺寸	应用条件	百分位选择	注意事项
臀部至足后跟长度	可以利用它们布置休息室座椅或不拘礼节地就坐座椅。另外，还可用于设计搁脚凳、理疗和健身设施等综合空间	由于涉及间距问题，应选用第95百分位的数据	在设计中，应该考虑鞋、袜对这个尺寸的影响，一般，对于男鞋要加上2.5cm，对于女鞋则加上7.6cm
臀部至膝盖长度	用于确定椅背到膝盖前方的障碍物之间的适当距离，例如，用于影剧院、礼堂和做礼拜的固定排椅设计中	由于涉及间距问题，应选用第95百分位的数据	这个长度比臀部—足尖长度要短，如果座椅前方的家具或其他室内设施没有放置足尖的空间，就应该使用臀部—足尖长度
臀部至足尖长度	用于确定椅背到膝盖前方的障碍物之间的适当距离，例如，用于影剧院、礼堂和做礼拜的固定排椅设计中	由于涉及间距问题，应选用第95百分位的数据	如果座椅前方的家具或其他室内设施有放足的空间，而且间隔要求比较重要，就可以使用臀部膝盖长度来确定合适的间距
立姿侧向手握距离	有助于设备设计人员确定控制开关等装置的位置，它们还可以为建筑师和室内设计师用于某些特定的场所，例如医院、实验室等。如果使用者是坐着的，这个尺寸可能会稍有变化，但仍能用于确定人侧面的书架位置	由于主要的功用是确定手握距离，这个距离应能适应大多数人，因此，选用第5百分位的数据是合理的	如果涉及的活动需要使用专门的手动装置、手套或其他某种特殊设备，这些都会延长使用者的一般手握距离，对于这个延长量应予以考虑
手臂平伸手握距离	有时人们需要越过某种障碍物去够一个物体或者操纵设备。这些数据可用来确定障碍物的最大尺才	选用第5百分位的数据，这样能适应大多数人	要考虑操作或工作的特点
手握围	可用来确定拉手、把手等的横截面尺寸	选用第5百分位的数据以适应大多数人	要考虑是简单的握持还是需要较大的力量
手宽	用于确定把手握持部分宽度，如把手和拉手的宽度	属间距问题，应选用第95百分位的数据	要考虑操作时是否戴手套
肩宽	有助于确定背包带的宽度和双肩背包带两肩带间距离	选用第5百分位的数据以适应大多数人	要考虑不同季节的服装对这个尺寸的影响

第四节　人体尺寸的应用方法

很多因素影响到人体尺寸，需要对不同背景下个体及群体进行细致的分析，以得到他们的特征尺寸、个体差异和人体尺寸的分布规律，才能将现有的人体测量数据应用到产品设计中去。

一、人体尺寸的应用步骤

设计师一般不直接进行大规模的人体测量，主要在工作时选用现成的人体尺寸，那么该如何选用和应用人体尺寸呢？在确定一个设计尺寸时，首先需要了解该设计尺寸涉及了哪个或哪几个人体尺寸。所以人体尺寸在工程设计中的应用，第一步就是应该选对相应的人体尺寸。

为在产品设计中正确使用人体测量数据，应遵循以下基本步骤：

①识别所有与产品设计相关的人体尺寸。例如，立姿垂直手握高度或手功能高是影响拉杆箱的拉杆高度和手提箱高度等的基本因素。

②确定预期的用户人群。建立必要考虑的人体尺寸范围，如儿童或是妇女、平民或是军人、不同的年龄段、不同的国籍或不同的种族，他们的人体尺寸特性均有差异。

③选择一个合适的预期目标用户的满足度。设计要适合使用者的范围特性，设计中要确定尺寸应该选取极大值还是极小值，抑或是平均值；可采取的调整范围有多大；确定百分位数，欲使群体中多少人舒适地使用。

④获取正确的人体测量数据表并找出需要的基本数据。设计问题千头万绪，欲建立一种放之四海而皆准的人体测量值资料库是不可能的。设计师唯有平时多收集相关资料，应用时多做综合分析，才能设计出符合人机工程的产品。

⑤确定各种影响因素，对从表中得到的基本数据予以修正。比如人体测量是在受试者只穿内衣的情况下得到的，而在产品（如背包）设计时我们要考虑不同衣着的尺寸值。

二、应用人体尺寸时需确定的指标

在应用人体尺寸时，应注意以下几个方面的问题。

1. 确定所设计产品的类型

在涉及人体尺寸的产品设计中，设定产品功能尺寸的主要依据是人体尺寸百分位数，而人体尺寸百分位数的选用又与所设计产品的类型密切相关。

GB/T 12985—1991 在产品设计中应用人体百分位数的通则标准中，依据产品使用者人体尺寸的设计上限值（最大值）和下限值（最小值）对产品尺寸设计进行了分类，产品类型的名称及其定义列于表 8－16。凡涉及人体尺寸的产品设计，首先应按该分类方法确认所设计的对象是属于其中的哪一类型。其中的Ⅲ型产品采用第50百分位数的人体尺寸作为产品的设计依据，也称为平均尺寸设计原则。设计中不应简单地对所有的设计尺寸都采用人体尺寸的平均值，各项尺寸都与群体尺寸的平均值吻合的"中间人"难以存在，主要尺寸采用平均值即可。

表8-16　　　　　　　　　　　　　　　产品尺寸设计分类[10]

产品类型	产品类型定义	说明
Ⅰ型产品尺寸设计	只需要两个人体尺寸百分位数作为尺寸上限值和下限值的依据	又称双限值设计
Ⅱ型产品尺寸设计	只需要一个人体尺寸百分位数作为尺寸上限值或下限值的依据	又称单限值设计
ⅡA型产品尺寸设计	只需要一个人体尺寸百分位数作为尺寸上限值的依据	又称大尺寸设计
ⅡB型产品尺寸设计	只需要一个人体尺寸百分位数作为尺寸下限值的依据	又称小尺寸设计
Ⅲ型产品尺寸设计	只需要第50百分位数（P_{50}）作为产品尺寸设计的依据	又称平均尺寸设计

2. 选择人体尺寸百分位数

产品尺寸设计类型，按产品的重要程度分为涉及人的健康、安全的产品和一般工业产品两个等级。在确认所设计的产品类型及其等级之后，选择人体尺寸百分位数的依据是满足度。

统计学表明，任意一组特定对象的人体尺寸分布均符合正态分布规律，即大部分属于中间值，只有一小部分属于过大或过小的值，分布在两端。设计上要满足所有人的要求则不太可能，也没有必要，但必须满足大多数人的要求。而有些针对性设计，如定制，就需要根据设计的对象，选用其尺寸数据作为参考依据。

人机工程学设计中的满足度，是指所设计产品在尺寸上能满足多少人使用，通常以合适使用的人数占使用者群体的百分比表示。也就是说从人体工程学角度看，设计应适合多少人。产品尺寸设计的类型、等级和满足度与人体尺寸百分位数的关系见表8-17。

表8-17　　　　　　　　　　　　　　　人体尺寸百分位数的选择[10]

产品类型	产品重要程度	百分位数的选择	满足度
Ⅰ型产品	涉及人的健康、安全的产品	选用P_{99}和P_1作为尺寸上、下限值的依据	98%
	一般工业产品	选用P_{95}和P_5作为尺寸上、下限值的依据	90%
ⅡA型产品	涉及人的健康、安全的产品	选用P_{99}和P_{95}作为尺寸上限值的依据	99%或95%
	一般工业产品	选用P_{90}作为尺寸上限值的依据	90%
ⅡB型产品	涉及人的健康、安全的产品	选用P_1和P_5作为尺寸下限值的依据	99%或95%
	一般工业产品	选用P_{10}作为尺寸下限值的依据	90%
Ⅲ型产品	一般工业产品	选用P_{50}作为产品尺寸设计的依据	通用
成年男女通用产品	一般工业产品	选用男性的P_{99}、P_{95}或P_{90}作为尺寸上限值的依据 选用女性的P_1、P_5或P_{10}作为尺寸下限值的依据	通用

表中给出的满足度指标是通常选用的指标，特殊要求的设计，其满足度指标可

另行确定。产品能满足特定使用者总体中所有的人使用，在技术上是可行的，但在经济上往往是不合理的。因此，满足度的确定应根据所设计产品使用者总体的人体尺寸差异性、制造该类产品技术上的可行性和经济上的合理性等因素进行综合优选。

例如，鞋属于Ⅰ型产品，在制定成年女鞋尺寸系列时，为了确定应该生产几个鞋号的鞋时，应该取成年女子足长的 P_{95} 和 P_5 为上、下限值的依据。再如，对Ⅲ型产品，门的把手或锁孔离地面的高度或开关在房间墙壁上离地面的高度设计时，都分别只确定一个高度供不同身高的人使用，所以应平均地取肘高的 P_{50} 为产品设计的依据。

还需要说明的是，在设计时虽然确定了某一满足度指标，但有时用一种尺寸规格的产品却无法达到这一要求，在这种情况下，可考虑采用产品尺寸系列化和产品尺寸可调节性设计解决。调节量应按适应域来设定，如选择90%的适应域。调节量应满足第5百分位到第95百分位的用户，若选择95%的适应域，调节量应满足第2.5百分位到第97.5百分位的用户。

3. 确定功能修正量

有关人体尺寸标准中所列的数据是在裸体或穿单薄内衣的条件下测得的，测量时不穿鞋或穿着纸拖鞋。而设计中所涉及的人体尺度应该是在穿衣服、穿鞋甚至戴帽条件下的人体尺寸。因此，考虑有关人体尺寸时，必须给衣服、鞋或帽留下适当的余量，也就是在人体尺寸上增加适当的着装修正量。

在人体测量时要求躯干为挺直姿势，而人在正常作业时，躯干则为自然放松姿势，为此应考虑由于姿势不同而引起的变化量。此外，还需考虑实现产品不同操作功能所需的修正量。所有这些修正量的总计为功能修正量。功能修正量随产品不同而异，通常为正值，有时也可能为负值。通常用实验方法求得功能修正量，也可以通过统计数据获得。对于着装和穿鞋修正量可参照表8-18中的数据确定。

对姿势修正量的常用数据是：立姿时的身高、眼高减10mm；坐姿时的坐高、眼高减44mm。考虑操作功能修正量时，应以上肢前展长为依据，而上肢前展长是后背至中指尖点的距离，因而对操作不同功能的控制器应作不同的修正，如对按按钮开关可减12mm；对推滑板推钮、搬动搬钮开关则减25mm。

表8-18　　　　　　　　　　　　正常人着装身材尺寸修正值[10]　　　　　　　　　　单位：mm

项目	尺寸修正量	修正原因
站姿高	25~38	鞋高
坐姿高	3	裤厚
站姿眼高	36	鞋高
坐姿眼高	3	裤厚
肩宽	13	衣
胸宽	8	衣

续表

项目	尺寸修正量	修正原因
胸厚	18	衣
腹厚	23	衣
立姿臂宽	13	衣
坐姿臂宽	13	衣
肩高	10	衣（包括坐高3及肩7）
两肘间宽	20	
肩－肘	8	手臂弯曲时，肩肘部衣物压紧
臂－手	5	
叉腰	8	
大腿厚	13	
膝宽	8	
膝高	33	
臂－膝	5	
足宽	13～20	
足长	30～38	
脚后跟	25～38	

在设计鞋时，鞋的内底长应比足长长一些，所长出来的部分称为放余量，对于不同材质、款式结构的鞋，应有不同的放余量，才能保证行走时脚趾不会"顶痛"。对鞋的尺寸设计来说，放余量就是功能修正量。各种放余量如下：男前透空塑料凉鞋＋9mm，男橡筋布鞋＋10mm，男皮便鞋＋14mm，男解放鞋＋14mm。

4. 确定心理修正量

为了克服人们心理上产生的"空间压抑感""高度恐惧感"等心理感受，或者为了满足人们"求美""求奇"等心理需求，在产品最小功能尺寸上附加一项增量，称为心理修正量。心理修正量也是用实验方法求得，一般是通过被试者主观评价表的评分结果进行统计分析，求得心理修正量。

在功能修正举例中，给出了各种鞋的功能修正量，但人们很重视鞋的款式美，这样小的放余量使鞋的造型不美观，因此再加上心理修正量——超长度，于是演变出了形形色色美观的鞋品种：

素头皮鞋：放余量＋14mm，超长度＋2mm；

三节头皮鞋：放余量＋14mm，超长度＋11mm；

网球鞋（胶鞋）：放余量 +14mm，超长度 +2mm。

5. 产品功能尺寸的设定

产品功能尺寸是指为确保实现产品某一功能而在设计时规定的产品尺寸。该尺寸通常是以设计界限值确定的人体尺寸为依据，再加上为确保产品某项功能实现所需的修正量。产品功能尺寸有最小功能尺寸和最佳功能尺寸两种，最小功能尺寸是为了实现产品的某项功能而设定的产品尺寸，最佳功能尺寸是为了方便、舒适地实现产品的某项功能而设定的产品尺寸，具体设定的通用公式如下：

最小功能尺寸 = 人体尺寸百分位数 + 功能修正量

最佳功能尺寸 = 人体尺寸百分位数 + 功能修正量 + 心理修正量

由此可见：最佳功能尺寸是在最小功能尺寸的基础上考虑心理修正量而得到的结果。

第五节　人体身高在设计中的应用方法

一、 人体身高在设计中的应用概述

工具是人类四肢的扩展。使用工具使人类增加了动作范围和力度，提高了工作效率。工具的发展过程与人类历史几乎一样悠久，这是因为人体尺度主要决定工具的操纵是否方便和舒适宜人。因此，各种工作面和设备高度，如操纵台、仪表盘、操纵件的安装高度以及用具的高度等，都要根据人体尺寸来确定。

由于人体在尺寸方面存在着较大的差异，要正确地测量人体尺寸是一件相当困难和乏味的工作。通常涉及的人数很多，面很广，并需要用特殊的设备。目前，大部分可供采用的参考数据主要来自军队或大学，因而这些数据相对来说更适合于青年人。

正常成年人人体各部分尺寸之间存在一定的比例关系，可以站立平均身高推算其他部分的尺寸，而身高是人体尺寸中最容易获取的尺寸之一，很容易通过人体测量仪器和工具获得。

随着生活水平和健康状况等条件的改善，人体的身高有所增长，需要使用新的人体测量数据。利用较易获取的身高估算用具等所需高度具有一定的现实意义。

二、 人体身高在设计中的应用方法

身高是人体最主要尺寸，在大多数产品设计中都要用到，同时身高是人体测量数据中最容易获取的数据，可作为其他人体尺寸推算的基础。

以身高为基准确定工作面高度、设备和用具高度的方法，通常是把设计对象归成各种典型的类型，并建立设计对象的高度与人体身高的比例关系，以供设计时选择和查用。同时考虑人在作业时，所能施加力的大小和工作体位、施力方向及方式等有关。图 8 - 12 是以身高为基准的设备和用具的尺寸推算图, 图中各代号的定义见表8 - 19。

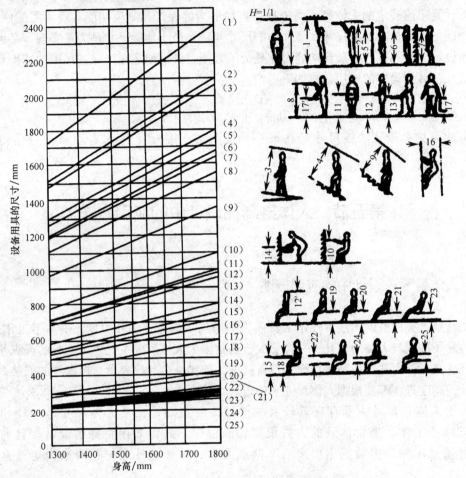

图 8 - 12   以身高为基准的设备和用具尺寸推算图[10]

表 8 - 19   设备及用具的高度与身高的关系[10]

代号	定义	设备高与身高之比
1	举手达到的高度	4/3
2	可随意取放东西的搁板高度 (上限值)	7/6
3	倾斜地面的顶棚高度 (最小值, 地面倾斜度为 5° ~ 15°)	8/7
4	楼梯的顶棚高度 (最小值, 地面倾斜度为 25° ~ 35°)	1/1
5	遮挡住直立姿势视线的隔板高度 (下限值)	33/34
6	直立姿势眼高	11/12
7	抽屉高度 (上限值)	10/11
8	使用方便的搁板高度 (上限值)	6/7
9	斜坡大的楼梯的天棚高度 (最小值, 倾斜度为 50° 左右)	3/4

续表

代号	定义	设备高与身高之比
10	能发挥最大拉力的高度	3/5
11	人体重心高度	5/9
12	采取直立姿势时工作面的高度	6/11
12′	坐高（坐姿）	6/11
13	灶台高度	10/19
14	洗脸盆高度	4/9
15	办公桌高度（不包括鞋）	7/17
16	垂直踏板爬梯的空间尺寸（最小值，倾斜度80°~90°）	2/5
17	手提物的长度（最大值）	3/8
17′	使用方便的搁板高度（下限值）	3/8
18	桌下空间（高度的最小值）	1/3
19	工作椅的高度	3/13
20	轻度工作的工作椅高度[①]	3/14
21	小憩用椅子高度[①]	1/6
22	桌椅高差	3/17
23	休息用的椅子高度[①]	1/6
24	椅子扶手高度	2/13
25	工作用椅的椅面至靠背点的距离	3/20

①座位基准点的高度（不包括鞋）。

如代号17为手提物的最大长度不超过人体身高的3/8，据此，可以根据产品的目标人群所处的地域、性别和年龄等，查找到该人群的身高值，从而得到箱包所能设计的最大长度值。

复习思考题

1. 我国成年人身体尺寸分成西北、东南、华中、华南、西南、东北六个区域，这对产品设计制造有何影响？

2. 何为人体测量中的百分位数？举例说明设计中如何应用。

3. 如何从已知地区或国家的人体身高均值和标准差求得所需任意百分位数的人体身高尺寸？

4. 某地区人体身高测量的均值 $\overline{x} = 1650\text{mm}$，标准差 $S_D = 57.1\text{mm}$，求该地区第95%、90%及第80%的百分位数的人体尺寸。

5. 人体各部分结构尺寸的计算方法和依据是什么？

6. 已知某地区人体身高第95%的百分位数 $x_i = 1776.8\text{mm}$，标准差 $S_D = 55.2\text{mm}$，均值 $\overline{x} = 1686\text{mm}$，求适用于该地区90%的人们的足长范围（该地区足长均值 $\overline{x} = 26.40\text{mm}$，标准差 $S_D = 4.56\text{mm}$）。

7. 指出人体测量数据在箱包功能设计中可能有哪些应用？

8. 使用人体测量数据的原则是什么？

9. 如何选择百分位和满足度？

10. 为何要进行人体测量尺寸的修正？

11. 何为最小功能尺寸？何为最佳功能尺寸？

12. 简述人体测量数据的选用方法。

13. 指出人体身高在箱包功能设计中可能有哪些应用？

第九章　箱包的功能设计

箱包除了具备一定的观赏性之外，还应当具备较强的功能性。设计箱包的目的是满足人们盛装和移挪物品及点缀服饰甚至背负时的精神感受，人们的需求决定了箱包的设计功能。

与箱包设计关系最密切的因素为生理性需求和心理性需求，生理性需求是借助箱包来弥补人类不方便盛装和移挪物品的生理局限。为满足生理需求所作的箱包设计，就是把箱包作为人类系统的延伸。

对箱包造型美观、精致等使人愉悦等的要求，是为了满足人们的心理性需求。心理性需求对箱包的要求很高，例如，要求设计能适宜人性要求，体现使用者的身份、地位和个性，满足使用者的成就感和归属要求等。本章主要讨论满足人们生理需求方面的箱包功能设计，因而涉及箱包的功能尺寸。

第一节　箱包功能尺寸与人体尺寸和操纵能力的关系

根据不同功能需求，箱包分为箱和包两大类。箱主要针对旅行等，注重对内部物品的保护性，多为大、中型尺寸。包为日常工作及生活用的各类中小型包袋，如手提包、手袋、手包和肯包等。箱包的功能尺寸是指从箱包尺寸特征中选择出来的反映箱包重要功能而且必须保证的部分尺寸。箱包的功能尺寸依据用途、人体负载能力和动作尺度而定。箱包的外形尺寸由设计人员在满足功能尺寸的条件下，构思设计出造型不同、风格各异的产品，来满足不同层次的消费需求。

箱包因弥补人类不方便盛装和移挪物品的生理局限而出现，其使用主体是人，使用状况与人体尺寸和操作能力有密不可分的关系，在满足盛装和移挪物品的基本要求的前提下，人们如何使用箱包更方便和省力？这是我们首先要面对的问题，要回答此问题就需要清楚箱包使用时的人机尺度关系。

一、人机尺度关系状况的描述

在人机工程设计中，人机尺度关系设计是最基础也是应用最广泛的部分。

使用者对产品在几何尺度方面的要求是人机系统中最基本也是个体差异最大的要求，归纳为4种基本类型：容纳、伸及、贴合或视域。

①容纳：产品为车厢、通道、活动范围时，对人体在尺度方面的要求属容纳。

②伸及：伸出四肢方能触及的产品，对人体在尺度方面的要求属伸及。

③贴合：与人体发生有受力的表面接触时，考虑接触面的几何形状，使接触面上的压强分布符合人体接触面的受力要求。

④视域：使用产品时的视域考虑视野与视距。

在革制品设计中，主要涉及容纳、伸及和贴合三种类型。如足穿在鞋里、物品装在箱包里都属于满足容纳要求；手要操纵拉杆箱的拉杆及控制其上的按钮时，最基本的要求就是要够得着，否则无法操作，这就是满足伸及要求；人们提拿行李箱时，箱重通过把手传递到手部，手受压，形状良好的把手，压力集中区的压强小且分布均匀，同样，人的体重通过足传递到支承面上，足与鞋内底面的良好接触能降低足底压力，改善足部舒适性，这些都属于满足贴合要求。

人机尺度关系状况由两个因素（合格性和舒适性）来描述。

产品在几何尺度方面的合格性由4种基本类型的要求决定，见表9-1。

表9-1　　　　　　　　　　人机尺度关系的合格性要求[11]

人机尺度关系类型	合格性（操作目标）要求
容纳	产品空间可容纳人体或人体的某部分
伸及	人体的选定肢体可触及对象并实现选定操纵方式
视域	选定对象在视野和视距范围内
贴合	产品选定表面与人体选定表面重合情况

伸及合格性：人体与产品"装配"定位后，手或足可否触及产品上特定部分，并实现预定操纵，见表9-2。

表9-2　　　　　　　　　伸及关系中不同操纵方式的肢体接触部位[11]

操纵	接触部位	接触点位置
手捏	拇指远端骨节中部	到腕关节距离=手长-食指长
手握	手掌远端	到肘关节距离=肩高-手功能高
指按	食指远端骨节中部	
掌按	手掌近端	手腕关节位置
足蹬	足跟	到膝关节距离=胫骨点高

注：表中接触点位置只列出了"GB/T 10000—1988"中国人体统计数据中已有的数据。

在作业状态中，姿势舒适性是一个综合主观感受和作业系统（人机系统）客观因素的模糊概念，即姿势舒适性的定义是受性的和定性的。所谓"舒适"通常被定义为"没有不舒适"。这似乎有点循环定义的味道，但具体地讲，舒适性由一个阀值反映，这个阀值是通过"不舒适"的程度测定的，超过了该阀值，则表示不舒适程度已相当强烈，将导致作业者产生不安，甚至不得不从眼前的作业和操作中分心。

人的各种活动，都是力求动作经济和自然、以便能量消耗少，从而减轻疲劳程度。人体生物力学为人的动作的设计提供有效的参数。研究人的动作特点，保留有用的动作，剔除多余的动作，才会使操作动作合理。这些多余的动作可能是用具尺寸与人体尺寸不匹配而不得不采取的自然变通。

舒适性是对整个人机系统的总体评价，人们通常以舒适性表达产品的宜人性。人机系统优化还包括能耗和劳动强度，保证人机系统的人性化设计。

舒适性按人体姿势粗略分：不许可姿势状态、许可姿势状态、较舒适姿势状态和舒适姿势状态四种。综合考虑合格性和舒适性两方面的评价，对产品的评价有如表 9 - 3 所示的几种情况。

在人体百分位选用方面，根据产品的设计需要，常用 P_{10} 或 P_5 两种选择，满足使用人群的90%或95%。

人机关系体现在人对箱包的使用过程中，而使用过程是由一系列动作和姿态构成的。从这个意义上说，动作姿势是联系人和箱包的纽带，是人机界面中最实质性的内容。箱包与人体接触的部分为工具型人机界面，这类人机界面的特点是符合人体的形态尺寸和能力，使之在使用过程中用力适当、感觉舒适和操作方便。

人体在进行各种活动时，在很多情况下都会与物体发生联系，在使用箱包时，可能持于身前、身后、体测和挎在身上。如背包就要考虑人体肩部特殊的结构，提包就要考虑手部的特征数据等。

表 9 - 3　　　　　　　　　　　　　　　　　　评价结论[11]

舒适性	合格性要求	
	可实现	不能实现
不许可姿势状态	不合格	
许可姿势状态	合格	不合格
较舒适姿势状态	中等~良好	不合格
舒适姿势状态	优秀	不合格

在使用箱包的过程中，人们总是自觉或被动地处于某种姿势。在箱包的设计中要考虑人们使用时的姿势，以免使用者采用不良的操作姿势，从而增强箱包的可操作性，提高使用效率。

一般来说，与产品直接接触的人体部位尺寸比较重要。因此对于携带的公文包和背包等而言，相关部位的尺寸，如包体大小和包带长度等就特别重要。其他与人体测量尺寸有关的包括预留尺寸，如为手宽而预留的把手宽度和为用户的舒适性而确定的工作面的合理尺寸，如手能伸展开的最大尺寸等。

二、 箱包功能尺寸的确定

1. 箱包的功能尺寸

对箱包的最基本要求，莫过于使用方便。首先就要求箱包能盛装所需物品，这就是对包体大小的要求。

包体的尺寸变化非常大，随着包体用途的不同可以制成大大小小一系列产品，箱包一般属于平面几何形体，也有一些属于几何曲面立体。

平面几何形体的箱包有长度、宽度和高度三个基本尺寸，测量时，按正常盛放物品的情况下能自由开关的状态为标准。

在确定箱包的功能尺寸时，除需考虑包体与人体身高胖瘦的比例关系及四季服饰的尺寸配比外，主要考虑箱包的用途和人体的生理要求等。

旅行箱通常是用来放换洗衣物和洗漱用品的，有时候也用来放笔记本电脑甚至一些更加大件的东西，而随身包一般是用来放钱包以及一些随身应急小物品的。在箱包内部结构的设计上应考虑需要放置物品的大小。提包的样式和规格根据常用携带物品的大小和数量设计，多为尺寸可大可小的皮革制品。

公文包和背包用于盛放办公纸、书籍和文具用品，需满足书籍、文具和资料等办公用品的几何尺寸和数量的要求。

公文包又称公事包，其形状较规则，是一种狭窄的箱型包。公文包的外廓尺寸据体型测量数据和所盛物件尺寸共同决定。能容纳所需书籍、纸张、文具和其他物品的盛放，保证能单排或双排并行码放。因此，在设计箱包前，必须知晓所需盛装物品的最大尺寸。我国现行书籍、杂志、纸张的参考规格如表9-4所示。

人们通过箱包来达到盛装和移挪物品的目的，应根据操作和使用的方式来设计箱包。人们在操作或使用箱包时都应在人体生理条件对包袋的控制范围内，即必须考虑人体的施力范围能机能参数，否则，就会感到不舒服甚至影响身体健康。

因此，确定箱包的功能尺寸时还应考虑人体生理要求，尤其是学生包和公文包，需要符合正常的负重标准。学生包要符合相应年龄段的生长发育要求，以免超负荷而影响少年儿童的正常生长发育。

表9-4　　　　　　　　　我国现行书籍、期刊、纸张的参考规格（部分）[12]　　　　　　单位：mm

名称	长度	宽度	名称	长度	宽度
中小学教科书	184	129	期刊	284	210
	260	185		260	184
	209	145		264	188
纸张	260	184	书籍	260	220
	295	211		184	110
	266	192		189	132

选取轻的材质来制作包可降低自重，尤其是那种盛装物品较多的肩背手提的行李

箱，而对于拉杆式行李箱，也存在着上、下楼梯或路面不好而需要手提的时候。包带的设计相当重要。背包包体和盛装物品的重力压到肩部，肩部与包带的良好接触很重要。利用适合的包带材料等减小背包对肩部的压力，从而延长使用时间，就非常必要了。

同时还应考虑箱包的承载能力，箱包的承载能力主要表现在箱体、背带、提手柄和把手等的负重能力。《QB/T 2155—2004 旅行箱包》及《QB/T 1333—2004 背提包》，根据箱包的规格而定出箱包的负重能力。

设计师在确定箱包是否超负荷前，需要清楚人体使用箱包的方式，如肩背或手提等，从而确定人体操作时的施力方式、持续时间和能够承受的负荷。

一般人在平稳动作时，手臂能产生的最大操纵力可达 800N，人在猛烈瞬间动作时，能产生的最大操纵力可达 1000～1100N。正常情况下用手操纵时，所需要的操纵力不应大于 127～150N，否则将不能持久地作业，容易出现疲劳。

人体的最大捏握力量相当于最大捏力的 25%。健康成年人的握持力在女性第 5 个百分位的 192N 与男性第 95 个百分位人群的 729N 之间变化。

需要注意的是，肢体所有力量的大小都与持续时间有关，随着时间的延续，人的力量很快衰减。例如，拉力经 4min 后即衰减到最大值的 1/4，而且，任何人力量衰减一半时所需要的持续时间都是差不多的。在考虑箱包的负荷时，需要考虑提、挎和背等所需的持续时间。

箱包内部常常需要进行分割，以分门别类的盛装物品方便放置和取用，这样的分区应与常用物品的类型和尺寸相关。

公文包据使用目的的不同有不同的款式设计，需考虑功能分区，尺寸合适。简易公文包个体较小，内设一到两个空腔，可盛放少量的办公用品和私人用品。

据书籍、文件和纸张的尺寸限定，其长、宽、高尺寸分别在 300、70、200mm 左右。图 9－1 为公文包内部结构。

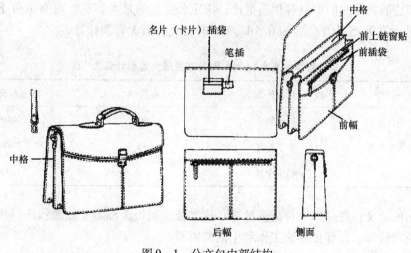

图 9－1　公文包内部结构

办公用公事箱体积适中，内部分割较多，以方便分门别类地盛放日常办公用品和随身文件资料，长、宽和高尺寸根据所需容纳的物品数量和尺寸确定，在 350、120、250mm 左右。图 9-2 为公事箱内部结构。

旅行用公事箱需要装的物品一般较多，包体较大，甚至参考旅行箱的尺寸，内部结构较复杂。公事箱的设计，除美观因素外，应重点考虑人体正常负荷能力。因公事箱带物品的重量较大，有的箱底加设轱辘以推拉方便。

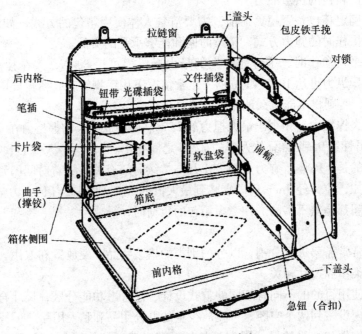

图 9-2　公事箱内部结构[34]

综上所述可知：设计公文包需考虑负荷问题，负荷值分轻量、中量和重量三种，允许体力负荷和装满物品时的单位容积质量比，决定公文包的最大容积。男女负重不同，最大容积也不同。表 9-5 为单位容积 0.5 kg/cm³ 时公文包最大容积计算表。

表 9-5　　　　　　　　单位容积为 0.5 kg/cm³ 时公文包最大容积计算表[11]

公文包种类	负荷种类	负荷/N	最大容积/cm³
男式办公用公文包	男子轻量	60	10400
女式办公用公文包	女子轻量	40	7000
旅行公文包	男子中量	150	16000

办公用的公文包按轻体力负荷值计算，这类公文包每天都需要提拿；旅行用公事箱按中等体力负荷计算，以保证旅途工作和生活的需要。

盛放物品时，公文包应能在包内轻松码放两排物品为宜，以最大限度地利用包的容积，简易型公文包可灵活一些。表 9-6 为公文包参考尺寸。

表 9-6   公文包参考尺寸[11]

包的种类	容积/cm³	长度/mm	宽度/mm	高度/mm
男式办公用公文包	10400	340~450	65~160	250~390
女式办公用公文包	7000	310~420	60~120	220~300
旅行公文包	16000	430~450	60~200	320~400

箱包应与服饰、身高甚至周围环境和谐美观，其包体尺寸与周围的物品和环境具备一定比例关系。

从使用角度考虑，东西伸手就能拿到是最方便的，这也和提高工作效率有关。人们有时习惯将公文包放在座位边，以便坐下时顺势将包放好，起身时顺手将包提起，这属于人机尺度关系中的伸及问题。

将公文包或公事箱放在地上，包体尺寸在长为 450~530mm，高为 320~360mm，才能与办公桌和座椅相协调。这与人体的身高、体型（如肩宽）和指点距地面的高度有关，如图9-3所示。

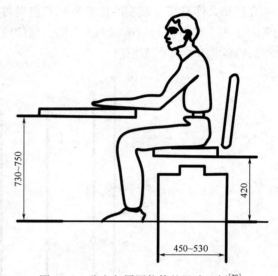

图 9-3   公文包周围物体的尺寸比例[20]

人们在提包站立或行走时，包底距地面距离应大于200mm，上楼梯时，一级楼梯的高度是 140~180mm，包底与第一级台阶应有一定距离，以保证包底不与楼梯相撞。图 9-4 为公文包与地面和楼梯间的尺寸比例。

通过实际观察，包的底边至地面的高度在 320~380mm 时，公文包的高度是 250~290mm，从美观和力学的角度而言是较佳配比。

在身高一定的条件下，如果包的高度增加，包底距地面的距离便减小。在一定范围内，包底距地面距离越大，包提拿起来越省力，这与人们担心包底擦到地面的心理因素有关。

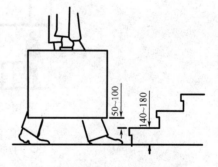

图 9-4   公文包与地面和楼梯间的尺寸比例

由此可见，人的身高与包高间的比例关系不仅仅是美观问题，有时还与人体负荷有关。表 9-7 为人体身高与包体高度的适宜匹配比例。

表 9-7   人体身高与包体高度的适宜匹配比例[11]

身高/cm	指点高度/mm	地面距包的距离/mm	公文包高度/mm
180	670	380	290
175	650	380	270
170	630	370	260

续表

身高/cm	指点高度/mm	地面距包的距离/mm	公文包高度/mm
165	610	370	240
160	590	360	230
155	570	350	220

在已知人体身高（或手的指点高）和包高时，可以推算出包底与地面间的距离。根据图9-5，即人体身高与包高比例关系图，包的底边至地面的高度 h 值，可据手的指点高度 h' 和包的高度 B 之间的差求出。

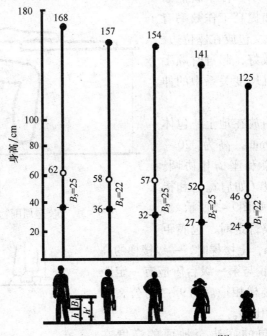

图9-5　人体身高与包高比例[20]

● 一身高　● 一指数高度 h'
○ 一包至地面的距离　 B 一公文包高度

对各类包距地面高度比较后可知：低年级学生单手提包时，若包底距地面的距离为24、27、32cm时较费力。因低年级学生的身高一定，需携带的物品高一定，使得包高无法减小，所以要改变这种情况必须改变书籍和教材的尺寸，但要做到这点牵涉方面较多，困难较大。因此学生包不宜采取单手提拿的方式。

为了减少腰椎周围肌肉的用力，对手提箱和拉杆箱这类体积较大、质量较大的箱包，不仅要考虑包体的高度，还需考虑包体的宽度。从下面搬运箱子的计算实例中可以看出箱子宽度对身体负荷的影响。

始终作用于我们身体各个部分的力是重力。所有静态，包括人体静态姿势的控制原理是：在所有方向，包括垂直方向的力的总和必须为零。

多数情况下，重力不是精确地通过关节中心，即重力矩不为零，就会有一个围绕关节轴的扭转趋势。关节的力矩的量是力和力到扭转轴的垂直距离的乘积。重力作用线距关节越远，产生的力矩越大。在静态位置，当没有运动产生的时候，控制方程是$\sum M = 0$。就是说，在关节的一个方向产生的扭转力矩必须精确地等于该关节相反方向上的力矩。

握持和搬运物品很常见，物品的形状和大小能形成重要的生物力学影响。图 9 - 6 显示了两个搬箱任务，箱子的质量相同但是大小不同。图（b）中的箱子宽度是图（a）中的两倍。因为从腰椎扭动轴到箱子边缘的距离相同，所以很容易确定在图示状态下，搬大箱子引起33%的向前弯曲（顺时针）负荷力矩的增加，这必然会引起腰椎周围控制肌肉的用力的成比例增大。如果负荷再增加，这个用力的增大还会继续，或者搬运者不能维持向上的姿势而不得不向负荷的前方弯曲，以便抓住箱子的边缘来搬运它。

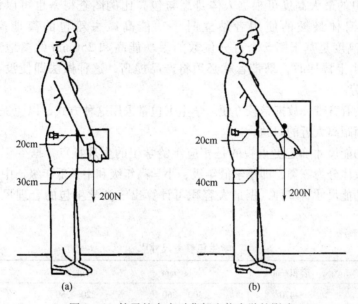

图 9 - 6　箱子的大小对背部生物力学的影响

由此可见：安全和舒适携带的最大质量还取决于物体的大小。产品的宽度过大，就会增加手与身体之间的距离，容易造成肌肉疲劳。因此，如果可携带式产品的宽度超过15cm，就应该减轻最大单手提物重。通常，宽度每增加 10cm，最大单手提物重要减轻 10%。

据人体生物力学测定，人所发生的力的大小，除与姿势和着力部位等有关外，还与作用力的方向有关。如向上提拉的力，在手臂自然下垂状态时，最大可达到人体体重的120%。而手臂稍向上时，向上提拉的力锐减为体重的 30%。

设计提手时，应尽可能确保手提箱包时，手臂处在自然下垂的位置。这是因为肘或肩外展操作的姿势容易引起静态肌肉疲劳。

手的功能高是指人站立时，手臂自然下垂，手握一直径 2cm 的圆棒时，圆棒中心到地面的高度。手的功能高与人站立时，手臂处在自然下垂位置时提物的状态一致，因此手的功能高尺寸对于确定箱包的高度有重要的指导意义。

小型包袋通常质量不大，消费者常单手提于身体一侧。这种带提手的包袋的设计，应使其总高度（包括提手部分）与包底距地面距离之和小于手的功能高度。

消费者在手臂自然下垂位置提物，不需弯肘，包底部也不会碰到地面。同时还需考虑心理修正量，不必担心包底部会碰着地面而预留的高度。即包高（包括提手部分）加心理修正量小于手的功能高度。

箱包底部与地面间尺寸属距离类设计，除非针对特殊人群进行设计，否则手功能高建议取第 5 个百分位女性数据，以适应大部分人的使用。

根据 GB/T 10000—1988 提供的我国成年人体尺寸标准，第五百分位女性手功能高（加上鞋高）约为 700mm。

对于单手提的箱包的最大可接受尺寸的推荐值为：最大长度（手提时的前后距离）1000mm；最大宽度（两侧的距离）150mm；最大高度（顶部到底部的距离）450mm。

单手提箱包的最大高度可根据人体身高与包高比例图查得，也可以计算，即需满足目标人群中身体最矮的使用者站立时手功能高减去箱包的离地高度。推荐的 450mm 的最大高度是基于第 5 个百分位数的手功能高和 250mm 的离地高度。如果离地高度不够，当上楼梯时，携带者就必须将产品提高，这种做法即使没有危险，也会造成肌肉的疲劳。

背包由于设有背带，故携带较方便。学生书包常采用这种方式，以免提包时因身高较矮而包底与地面距离太近的问题。

学生包的功能尺寸确定更重视的是相应年龄学生的生理特点，据少年儿童的生长规律，将学生包大体分为三类，即小学低年级、小学高年级和中学低年级、中学高年级。

学生包的功能尺寸有多种，据最大容积可计算出三类学生包的合理尺寸范围，如表 9-8 所示。

表 9-8		学生包参考尺寸[11]		
类别	容积/cm³	长度/mm	高度/mm	宽度/mm
Ⅰ类	4470	300~360	220~260	80~100
Ⅱ类	5400	320~380	250~270	100~120
Ⅲ类	6800	360~420	250~270	110~130

Ⅰ类学生包供 1~3 年级学生用；Ⅱ类学生包供 4~6 年级学生用；Ⅲ类学生包供 7~10 年级学生用。

学生包可设计成高圆造型的软体双肩背式，包体上加设多个立体贴袋以分放不同的书本；也可设计成长方形造型的半硬结构双腔式，通过内部的分割增加用途。

学生多使用双肩背书包，是因为更有利于脊柱的受力均衡，使身体保持挺拔状态，而单肩挎书包，由于身体受力不均，很容易造成发育时期的青少年脊柱侧弯。

在包体功能尺寸的确定上，人体的生理负荷、盛装物品尺寸、使用季节和环境及人体身高胖瘦等，都具有十分重要的实际意义。

如图 9-7 所示的挎包挎在肩上，冬夏两季，人们的着装变化很大，对挎包的带长要求完全不同，需根据人体肩部尺寸和不同季节的着装情况设计包带长度或确定调节范围。

图9-7　挎包[146]　　　　　　　　　图9-8　腰包[2]

图9-8所示的腰包，可以挎在肩上、背后，也可以挂在腹部或腰侧。在设计背带调节和背挎方式时，由于背包是围住身躯部位来使用的，必须参照不同的人体围长（绕身体轮廓一周的封闭测量）数据，以兼顾实现背包的不同使用方式。

有些包可挂在手腕上，其包带的尺寸就应考虑腕围和手宽，保证能够轻松地挂进和取出包带。

图9-9所示学生背式书包也与肩宽和相应围长相关。

图9-9　一款有良好人机工程设计考虑的学生用背式书包[1]

2. 箱包的使用方法与肌肉施力

人们利用箱包来盛装和移挪物品有不同的使用方法。在箱包大小和重量都相同的情况下，按照不同的方法如单肩或双肩挎在身上，单手提或抱在身前等时，人体肌肉的疲劳程度是否相同呢？

Mzlhotra等人的研究发现，中学生单手提书包比背书包要多消耗1倍多的能量，这主要是由于手臂、肩和躯干部分静态施力引起的，如图9-10所示。

肌肉产生肌力，而肌力作用于骨，然后通过人体机构再作用于其他物体上，这个过程称为肌肉施力。动态肌肉施力就是肌肉运动时收缩和舒展交替改变，静态肌肉施力则是持续保持收缩状态的肌肉运动形式。

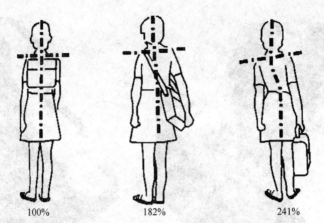

100% 182% 241%

图 9 – 10　三种携带书包的方式下，静态施力对耗能量的影响（正常情况为100%）[29]

　　肌肉静态施力时，收缩的肌肉压迫血管。血管的功能是负责把人体所需要的养分及氧气通过血液运输到各部位，同时带回废物到排泄器官，并且调节温度，保持人体正常的体温，促使各器官正常的运作。血管受压势必阻止血液进入肌肉，使肌肉缺乏功能物质，代谢物不能排出，引起肌肉疲劳。

　　动态施力时，血液随着肌肉的舒张和收缩进入和压出肌肉，供能物质和代谢物质都能顺利地进入和排出，动态施力是一种理想的施力状态。动态施力的例子很多，如走路、爬楼梯、旋把手等。

　　在日常生活中，有很多静态施力的例子。握住东西，或将手臂水平伸直，笔直站立，将足、膝和臀部保持固定姿势。这些姿势只有通过肌肉静态施力才有可能。比如人站立的时候，从腿部、臀部、腰部到颈部，就有许多肌肉在长时间静态施力或受力。事实上，无论人的身体姿势如何，都有部分肌肉静态受力，只是程度不同而已。

　　图 9 – 11 显示了一个与使用显微镜相关的静态头—颈姿势。重力 R 作用于头部的重心，为阻力，假设扭转轴或者支点是寰枕关节，位于第一颈椎和头骨之间。控制力 F 产生于颈部背面的肌肉。

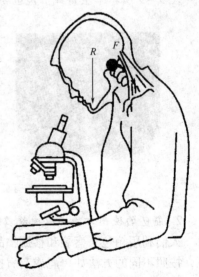

图 9 – 11　头颈生物力学图解[13]

　　颈部反时针方向的扭转力矩是重力和重力作用线到扭转轴的垂直距离 RA 的积，颈部顺时针扭转力矩是肌肉拉力与肌肉拉力作用线到扭转轴的距离 FA 的积。在静止状态下，两个力矩之和必须为零。这意味着因 RA 而发生的阻力 R 的增加必须等于因 FA 而发生的力 F 的增加。如果我们确定阻力臂 RA 近似等于力臂 FA 的 2 倍，那么力控制 F 必须近似等于阻力 R 的 2 倍，以保持力矩之和为零。对人体质量为 68kg 的人，头部重约为体重的 7%，那么头部重力 R 为 46.6N，因此颈椎肌肉产生的力必须超过 93N。由于阻力和控制力在第一颈椎的作用方向都向下的，作用在寰枕关节的压力不仅仅是头部的"重力"，而是近似于前屈姿势力量之和的三倍。

用过高或过低的姿势去抓握物件时，一些肌肉也可能处于静态收缩状态以维持姿势。例如，身体前屈会导致背部肌肉静态收缩，抬高肘部主要靠肩部肌肉做功。尽管评价起来有些困难，在相应姿势下围绕关节活动，肌肉力量仍然是重要因素，源于身体部位维持姿势的需要。身体各部分都会受重力作用，支撑这些部位也需要肌肉收缩。

静态作业的特征是能量消耗不高却很容易疲劳。此时，即使使用最大随意收缩的肌张力进行作业，氧需也达不到氧上限，通常每分钟不超过1L。但在作业停止后数分钟内，氧消耗不仅不像动态作业停止后迅速下降，反而升高后再逐渐下降到原有水平，如图9-12所示。

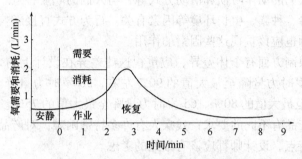

图9-12　静态作业的氧消耗动态[5]

当人体过度维持一种固定姿势，或者经常不断地改变其自然姿势时，就会对肌肉骨骼生长产生影响。

直立姿势时，身体各部分的重心恰好垂直于支承面，因而肌肉负荷最小，这是人类特有的最佳重力机制。直立姿势作业时，四肢或躯干等部分的重心从平衡位置移开，都会增加肌肉负荷，使肌肉收缩而使血液受阻，引起肌肉局部疲劳。因此，作业时应尽可能采取平衡姿势。当采用不同于平衡的作业姿势时，作业范围和操纵力均会受到限制。图9-13为以静卧为基础，坐、立、弯腰和跪四种姿势的能耗百分比。

坐3%~5%　　　立8%~10%　　　弯腰50%~60%　　　跪30%~40%

图9-13　以静卧为基础，坐、立、弯腰、跪四种姿势的能耗百分比[5]

三、 箱包的目标使用群体

人周围的环境包括自然、文化及社会等广泛的外围要素和近身的内围要素，这两者称为复合环境。产品设计受自然环境和社会环境形态、文化观念以及经济等多方面的制约和影响。近代人机工程学注重研究社会的人，而不仅仅是研究生物的人。箱包设计要能体现使用者的身份、地位或个性，满足使用者的成就感和归属等要求就是属于注重社会的人的具体体现。在箱包设计中应进行使用对象分析，任何产品都是有针对性的，由于人与人之间有差别，不同的人群对产品有不同的要求，设计师要善于分析人的共性和个性。

行为方式是指人们的动作习惯和活动方式等，与人们的职业特点、生活习俗、受教育程度以及性别、年龄、种族、生长环境等因素有关。行为方式直接影响人们对产品的制作和使用要求，设计师也应该重视这些因素的作用。

人类在能力和限制方面有个体差异，应重视这些差异在设计上的含义。人在 30 岁左右的力量最大，40 岁时力量降至最大值的 90% 左右，50 岁时力量降至最大值的 85% 左右，60 岁时力量降至最大值的 80%，65 岁时力量降至最大值的 75%。儿童与老年人年龄差别很大，对许多产品有不同的要求；残疾人有许多特殊困难，对产品的性能和功效也有不同的期望。这些特点，设计师都应该有细致的考虑。

针对不同年龄和不同范围的使用对象，在箱包设计时显然应考虑相对应对象的人体尺寸参考数据，例如在设计儿童和成人使用者的用品时，产品尺度具有很大的差异。这是箱包设计需面对的问题。针对儿童设计的箱包，无论是包体形态，还是尺度以至色彩，都以儿童的身体尺寸和心理因素为依据。在儿童用箱包设计中，箱包的握持方便性和宜人性、形体的亲和感和易接近、色彩的悦目性和吸引力，均是人机工学设计的重要方面。

另一方面，在进行成人箱包的设计时，同样以目标使用者群体的人体尺寸和喜好为依据的。

与用户相关的约束因素包括体力或脑力能力的局限性和与用户经历相关的局限性。为国际市场设计时，用户相关的局限性尤其严格，因为用户在身体特征和文化背景上相距甚远。

只有在用户确定后，才能明确与用户相关的约束因素及其特征信息。通常在明确了与用户相关的局限性后，才不会逾越最低层次用户（通常是 5% 的用户）的极限能力。

产品设计受人类行为与思维能力的限定。设计师必须对人的感觉、知觉、动机、认识和行为能力有初步了解。

设计信息中与人的感觉、知觉、动机和认识行为相关的数据可以在一些设计手册和其他资料中获得。

年龄、性别、身体特征和身体残疾程度影响着用户的行为能力。此外，年龄也会影响思维能力。使用者的年龄是影响行为的重要因素，因为人们的认识与行为思维能力会随年龄而变化。

体力和身体特征也很重要。例如，对绝大多数体力工作者来说，女性力气明显比男性小。所以，推、提和拉的力量要求不能越过第 5 个百分位的女性能力极限。另一个重要的性别差异是伸手向前与向侧面可达的距离，通常女性的手臂比男性短，因此，产品的控制器应位于第 5 个百分位的女性伸手可及的范围内。年龄是影响肌力的显著因素，男性的力量在 20 岁之前是不断增长的，20 岁以后达到顶峰，这种最佳状态可以持续 10~15 年，随后开始下降，40 岁时下降 5%~10%，50 岁时下降 15%，60 岁时下降 16%，而胳膊和腿的力量下降高达 50%。

人的体力和身体尺寸特征的差异，对于设计推向国际向场的产品影响很大。每个国家人有其特定的身体尺寸特征。因此，明确使用者的国籍很重要，这样在设计过程中就能运用合适的尺寸。如果设计师根据本国人的身体尺寸来设计国际商品，后果会很严重，如为美国人设计的产品的尺寸只对 90% 的德国人、80% 的法国人、65% 意大利人、45% 的日本人、25% 的泰国人和 10% 的越南人适用。

第二节　手部尺寸和生物力学在箱包功能设计中的应用

一、概述

功能性是人类造物的根本目的，功能性也是推动箱包发展的核心。在现代社会中，箱包逐步显示出了不可替代的功能性，丰富了箱包的造型。

在古代，人们的外出活动少，生活方式简单，箱包主要就是腰间的小袋子或远行时的木箱。

进入近代社会后，人们普遍参与到工作、运动和休闲等社会活动中。常常外出或远行，需要携带各种物品，箱包的功能性促进了其发展变化。

手是直接与箱包接触的部位，从而在箱包的功能设计中，通常要考虑和使用人体的手部尺寸，手部尺寸是设计手接触部位时考虑舒适性的重要依据之一。

在设计手持式工具或使用时需要握持的产品时，确定与手部相关的尺寸（如提手柄尺寸）是很重要的。最好的设计可适应大多数人的手部横向尺寸，当引入更多的手部尺寸时，所适应的人数将减少，因为不同的手部尺寸项之间存在差异。

在手袋的设计中，应对手袋抓握部位的尺度作适当设计，充分考虑手部尺度、手形特征和手腕的机能特点，从而避免包太大手拿不住或很费劲，可适应大多数人的手长尺寸，以达到适用于使用者的设计目标。

人们在购买手袋时，也会试一试手袋拿在手上的感觉，其实质是手袋与手部尺寸是否合适；目标人群的手部尺寸是设计手袋手接触部位宜人性的依据。

各个种族和不同性别的人群，手指和手指分叉长度相对于中指长度的比例是一致的，见表 9-9。

表 9 – 9　　　　　　　　　　　　　　手指长度比例[11]　　　　　　　　　　　　　单位:%

测量项目	与中指长度的比例	测量项目	与中指长度的比例
中指长度	100	拇指食指间分叉长度	43
拇指长度	73	食指与中指间分叉长度	58
食指长度	96	中指与无名指间分叉长度	57
无名指长度	94	无名指和小指间分叉长度	52
小指长度	81		

　　人类的手是一个极其复杂的器官，能够进行多种活动。手既能做出精确的操作，又能使出很大的力。然而，手又是由一些易受伤害的解剖学结构组成。如果箱包设计不合理，让手负担过重或受到挤压，必会损伤手部结构。如果箱包与手接触的界面设计得合理，将会避免损伤，从而能提高产品的使用性能。

　　手的握持姿势通常分为完全握持和不完全握持。如果手完全或部分完全抓住物体，手的握持姿势是完全握持，其他的握持，如用手来推或抬是不完全握持。

　　手持式用具必须适配人手的轮廓形状，握持时须保持适当的腕部和臂部姿势，尽量减少肌肉静态施力。在以体能使用手持式用具时，须不对身体造成过多负荷。可见手持式用具的设计是一项比较复杂的人机工程设计任务，需要对使用过程中的生物力学特征和操控能力进行研究。

二、　手部生物力学基础知识

　　人的一切活动都是通过运动系统完成的。人体的运动系统主要由骨骼、关节、肌肉三大部分组成。人体运动以关节为支点，通过附着于骨面上的骨骼肌的收缩，牵动骨骼改变位置而产生的。

　　人体生物力学侧重研究人体生物系统运动规律。它研究人体各部分的力量、活动范围和速度、人体组织对不同力量的阻力；保证对人体的作用，在承受范围之内即不超出安全阈值，同时尽量避免做无用功，使人能有效地做功、提高效率、减少疲劳，保障人类活动的安全。如研究使用操纵机构时的用力大小，研究手部结构允许用力程度，从而决定对操纵结构的类型等方面的要求，给人机系统提供必要的保证。

　　人体动力是由肌肉和骨骼在内的关节之间的相互作用转化产生的。能量通过肌肉内营养物质的"缓慢燃烧"过程而释放出来。在这个工作模式中人体通常能忍受超常的输出影响，表现出如深呼吸和心跳加快。这样的状况既对操作者的健康不利，也不能持续工作。

　　肢体的力量来自肌肉收缩，肌肉收缩时产生的力称为肌力。肌力的大小取决于以下几个生理因素：单个肌纤维的收缩力，肌肉中肌纤维的数量与体积，肌肉收缩前的初长度，中枢神经系统的机能状态，肌肉对骨骼发生的作用的机械条件。研究表明，一条肌纤维能产生 $(1 \sim 2) \times 10^{-3}$N 的力量，因而有些肌肉群产生的肌力可达上千牛顿。

　　在进行产品设计时，应考虑人体体力。在体力方面，必须使操作用力保持在生理上可承受的限度以内，不宜超过体力所允许的负荷，要考虑人的疲劳问题，使用的力应与身体的活动状况相适应。

让作业者合理用力，对于提高工作效率十分重要。设法减轻作业者的用力程度，有益于其健康和安全。此中最重要的是：尽量减少操作中的持续用力。例如，避免长时间弯腰曲背或抬手过高的工作。这样，会大大降低操作者的用力程度和疲劳程度，于工作效率和人体健康都会大有好处。

人体的操纵力是由人体某部位（如手或足）直接同控制装置接触时，作为驱动力或制动力施加于装置。操纵力主要是肢体的臂力、握力、指力、腿力或脚力，有时也用到腰力、背力等躯干的力量。操纵力与施力的人体部位、施力方向和指向（转向），施力时人的体位姿势、施力的位置以及施力时对速度、频率、耐久性、准确性的要求等多因素有关。在设计装置时，必须考虑人的操纵力的限度。肌力的大小因人而异，男性的力量比女性平均大30%～35%。一般应以女性第5百分位操作力为设计标准，以免造成操作困难。

在操作活动中，肢体所能发挥的力量大小除了取决于人体肌肉的生理特征外，还与施力姿势、施力部位、施力方式和施力方向有密切关系。只有在这些综合条件下的肌肉出力的能力和限度才是操纵力设计的依据。

人们在不同的场合作业时，可能以不同的方式施加操纵力，这些方式可能是按、拉、推等，需要了解人体在不同姿势时能够施加的不同的操纵力的范围。

1. 坐姿手臂的操纵力

图9-14所示为坐姿手臂操纵力的测试图，各种不同施力角度时臂力的数据见表9-10。根据表中的数据设计的控制器，95%以上的健康成年人操作时不会感到困难。手臂操纵力的一般规律是，右手臂的力量比左手臂大；手臂处于内、外下方时，推力、拉力均较小，但其向上、向下的力量较大；拉力略大于推力；向下的力略大于向上的力，向内的力大于向外的力。

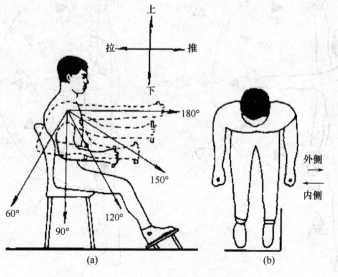

图9-14　坐姿手臂操纵力

（a）侧视图　（b）俯视图

263

表 9 – 10 坐姿手臂在不同角度和方向上的操纵力[14]

手臂的角度/(°)	拉力/N						推力/N					
	向后		向上		向内侧		向前		向下		向外侧	
	左手	右手	左手	右手	左手	右手	左手	右手	左手	右手	左手	右手
180	225	235	39	59	59	88	186	225	59	78	39	59
150	186	245	69	78	69	88	137	186	78	88	39	69
120	157	186	78	108	88	98	118	157	98	118	49	69
90	147	167	78	88	69	78	98	157	98	118	49	69
60	108	118	69	88	78	88	98	157	78	88	59	78

注：表中数值为第 5 百分位的臂力。

2. 立姿手臂的操纵力

立姿的最大推力和拉力与体重间的关系随方向而定。图 9 – 15 所示为立姿作业时，手臂位于不同方位和角度时的最大拉力和推力。由图可知，手臂最大拉力在肩的下方 180° 的方向上；最大推力在肩的上方 0° 的方向上。伸直前臂时，向前推的力略大于向侧面推的力。推拉形式的控制装置应尽量布置在有利于发挥最大操纵力的位置上。由此可知，拉动拉杆箱时，人们能发出的力达不到最大拉力的一半。

当手臂水平前伸，手掌向下，然后向上提物体时，平均提力为 214N，但如手掌向上，则提力可达 267N。

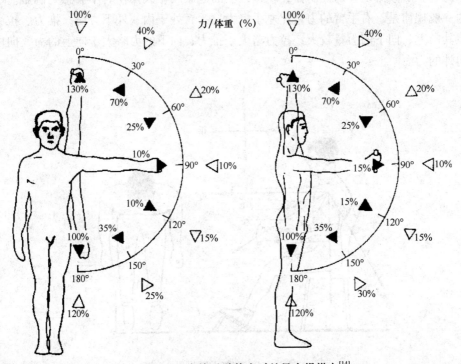

图9-15 立姿手臂伸直时的最大操纵力[14]

► 推力 ◁ 拉力

3. 握力

握力是一种重要的手部力量。握力的大小在很大程度上反映手的力量。同时，握力与手部的其他力量有较大的关系，常用握力对用力状况加以评定。

一般男性青年右手平均瞬时最大握力可达556N，左手可达421N。握力与手的姿势和持续时间有关，如持续1min后，右手平均握力下降为275N，左手为244N。

利用手柄操纵时，操纵力的大小与手柄距离地面的高度、操纵方向、哪只手操作等因素有关，表9-11为使用手柄操纵时适宜握力的数据。

表9-11　　　　　　　　　　　　　握力（右手）[14]

性别	年龄	握力/N			性别	年龄	握力/N		
		最小值	最大值	标准值			最小值	最大值	标准值
男	18	324	530	393～462	女	18	211	322	248～285
	19	338	544	407～475		19	215	326	252～289
	20	350	556	419～487		20	218	330	256～293
	21	360	566	428～497		21	222	333	259～296
	22	370	575	438～507		22	223	335	261～298
	23	373	579	442～511		23	226	338	264～301
	24	377	583	446～515		24	228	340	266～303
	25	379	585	448～517		25	230	342	268～305

4. 双臂的扭力

双臂作扭转用力时，有三种不同的操作姿势，其平均扭力标准差如下：

①立姿操作：男性为（381±127）N；女性为（200±78）N。

②弯腰操作：男性为（943±335）N；女性为（416±196）N。

③蹲姿操作：男性为（544±244）N；女性为（267±138）N。

三、 手控用具的功能设计

手控式人机系统包括手动操作的手工工具及手持式用具。手控式人机系统是以人力为动力源的人机系统，很多利用手动用具的活动都属于手控式人机系统，这些系统常需要手部各手指协调作业，着重考虑与手接触部位的设计，以手和手指的尺度、机能特征为出发点来考虑。

1. 设计原则

从生物力学原理出发，手持式用具的一般设计原则如下：

①有效地实现预定功能。

②与使用者身体成适当比例，使人力作业效率最大。

③按照作业者的力度和工作能力来设计，适当考虑性别、年龄、训练程度和身体素质的差异。

④不引起过度疲劳，即不应引起作业者采取不寻常的作业姿势或动作而多消耗体能。

⑤向使用者提供一些感官反馈，如压感、震动、触感和温感等。

设计手持式用具时应考虑生理因素。人机工程学考虑的一个重要目标是减少肌肉疲劳，防止上肢肌骨骼性不适。

虽然动态施力是理想的施力方式，但有时静态施力不可避免。肌肉静态施力时的供血量大大小于需血量，因此静态施力持续的时间越长，人体能够施加的力就越小。静态施力持续不同时间时，能够施加的力可参照下列标准：

持续10s以上，肌肉施大力；持续1min以上，肌肉中等施力；持续4min以上，肌肉施小力。

2. 上肢的结构特点与操控能力

人手是骨骼、动脉、神经、韧带以及肌腱组成的复杂结构体，如图9-16和图9-17所示。手指由小臂的腕骨伸肌和屈肌控制，腕骨伸肌和屈肌由跨过腕道的腱连到手指，而腕道由手背骨和相对的横向腕韧带形成，通过腕道的还有各种动脉和神经。

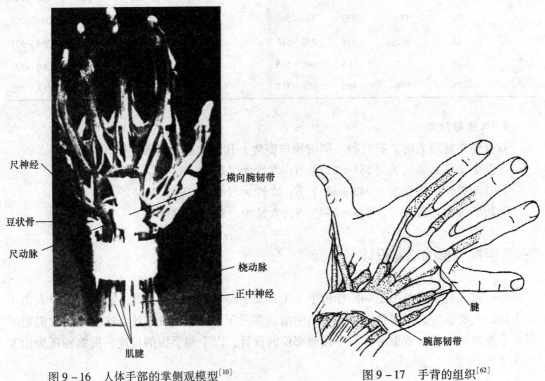

图9-16　人体手部的掌侧观模型[10]　　　　图9-17　手背的组织[62]

腕骨与小臂上的桡骨及尺骨相连，桡骨连向拇指一侧，而尺骨连向小指一侧。腕关节的构造与定位使其只能在两个面动作，这两个面相互垂直。在第一面产生掌屈与背屈，在第二个面产生尺偏和桡偏，如图9-18所示。

腕关节在两个面内的两种运动的能力有所不同，见表9-12和图9-19所示。腕部弯曲和伸展的能力明显高于腕部桡侧和尺侧偏异的能力。外展是肢体离开躯干中轴的移动，

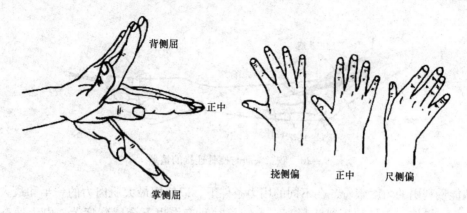

图 9 – 18　腕关节动作状态[10]

例如朝向身体一侧抬高肘或手臂。内收是肢体向身体中轴的移动，例如横过身体前方移动手臂。

表 9 – 12	腕关节和前臂运动的能力[2]					单位：（°）
方向	男性			女性		
	P_5	P_{50}	P_{95}	P_5	P_{50}	P_{95}
腕部弯曲（F）	51	68	85	54	72	90
腕部伸展（E）	47	62	76	57	72	88
腕部桡侧偏转（R）（即内收）	14	22	30	17	27	37
腕部桡尺偏转（U）（即外展）	22	31	40	19	28	37
前臂外转（S）	86	108	135	87	109	130
前臂内转（P）	43	65	87	63	81`	99

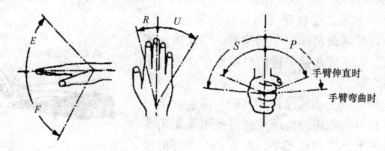

图 9 – 19　手腕的运动能力[2]

　　小臂的尺骨、桡骨和上臂的肱骨相连接。肱二头肌、肱肌和肱桡肌控制肘屈曲和部分腕外转动作，而肱二头肌是肘伸肌，如图 9 – 20 所示。这些运动的能力也有所不同。在进行与手部有关的操作时，要考虑手部的如下生理因素：

　　①应避免静态肌肉负载。虽然静态施力在很大程度上是不可避免的，但是可以通过设计来减少人在生活和工作中的静态施力。减少静态施力最重要的就是要避免不"自然"的

身体姿势。

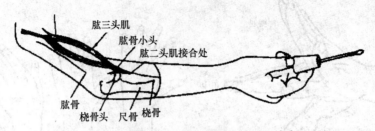

图9-20 肱二头肌与桡骨连接的情形[10]

从能量利用的角度来看，在不同的用力条件下，以使用最大肌肉力的一半和最大收缩速度的1/4操作，能量利用率为最高，人较长时间工作也不会感到疲劳。由于静态施力时，肌肉供血受阻的程度与肌肉收缩产生的力成正比，当用力达到最大肌力的60%时，血液几乎会中断。用力较小时，仍能保证部分血液循环。因此，为使必要的静态施力能保持较长时间而不疲劳，最好使其保持在人体最大肌力的15%~20%。

当举起臂部或需较长时间握持使用用具时，肩部、臂部和手部的肌肉可能处于静态负载，将导致疲劳和作业效率下降。通过调整用具与人体的相对位置，如图9-21所示，使肘部角度基本保持在90°可以解决该问题。

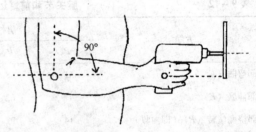

图9-21 肘部弯曲角度为90°时，处于最佳姿势[2]

②避免不协调的腕部方位。腕部偏离其中位后，手的握持力将减损。如图9-22所示，别扭的手部方位引起手指屈肌腱与腕道中毗邻的神经和其他组织相摩擦，将导致腕部疼痛，如果持续时间较长，还会导致腕道综合征和腱鞘炎等。设计用具时，应确保手腕部处于平直状态。

手在握持用具时，手腕应尽可能保持伸直状态，也即让手保持在它弯曲范围的中间位置，以便确保施加在手上的任何力在传递到手臂的时候不会产生绕手腕转动的较大力矩。

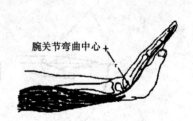

③避免掌部组织受压。操作用具时，作业者掌心或手指受到了相当大的压力，严重时可能引起肌肉萎缩。因此应当适当设计用具把手，加大其与手部的接触面积，分散压力，减少单位面积上的压力。

④避免手指重复动作。手指如果长时间地压按开关，将产生静态肌肉负载，也会导致手指疲劳，降低灵活性。

一般而言，肌力与肌肉的截面积有关，一次运动中使用的肌纤维数量越多，能发挥的力量越大；当肌

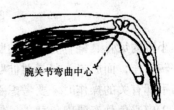

图9-22 弯曲腕部（背屈和掌屈）[2]

肉的长度为其静止状态的长度时，可产生最大的肌力，并且随着它的长度缩短，肌肉产生肌力的能力逐渐减少。

肌力和动态的提举能力数据常被用来建立提举的设计原则，然而对于消费产品，采用工业指导方法并不合适。消费产品的用户与产业工人不同，他们通常会拒绝提举或搬运过重的物体。人们发现体力相当的学生和工人愿意搬运的重量相差极大，工人相对愿意搬运重一点的物体，无论其形状如何。

如图9-23所示，提举不同重量的物体，所需的能耗不同，用主观评价、心率、肺通气量和氧耗量四个指标从不同的方面来表征能耗。

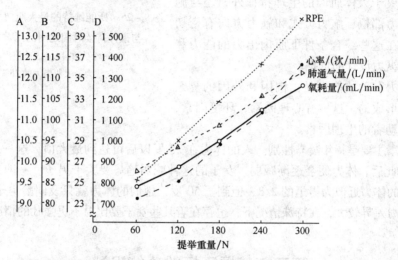

图9-23　提举物重量与RPE、心率、肺通气量、耗氧量的关系[29]

A—主观评价（PRE）　　B—心率　　C—肺通气量　　D—氧耗量

如图9-24所示，相同重量的物品，以不同的运输方式搬运时，所需的能耗也不同，用氧气需求量表征不同方式搬运重物时的能耗。

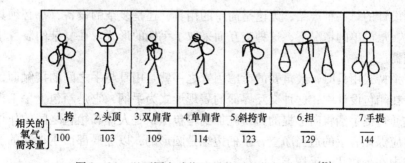

图9-24　以不同方式搬运重物时的氧气需求量[29]

当设计某产品需要考虑肌肉力量数据时，还应同时考虑其他的因素。例如，手柄的尺寸就制约着用户能使出的最大作用力，类似的，手柄表面的材料和质地也影响着手传递力矩的大小。此外，还要考虑手部握持表面的温度，以及可能要戴上手套等。应当考虑的用户变量还有年龄和动机等因素。

显然，肌力的大小还与操作需持续的时间有关。图 9-25 显示了肌肉施力与时间的对应关系。在持续一段时间后，大多数肌肉处于紧张状态，此时的肌力仅相当最大力量时的 20%。超过了 20% 后，心脏血管系统再不能维持必要的化学平衡以抵抗收缩肌肉块中形成的乳酸，而乳酸又会造成疲劳肌肉的胀痛感。

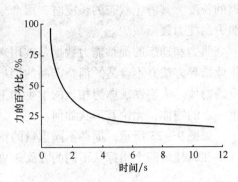

图 9-25　所能维持的最大肌肉力的百分比与事件持续时间之间的函数关系[1]

（注意：一个人在 4min 内能使出的最大力仅约为最大肌肉力的 25%）

在人类的操作活动中，肢体所能发挥的力量大小除了取决于人体肌肉的生理特征外，还与施力姿势、施力部位、施力方式和施力方向有密切关系。只有在这些综合条件下肌肉出力的能力和限度才是操纵力设计的依据。

人类体力劳动的能力是由内因和外因的复杂相互作用而形成的。这里有心理因素、环境因素，同时还有劳动者的生理因素。

生理因素主要是指年龄与性别。人的体力在 20 岁以后可达到最大值，这一水平可保持 10 年左右。此后，体力便会逐渐减弱，女子的这种减弱趋势要大于男子。一般来说，30 岁左右的女子的体力近似为男子的 2/3，但到了 50 岁，她们的体力就只及同龄男子的 1/2 了。由于人的体力差异较大，在特殊情况下，也存在着某些女子要比男子更强壮的情况。

第三节　提手柄的功能设计

一、概述

设计师设计的每一种产品，无论是简单的用具，还是复杂的设备，都必须具备人机交互作用面。在最简单的情况下，这种交互面采取了手柄的形式。在复杂的装置中，手柄就演变为控制器。

在设计手持式用具时，最重要的考虑因素之一就是用具与手之间的接触面，即人机交互作用面，在箱包设计中，这种交互界面的表现形式为手柄，它是箱包上手工提起的那一部分，人体通过提手柄将向上提的力量施加到箱包上，是人体和箱包之间的作用界面。设计提手柄时应保证有手的适当净空，手柄边缘是圆形的，以免局部产生很高的压强，箱包重量不要集中在少数几个手指上。

皮肤及手指或手的关节上每单位面积承受的压力高于 150kPa 时，则会增加使用者的不适感。手柄太短可导致靠近手指根部的手掌处受压，该处有供应和支配手指的血管和神经经过。这个部位受到高压会影响血液流动，使神经产生压力阻塞，增加肿胀及发展成病症的可能，如麻木、麻刺感和疼痛。

手柄横截面尺寸和手的大小匹配非常重要。如果手柄太小，力量便不能发挥，而且可能产生局部大的压力，例如用一支非常细的铅笔写作。但如果手柄对手来说太大的话，手部肌肉肯定也会在一个不舒适的情况下作业。Kovar 研究工人手部创伤和水肿等病案时，他采用了一种试验的方法，用软泥灰包裹气钻和铁锤的把手，然后根据手留下的印痕，设计新手柄和把手。

设计优秀的手柄能让人在使用时保持手腕伸直并处于正中状态，以免使腱、腱鞘、神经和血管等组织超负荷。

箱包质量、尺寸、重心和手柄设计等因素影响着箱包的轻便性，也即携带物品时的舒适性。箱包的质量和尺寸在前面已经讨论过了，本节主要讨论箱包重心位置和手柄形状和尺寸对携带箱包舒适性的影响。

提手柄的良好设计可以大大提高产品的轻便性。以质量为 6kg 的产品为例，单手提时，好的提手柄设计可以使一次性连续携带时间增加 20%。不恰当的提手柄位置相当于使物体增重 60%。

为了减少手腕部受力，不仅需要一个尺寸合适的把手，同时还要注重把手位置的设计，以免手腕或手臂处额外受力。

箱包常设计为侧面单手提携，它的手柄中心位于空箱包重心的正上方。手柄中心处于箱包的重心正上方有助于减少手腕受力，因为在这种情况下不需要手腕的反向力矩来平衡或稳定被携带的物品。为此，当箱包盛装的物品较重时，可适当增大手柄长度，可根据装物品后箱包的实际重心位置调整手的抓握位置。

然而，在许多情况下，手柄中心很难恰好位于箱包重心的正上方，仅仅通过手柄的位置不可能完全平衡物体，这时，箱包产生的扭矩不应超过手腕最大同轴转动力矩的 25%。图 9 – 26 给出了因手提式物品重心偏前和偏后而允许作用于手腕的最大扭矩（以不超过 25% 为准）。

表 9 – 13 为产品重心偏前产生的最大扭矩限值。

表 9 – 14 为产品重心偏后产生的最大扭矩限值。

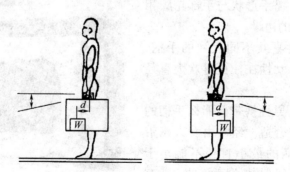

图 9 – 26　手提式产品重心偏离手柄中心产生的最大扭矩极限值[1]

表 9 – 13　　　　　　　　　　产品重心偏前产生的最大扭矩限值[1]　　　　　　　　　　单位：N·m

性别	百分位数		
	P_{10}	P_{50}	P_{90}
男性	1.8	2.3	2.9
女性	1.0	1.6	2.2

表 9 – 14 　　　　　　　　　产品重心偏后产生的最大扭矩限值[1]　　　　　　　　单位：N·m

性别	百分位数		
	P_{10}	P_{50}	P_{90}
男性	2.8	3.3	3.9
女性	1.0	2.0	2.9

从表中数据可以看出，手腕承受的最小扭矩为 1.0N·m。箱包较重时，也可采用可调节的设计方案，使手柄能沿包体的长度方向前后移动或适当增加手柄长度，这样，就可由使用者根据自己的意愿来调节手柄的握持位置，以达到最好的稳定与平衡。

二、 提手柄的功能尺寸

人们在使用箱包时，常根据个人的喜好或实际情况的需要采用不同的方式，如提在手上或挎在肩上，提手柄必须满足不止一种的提拿方式。比如，箱包的提手柄可以用来把产品从高处放到地面上，或将它举到一个齐胸高的架子上，或是放到汽车的行李箱中。为了保证产品的可用性，提手柄必须满足上述各种提拿方式。

普遍认为，下面给出的提手柄的尺寸和表面特征适合于轻便产品：

最小长度：115mm；

提手柄的最小空当距离：30～50mm；

戴手套可提的最小空当距离：55～85mm；

提手柄的直径：20～40mm；

表面纹理：无深槽、锐棱，能防滑。

设计师对图 9 – 27 所示的手提箱的提手作了人机工程考虑，提手形状与手部轮廓相匹配，没有任何尖锐的边缘。

成年男性和女性喜欢不同尺寸的手柄。与人们的直觉相反，女性往往更喜欢大直径的手柄。

如果箱包主要由男性携带，那么手柄的最小直径取 20mm 较合适；经常由女人携带的女式提包，其手柄的最小直径不能小于25mm，这里 5mm 的差别与抓握手柄的方式有关系。男人的肩膀一般要比臀部宽，他们的拇指不参与抓握手柄，如图 9 – 28 所示；而

图 9 – 27　手提箱

女人的臀部要比肩膀宽，她们采用满把抓握的方式，即拇指共同参与握持手柄，如图 9 – 29 所示。

图 9 – 28　男性携带公文包时
的手部抓握方式[162]

图 9 – 29　女性握持提包时
的手部抓握方式[163]

三、　提手柄类型与用途

使用箱包的提手柄时，与人的手掌接触，要适用于携带。因此，提手柄的尺寸必须与人的手掌大小相协调。提手柄的形式丰富多彩，适用于不同的产品。

表 9 – 15 提供了几种广泛用在商业和消费产品上的提手柄的设计要素。

手提柄的类型和用途列举如下：

①标准提手柄：y 为开口长度，与人的手掌宽度有关，设计时应选取第 95 百分位男子手的正向握宽；x 为开口宽度，与人手的厚度有关，可选取第 95 百分位男子手掌执握厚度；z 为提手柄宽度，以人手执握比较舒适为设计原则。常用于单手携带提手柄的最小空当距离为 30 ~ 50mm。

②T 形杆状提手柄：用于活塞型运动（如打气筒）或用于双手抬举重物，提手柄的直径为 20 ~ 40mm。

③J 形杆状提手柄：常用在拐杖上，由于偏心，载荷落在用户的手腕上，故不适合于重或较重的产品。

④凸缘把手：适用于双手抬举或搬移。

⑤内凹形提手：适用盘、盖类型的产品（或部件），不宜用于较重的产品。

⑥块状提手：适用于需要抬举并高于 1m 的产品上。

⑦抽屉把手：常用在那些不需经常移动的产品上，允许用户在把手内滑动手指并施加

一个向外的拉力。

在各型提手柄中，标准提手柄较适合箱包使用，也普遍应用在箱包提手中。

表9−15	各类提手柄的最小适宜尺寸[1]					单位：mm	
图例	三维尺寸	不戴手套			戴手套		
		x	y	z	x	y	z
	标准提手柄（单手提）	50	115	75	90	135	102
	标准提手柄（双手提）	50	215	75	90	267	102
	T形杆状提手柄	38	102	76	50	115	102
	J形杆状提手柄	50	102	76	50	115	102
	凸缘把手	50	110	90	90	135	102
	内凹形提手	32	115	10	50	135	20
	块状提手	20	64	114	25	64	135
	抽屉把手	32	70	114	38	70	135

四、 人体皮肤上的感受器

皮肤是人体很重要的感觉器官，感受着外界环境中与它接触的物体的刺激。我们在感知空气温度和湿度，感知空间、家具和设备等界面的大小、冷暖和质感，感知物体大小和形状时，除了视觉器官外，主要是依靠人体的肤觉。

肤觉是皮肤受到物理或化学刺激所产生的触觉、温度觉和痛觉等皮肤感觉的总称。不同的皮肤点产生不同性质的感觉，同一皮肤点只产生同一性质的感觉。触、温、冷及痛为四种基本的肤觉，相应的皮肤点成为触点、温点、冷点和痛点。这几种感觉点在一定部位的皮肤上的数目是不同的，其中以痛点和触点较多，温点和冷点较少。同一感觉点的数目在皮肤的不同部位也是不同的，刺激强度的增大可以导致相应的皮肤感觉点数目增加。局部麻醉可以使肤觉按照触觉、痛觉、温觉到冷觉的顺序消失，而恢复时的顺序则相反。

触觉是微弱的机械刺激触及了皮肤浅层的触觉感受器而引起的，而压觉是较强的机械刺激引起皮肤深部组织变形而产生的感觉，由于两者性质上类似，通常称触压觉。

触觉感受器所引起的感觉是非常准确的，触觉的生理意义是辨别物体大小、形状、硬度、光滑程度以及表面肌理等机械性质的触感。在人机系统的操纵装置中，以使操作者能够根据触觉准确地控制各种不同功能的操纵装置。

人的皮肤是由表皮、真皮和皮下组织三个主要的层和皮肤衍生物组成。皮肤中心感受器主要位于真皮。根据触觉信息的性质和敏感程度的不同，分布在皮肤和皮下组织中的触觉感受器有游离神经末梢、触觉小体、触盘、毛发神经、梭状小体和环层小体等。不同的触觉感受器决定了对触觉刺激的敏感性和出现适应的速度。女性的触觉感受性略高于男性。

如果皮肤表面相邻两点同时受到刺激，人只能感受到一个刺激；如果接着将两个刺激略微分开，并使人感受到有两个分开的刺激点，这种能被感知到的两个刺激点间最小的距离称为两点阈限。两点阈限因皮肤区域不同而异，其中以手反映的两点阈限值最低。这是利用手指触觉操作的一种"天赋"。

温度觉分为冷觉和热觉两种，这两种温度觉是由两种不同范围的温度感受器引起的，人体的温度觉对保持机体内部温度的稳定与维持正常的生理过程是非常重要的。

凡是剧烈性的刺激，不论是冷、热接触或是压力等，肤觉感受器都能接受这些不同的物理和化学的刺激，而引起痛觉。各个组织的器官内，都有一些特殊的游离神经末梢，在一定刺激强度下，就会产生兴奋而出现痛觉。这种神经末梢在皮肤中分布的部位，就是痛点。每 $1cm^2$ 的皮肤表面约有 100 个痛点，在整个皮肤表面上，其数目可达 100 万个。痛觉的中枢部分，位于大脑皮层。机体不同部位的痛觉敏感度不同；皮肤和外黏膜有高度痛觉敏感性；角膜的中央，具有人体最痛的痛觉敏感性。痛觉具有很重要的生物学意义，因为痛觉的产生，将导致机体产生一系列保护性反应来回避刺激物，动员人的机体进行防卫或改变本身的活动来敌视应对新的情况。

了解人体皮肤上的感受器的分布及特点等有利于提手柄材质和形状的选择，适宜的材质和表面形状处理有利于达到良好的手部感觉。

在选择提手柄材质时，要考虑人体温度感觉生理现象。一般情况下，人体皮肤与导热系数越高的材料接触时，皮肤温度下降越快，则人体的感觉越差。如人手与金属接触时会有冷冰冰的感觉，与木材接触时则觉得温润舒适。提手柄与人手直接接触，应选择导热系数小的塑料和皮革等材料，即易于成型又能提高接触时的舒适感。

痛觉虽然能够使机体产生保护性反应来应对外界刺激，但提重物时的疼痛却是人们不愿意体验也没有必要的，为了较长时间提箱而不致使手疼痛，一般取第5百分位男性或女性的力量数据的1/2。提相同重量的箱子时，因提手柄形状的不同会使手各部位的压力分布有很大的差异，首先要增大接触面积，使压力能分布在较大的手掌上以减低接触面上的压强从而减少疼痛感，同时要考虑手各部位的承受能力不同，掌心部分的肌肉最少，提手柄设计应使用户掌心处略有空隙以减少压力，而使其它部位多分担压力，如图9-27中的手提箱提手柄的设计就没有采用这种压力分布不均匀原则。

第四节　把手的功能设计

把手是手持式用具操作的必要部位，是用具与使用者之间重要的硬件人机界面。人机界面设计要解决两个问题，即人控制器械和接受信息。前者主要指控制器要适合于人的操作，应考虑人操作时的空间与控制器的配置。例如，采用手动控制器，则必须考虑手的最佳活动空间。后者主要指操作器械时需反馈操作状态等信息，便于人在操作时判断迅速、准确。在拉杆箱中的把手便具有这样的作用，如图9-30所示。拉杆箱包括箱包体、伸缩杆和箱包底轮。拉杆箱可拉可提，方便携带。影响拉杆箱运动的主要因素是拉杆箱的重量和尺寸，轮子的结构和大小和把手界面形状的设计。

图9-30　拉杆箱[147]

人们在使用拉杆箱时，要同时完成控制和驱动作用，所以在设计中不仅要考虑到人自身的特点和结构尺寸，还要考虑到人的生理特点，如人体动作用力的特点。

拉通常是靠单手和身体的旋转来完成的。

推拉手推车时，建议开始用力维持在222.4N或低于222.4N，如果持续1min或推手推车行走超过3m，滚动力需不超过111.2N，如果持续用力4min而没有休息，所能承受的力降到约33.4N。由于拉动拉杆箱的距离一般情况下都大于3m，有时距离较远，持续用力时间超过4min，因此，拉动拉杆箱的力量应小于33.4N。

一、把手功能尺寸的确定

拉杆箱的把手高度、握面大小都会影响到使用者控制移动所用力的大小，箱子的大小和箱重会影响控制其移动的力的方向，箱底轮子的转向要灵活以减少转向阻力。把手功能设计主要包括把手的直径、长度、形状、角度、表面材质和材料的使用等方面。

把手直径大小直接与使用者手部尺寸和作业要求有关。把手直径的大小，影响到握法和握力的大小。当把手直径增大时，手指和拇指屈肌腱的拉力角是影响作用于物体的力量大小的因素。

研究人员研究抓握活动后得出一些结论，可用来指导确定把手的直径。对于方盒物体上的把手，31~38mm 的直径有利于保持最大握力。对于操纵活动，采用22mm 的直径最好。对于抓握，把手直径为 30~40mm，并以40mm 为最好。

把手直径应在 30~50mm 的范围内，要施加最大的扭矩时，采用其中上限直径值，要保持灵巧和速度时，则用其中下限即较小直径值。

手柄长度主要取决于手掌宽度，把手长度一般应保证四个手指能够握持。5% 女性至95% 男性的掌宽一般为 70~89mm。考虑方便握持的心理修正量，把手长度至少应有100mm，为 120mm 时能够舒服的握持。若考虑戴手套的功能修正量，柄长增加到130mm。

握持的力量随着握持手的指距而变化，当握持指距小于25mm 或大于 75mm 时，捏握的力量明显减少。

一般地，戴上手套后的最大握力下降约20%。握力下降的具体数值与手套的材料有关。例如，石棉手套下降38%，橡胶手套下降19% 和棉纱手套下降26%。然而，在一些具体事例中，手套实际上可以提高使用性能。例如，测试者戴上手套后能给光滑的手柄施加很大的力。

对于把手的截面形状，人们进行了不少研究。对于抓握这种作业方式，加大抓握接触面积，能减轻手部压强。不能单纯地看待把手形状问题，把手形状更多地与作业任务和作业动作的类型息息相关，并不总是要使用圆形断面，比如施加力时，使用三角形断面的把手最好，采用高宽比为 0.67~0.80 的方形断面对很多任务都是不错的。也可以使把手的形状与手部的轮廓和形状相适配，但是考虑到不同使用者手部尺寸差异较大，对一些使用者是适配的，但对另一些使用者可能并不适配。另外，考虑把手的形状与手的适配性时，还可以沿把手表面做出凸起的形体处理，这样改进适配性，增大摩擦力，并防止手从把手上滑脱。

适当的把手角度设计有利于保持腕部平直，避免损伤。总的原则是，在正常情况下，"抓握中心线"应该与前臂轴线成大约 70° 的夹角（一种研究认为约为78°）。如图 9-31 所示，即采用"使工具弯曲，而不是使手腕弯曲"的设计思路。在拉杆箱的操作中，应通过拉杆长度的可调节性来保证对不同身高者都能达到这样合适的角度。

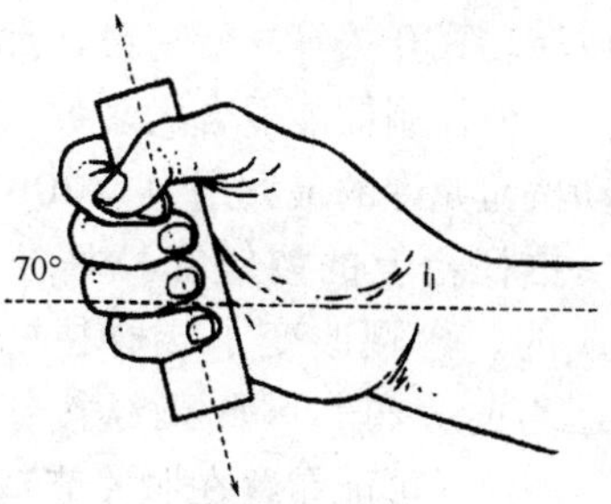

由于行李箱中物品重力的原因，人们在反手拉动箱子时，手腕呈背侧屈状态，有人就通过增加如图 9-32所示的可转动的拉手来解决了这一问题。

图9-31　抓握中心与前臂
　　　　轴线的夹角[2]

关于把手的防滑，还可以通过表面材质处理来加强。恰当的表面纹理与材料属性不仅可以提高表面摩擦力，防止手滑，而且有助于带来舒适的握感。好的把手材料还可以起到防震和传热等作用。

质感按人的感知特性可分为触觉质感和视觉质感两类。触觉质感是通过人体接触而产生的一种舒适的或厌恶的感觉。视觉质感是基于触觉体验的积累，凭视觉就可以判断它的质感而无须再直接接触。

材料是构成技术美的物质因素，是实现技术美的物质载体。不同的材料有不同的物理、化学和力学等物质属性。例如，钢的坚硬沉重，铝的华丽轻快，塑料的温柔轻盈，木材的朴实自然等，都体现了不同材料的材质特性。拉杆主要以铝合金等轻量耐用材质为主，部分产品还有旋转把手设计。

木材是数百年来工具把手的首选，因为木质把手具有诸多优点，但它容易折断，也易沾染油污。因此塑料以至金属材质也大量使用在把手上。在使用金属材料时，表面需要进行一定处理，以增强摩擦力等特性。

图9-32　行李箱拉杆设计[143]

二、　按钮功能尺寸的确定

拉杆箱的拉杆有两种状态，使用时拉出，放置或提握时收回箱体以减小箱子外形尺寸，从而方便收藏和提拿。拉杆的高度与身高有关，但是因为拉杆箱的使用者年龄、身材相差悬殊，往往不容易找到唯一的、合适的高度，因此拉杆的长度常设计为可调的几挡。拉杆箱的拉杆位置可调，一般调节时需按动控制按钮以实现拉杆的伸缩。拉杆应收放自如，拉伸顺畅。

拉杆的伸缩由按钮控制，其动作都必须由人施加适当的力和运动才能实现。按钮的设计要符合人机工程学要求，即按钮的形状、大小、位置和所需操纵力等，应适合人体力学和生理结构特征。

按钮属于控制器中最简单常用的一种，控制器的行程和操作阻力应根据任务和生物力学及人体测量数据来选择。控制器设计要适应人体运动的特征，考虑操作者的人体尺寸和体力。对要求速度快且准确的操作，应采取用手动控制或指动控制器，例如按钮、扳动开关或转动式开关等。所有设计都应考虑人体的生物力学特性，按操作人员的下限能力进行设计，使控制器能适合大多数人的操作能力。轻型手动按钮允许的最大用力为5N，重型手动按钮允许的最大用力为30N。

拉杆箱上的按钮在拉杆拉出前，位置一般都较低。按动按钮是在弯腰的姿势下完成的，弯腰改变了腰脊柱的自然曲线形态，不仅加大了椎间盘的负荷，而且改变了压力的分布，因此操纵按钮应轻松方便，不会过多或过长时间地影响腰部弯曲。

按钮尽可能布置在肘关节基本不动或运动最小的圆弧区域内，以减少上臂运动量，使操作舒适、敏捷和准确。拉杆箱的按钮应设计在人操作最方便、反应最灵活的空间范围内，以免造成操纵困难。拉杆箱的按钮常布置在拉杆的顶部，大拇指只需顺着手臂向下运动的动势，利用人的余光和触觉特性判断按钮位置，轻触按钮即可，让使用者腕部无须转动就可方便地完成操作。按钮用手指按动的行程一般为2~40mm。

按钮的尺寸主要根据人的手指端尺寸确定，其直径至少应与手指指尖等宽。用拇指操作的按钮，其最小直径建议采用19mm；用其他手指尖操作的按钮，其最小直径建议采用10mm。手动按钮表面按手指尺寸和指端弧形设计，可增强手指部的触感，方能操作舒适。按动拉杆箱按钮的手指多为拇指，以方便在按下按钮的同时顺势拉出或收回拉杆。

用指尖揿的按钮直径，对大拇指可取 20mm，其他手指可取为 15mm。如果设计需要整个手端压揿的按钮（如要求压力较大的按钮或使用频率较高，要求容易揿到的按钮），钮面直径可设计得大一些，但一般不大于 30mm。最小按钮直径可取 6.5mm，戴手套时最小按钮直径为 13mm。按钮直径大于 15mm 时，可将顶部做成球面形凹坑，以便于手感定位。

操作阻力的作用在于向操作者提供反馈信息，改善操作的准确度和速度，防止控制器被无意碰到而引起误操作。从操作舒适性和速度来说，阻力越小越好。但阻力过小，反馈信息弱小，使人对操作阻力感知可能不准确，易出现操作不果断。

一般的按钮不需要手指多用力。对皮肤施加适当的机械刺激时，皮肤表面下的组织将产生位移，在理想的情况下，小到 0.001mm 的位移，就足够引起触觉，指尖处皮肤的触压觉刺激阈值限为 49kPa。操作阻力的最大值可按第 5 百分位操作者用力能力设计。对于单指按钮的阻力，大拇指按钮可取为 2.94 ~ 19.6N，其他手指按钮可取为 1.47 ~ 5.89N，按钮阻力不宜太小，以免稍有误碰就会起作用。最小阻力应大于操纵者手的最小敏感压力，手动按钮允许的最小阻力一般取 2.5N。

按钮开关一般用音响，如"咔嗒"声，或以阻力的变化作为到位的反馈信息。按动后有声响以便确认动作完成。

根据箱包的造型和材料的不同，五金件厂常推出各种形状的通用把手，可供箱包设计时选用。清楚了把手设计的基本要求后，就可以在众多的通用把手中选择适合所设计箱包的把手形状和材料，达到缩短设计和制造周期，降低成本的目的。

第五节　肩部特征及生物力学在背包带功能设计中的应用

包带是背包最重要的组成部分之一，在设计包带时，需确定包带的长度和宽度等特征参数。包带常设计成可调长度以适应不同体型的人群或在不同季节（服饰的不同）使用。包带宽度、厚薄和材质等需要考虑人体肩部特征。

人体特征分为形态特征、运动机能特征以及生理特征。形态特征包括人体尺寸、体型、体表面积及人体曲率；运动机能特征包括关节可活动范围、皮肤伸缩度、肌肉膨隆度及骨骼移动量；生理特征包括自身体温调节能力、皮肤表面温度和出汗等。肩部既有静止状态，也有运动状态，肩部同身体的其他部位一样，随时都在进行着新陈代谢，生理特征的考虑必不可少。

一、肩部特征

构成人体肩部的骨骼，一部分与颈部的骨骼重叠，另一部分是胸廓上部和肩关节。图 9–33 为俯视的肩骨骼框架构造图，它清晰地显示了与肩部相关的骨骼的相互连接状况。影响肩部成形部位用粗点线表示，为前后面的弧线部分。

前面锁骨外半侧形成的弯曲和前突的肱骨头部，形成了大的凹弧。这个凹弧，即使有三角肌，在一般的体型中也是有凹面的。锁骨与肱骨头部之间的凹面成为包带能嵌入的位置。

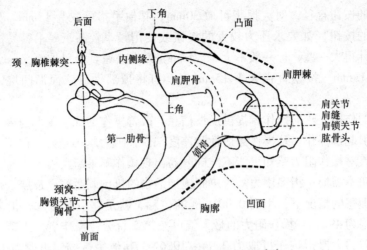

图9-33 左侧肩部骨骼框架结构[42]

以后面肩胛骨椎骨缘（内侧缘）与肩胛棘交点作为中心，形成大的凸弧，由于肌肉的附着使曲面曲率增大。因而，包带易在肩胛棘靠近肱骨头的位置，而不易处于肩胛骨椎骨缘（内侧缘）与肩胛棘的位置。

形成肩部的主要肌肉是大面积占据背部表面的斜方肌和完全覆盖肩关节外侧的三角肌，人体的形态可以说是从内部层积的结果。

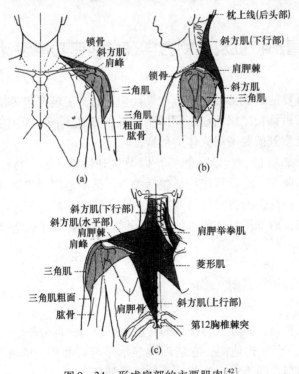

图9-34 形成肩部的主要肌肉[42]

（a）前面 （b）侧面 （c）后面

影响单肩包带受压的一个重要因素是肩的倾斜，而肩的倾斜几乎是由斜方肌的水平部分形成的。斜方肌中从肩颈点到肩端点中间位置是肌腹部，其厚薄是最容易体现性别差和个体差异的地方。肌腹隆起具有男性倾向，肌腹减少而下凹的情况具有女性倾向。

在成年女性肩部范围内，皮下脂肪沉积多的部位是大锁骨上窝。这是夹在胸锁乳突肌的后缘和斜方肌前缘、锁骨上边的凹坑地。至肩峰位置时，由于肱骨头的突出，皮下脂肪开始减少。而在隆椎棘突起周围，脂肪有所沉积。

综上可知，包带的受压范围最好在肩峰至颈侧间，且靠近肩峰侧，这些部位既有脂肪沉积，便于缓冲背负压力，又有包带能嵌入的位置，且肩后部的凸面和肩峰到颈部的斜度，使包带的落触点也不能延伸至肩颈点，包带易于保持在肩峰至颈侧间，靠近肩峰侧的位置。包带的宽度应小于颈侧和肩峰之间的距离。

上海成年女性肩部测量数据见表9-16。从表中可以看出：颈侧-肩峰、肩宽和肩倾斜角几项肩部指标随年龄的增大均无明显变化，但腰围和腰围横长随年龄增大有所增大，这是因为腰围横长随脂肪厚度的增加而增加。在设计图9-8所示的背包时，需要用到腰围数据。

这些数据虽然没有包括包带受压范围，但通过肩部的其它几个指标，我们仍然可以推断：包带在肩部的受压范围与年龄的关系不大。

表9-16 上海青中老年女性部分身体指标及标准差[15]

	青年人数据（154人）		中年人数据（138人）		老年人数据（50人）	
	平均值	标准差	平均值	标准差	平均值	标准差
颈侧-肩峰/mm	128.2	10.9	127.3	11.7	127.3	9.8
肩宽/mm	380.3	20.6	379.4	21.7	376.3	23.3
肩倾斜角/(°)	247.5	35.5	241.1	33.3	242.9	30.2
腰围/mm	660.9	48.8	738.8	71.5	841.7	77.0
腰围横长/mm	235.2	18.3	260.8	23.5	279.9	43.9

沈迎军等对年龄28岁、身高161cm、体重48kg女性进行肩部测量，包带受压范围6~7.5cm宽，可选择这个区域作为包带的设计区。

运动时，如手臂上抬，由于骨骼向上、向内的运动，牵动肌肉，当压缩状态时，肩峰点呈向颈侧移动的状态。因此包带的受压范围还应留出一定的放余量。

二、 包带对背包舒适性的影响

背包的设计负荷应在肩部承重范围内，以不妨碍血液循环。

背包区别于其他包体（挎包）的特征是：它是围绕人体肩部的一种包型，通过肩部受力，达到支撑包体的作用。包带起承接的作用，联系包体与人体肩部，其宽窄、厚薄和使用材质直接影响肩部对包体重量的压力承受感觉。

背包的背负感觉是由于包带材料的特性以及包带与人体肩部的相互机械作用给人体骨

骼、肌肉及皮肤等器官产生的一种刺激，从而形成的一种感觉。

包带特性对包带舒适性的影响分为结构和材质两个方面。包带结构主要从包带的宽窄、厚薄、缝制工艺、辅料规格与位置考虑，人们一般感觉宽而厚的包带比窄而薄的包带背负舒适性好。包带材质需要考虑材质的重量、柔软性、摩擦性、静电性、透气性、透湿性和可塑性等，例如包带自身也有重量，轻材质可以减少背包整体重量。

人在承受背负压力以后，肩部受约束，肩部皮肤甚至肌肉、骨骼感受到的压感，称为肩压。由于包带与人体骨骼、肌肉及皮肤间相互作用而产生的压力感觉方面的舒适性，与包带的基本特性密切相关，如与包带的力学性能及其表面性能等基本属性有关。只有当包带的各种基本属性处于适当的范围，并相互协调，才能得到良好的压力舒适性。

接触肩部的包带越厚，越能保持其形状，包带越宽，承压面积越大，肩部压强越小；反之，包带宽度越窄越薄，肩部压强越大。女性使用的包带与肩部接触部分宽度可设置在 5~6.5cm，留出 1cm 的放余量。

包带对舒适性的影响还与背包的使用环境有关，环境温度和湿度不同，对包带的卫生性能要求也不同，因此不同季节用包的包带功能设计要求有所不同。夏季用包的包带要求就更高，夏季环境温度高，有时湿度很大，在这样的条件下，人体易出汗，需及时从身体的每个部分排出热量和湿气。

若包带能及时吸收人体肩部皮肤表面排出的汗液和蒸汽，并传到包带夹层，通过夹层透气孔释放到空气中，这样的包带就有很好的吸湿性。

人体不断地向外排出水汽和分泌物，因此，包带的吸湿性和放湿性能就成了人体保持舒适的重要指标。特别是在炎热的夏季或剧烈运动时，人体大量出汗，此时包带的吸湿性和放湿性能使与肩部接触处的包带保持干燥。

与肩部接触的包带，要有一定的透气性，因为人体皮肤每时每刻都在进行呼吸，只有和外界保持气体的交换，才不致感到闷气和不舒适，同时，透气性有利于体热的散发。

柔软性是包带影响触觉舒适性的指标。包带越柔软，人体感觉越舒适。尤其在夏季，包带紧贴肩部肌肤。使用轻而柔软的材质或增加包带的受力面积可减小包带对人体肩部的单位面积压力，也可在包带夹层填充弹性好、柔软性好的材料，使包带具有缓冲性，同时增大包带与肩部贴合面积。

触觉舒适性是人体肩部感觉舒适性的重要指标，综上所述，包带影响肩部舒适性的指标主要有压力舒适性、吸湿性、透气性和柔软性等。

复习思考题

1. 确定箱包功能尺寸时应考虑哪些因素？为什么？

2. 手部尺寸在应用于箱包功能设计时应注意些什么问题？

3. 手的出力方向与用力大小间有何关系？

4. 提手柄的功能设计对拉杆箱的使用性能有什么影响？常用的提手柄有哪些类型？常用于箱包的提手柄类型有哪些？

5. 把手设计对箱包的使用性能有什么影响？应注意哪些方面？

6. 人体皮肤上分布着哪几种感受器？各有何功用？

7. 背包包带设计对人体舒适性有什么影响？为什么？

8. 作业姿势是如何影响人体的？试以一定方法来分析人们使用箱包时的人体姿势。

9. 发现现实生活中，箱包功能设计的人机工学问题（不好的），要求适当解释，简单说明。

10. 选取前一题中的一个问题，提出解决方案，并做深入分析和讨论，可画出简图帮助说明。

主要参考文献

［1］王继成．产品设计中的人机工程学［M］．北京：化学工业出版社，2004．

［2］刘春荣．人机工程学应用［M］．上海：上海人民美术出版社，2004．

［3］运动生物力学教材编写组．运动生物力学［M］．高等教育出版社，1988．

［4］［苏］B. X. 李欧库莫维奇．鞋类质量结构分析［M］．张增韶译．北京：中国轻工业出版社，1987．

［5］蔡启明，余臻，庄长远．人因工程［M］．北京：科学出版社，2005．

［6］张文熊，角田由美子，冈村浩．从革的不同用途看皮革的性质——鞋里革［J］．中国皮革．2003，32（20）：138－141．

［7］王怀青．防护鞋［J］．中国个体防护装备．2005，（3）：37－40．

［8］钱卓丽，丘理．室内场地运动鞋的研究重点［J］．中国皮革．2003，（4）：136－137．

［9］张廷有．底革的耐磨性［J］．西部皮革．1987，（1）：5－6，8．

［10］丁玉兰，郭钢，赵江洪．人机工程学（修订版）［M］．北京：北京理工大学出版社，2000．

［11］刘红杰．产品设计中人机尺度关系量化评价的研究［J］．包装工程．2006，27（2）：190－193．

［12］王立新，张霞，张彤等．箱包设计与制作工艺［M］．北京：中国轻工业出版社，2001．

［13］［美］Somadeepti N. Chengalur, Suzanne H. Rodgers, Thomas E. Bernard．柯达实用工效学设计［M］．杨磊主译．北京：化学工业出版社，2007．

［14］朱序璋．人机工程学［M］．西安：西安电子科学技术出版社，2001．

［15］沈迎军，张文斌．上海地区青中老年女子体型的比较研究［J］．东华大学学报（自然科学版）．2001，27（2）：20－26，30．

［16］徐军，陶开山．人体工程学概论［M］．北京：中国纺织出版社，2002．

［17］王熙元，吴静芳．实用设计人机工程学［M］．北京：中国纺织大学出版社，2001．

［18］欧阳文昭，廖可兵．安全人机工程学［M］．北京：煤炭工业出版社，2002．

［19］谢庆森，王秉权．安全人机工程［M］．天津：天津大学出版社，2003．

［20］陈兰芬编译．箱包设计［M］．北京：中国轻工出版社，1990．

［21］周存敬，李智慧．运动生物力学［M］．成都：成都科技大学出版社，1992．

［22］全国体育学院教材委员会．运动生物力学［M］．北京：人民教育出版社，1990．

［23］《运动生物力学》编写组．运动生物力学（第二版）［M］．北京：高等教育出版社，2005．

［24］丁海曙，容观澳，王广志．人体运动信息检测与处理［M］．北京：宇航出版社，1992．

［25］《中国鞋业大全》编委会．中国鞋业大全（下）［M］．北京：化学工业出版社，2000．

［26］杜少勋．运动鞋设计［M］．北京：中国轻工业出版社，2007．

［27］左春桎庄，扬斌宇，王晓峰等．人体工程与造型设计［M］．北京：化学工业出版社，2007．

［28］柴春雷，汪颖，孙守迁．人体工程学［M］．北京：中国建筑工业出版社，2007．

［29］赵江洪，谭浩．人机工程学［M］．北京：高等教育出版社，2006．

［30］石娜，步月宾．皮鞋款式造型设计［M］．北京：中国轻工出版社，2007．

［31］徐磊青．人体工程学与环境行为学［M］．北京：中国建筑工业出版社，2006．

［32］董小平，向军．鞋楦造型设计与制作［M］．北京：中国轻工业出版社，2006．

［33］丘理．鞋楦设计与制作［M］．北京：中国纺织出版社，2006．

［34］陈式平，黄月华．中外皮具设计［M］．广州：华南理工大学出版社．2001．

［35］张志颖，吴丹．人体工程学［M］．长沙：中南大学出版社，2007．

［36］吕志强，董海．人机工程学［M］．北京：机械工业出版社，2006．

［37］中国体育科学学会．体育科学学科发展报告［M］．北京：中国科学技术出版社，2007．

［38］郭伏，杨学涵．人因工程学［M］．沈阳：东北大学出版社，2003．

［39］陈念慧．鞋靴设计学［M］．北京：中国轻工业出版社，2001．

［40］郑秀媛，贾书惠，高云峰，等．现代运动生物力学［M］．北京：国防工业出版社，2002．

［41］高士刚，刘玉祥．运动鞋的设计与打板［M］．北京：中国轻工出版社2007．

［42］［日］中泽愈．人体与服装［M］．袁观洛译．北京：中国纺织出版社，2001．

［43］张文斌，方方．服装人体工效学［M］．上海：东华大学出版社，2008．

［44］黄健华．服装的舒适性［M］．北京：科学出版社，2008.7．

［45］徐蓼芜，於琳．服装工效学［M］．北京：中国轻工出版社，2008．

［46］Petr Hlaváček, Jana Pavlaèková, Chen Wuyong. et al. Analysis of foot wear and the healthy state of the feet of diabetics in China and the Czech Republic. The 7th Asia international conference of leather science and technology［C］. Chengdu, China, OCT 15 – 18, 2006：408 – 423.

［47］Sebastian Wolf, Jan Simon, Dimitrios Patikas. et al. Foot motion in children shoes—A comparison of barefoot walking with shod walking in conventional and flexible shoes［J］. Gait & Posture. 2008, 27（1）：51 – 59.

［48］Tang KY, Liu JL, Qin SF. et al. Study on the dry heat resistance of collagen from cattlehide. 6th Asia international conference of leather science and technology［C］. Himeji, Japan, OCT 19 – 21, 2004：161 – 170.

［49］Tang KY, Wang F, Liu JL. et al. Influence of sweat on hide and leather［J］. Journal of the society of leather technologists and chemists. 2007, 91（1）：30 – 35.

［50］Jia PX, Zheng XJ, Liu JL. et al. Influence of sweat – soaking on the thermal stability of retanned and fatliquored cattlehide collagen fibers［J］. Journal of the American Leather Chemists Association. 2007, 102（7）：227 – 233.

［51］Bornstein, M. H. & Bornstein, H. G. The pace of life［J］. Nature, 1976, 259, 557 – 558.

［52］Yi – Ju Tsai, Christopher M. Powers. Increased shoe sole hardness results in compensatory changes in the utilized coefficient of friction during walking［J］. Gait & Posture. 2009, 30：303 – 306.

［53］Redfern MS, Bidanda B. Slip resistance of the shoe – floor interface under biomechanically relevant conditions［J］. Ergonomics. 1994, 37（3）：511 – 524.

［54］Chaffin DB, Woldstad JC, Trujillo A. Floor/shoe slip resistance measurement［J］. Am Ind Hyg Assoc J. 1992, 53（5）：283 – 289.

［55］Kurt E. Beschorner, Mark S. Redfern, William L. Porter, et al. Effects of slip testing parameters on measured coefficient of friction［J］. Applied Ergonomics. 2007, 38：773 – 780.

［56］Traian Foiasi, Mirela Pantazi. Children's footwear—health, comfort, fashion［J］. Leather and footwear

Journal. 2010, 10 (4)：45 – 59.

[57] Sebastian Wolf, Jan Simon, Dimitrios Patikas. Foot motion in children shoes—A comparison of barefoot walking with shod walking in conventional and flexible shoes [J]. Gait & Posture. 2008, 27：51 – 59.

[58] 李文燕，步月宾，罗逸苇. 鞋的舒适度性评价的个体研究 [J]. 浙江工贸职业技术学院学报. 2005, 5 (4)：41 – 44.

[59] 彭文利，岳杰洁，徐菲. 鞋类产品功能设计与人机工程学 [J]. 西部皮革. 2005, 27 (11)：45 – 47.

[60] 陈罘杲、刘泽顺、高明. 鞋内恶臭气体理论及控制净化技术研究 [J]. 西部皮革, 2007, 29 (9)：47 – 50.

[61] 罗坚. 人机工程学在工业产品设计中的应用 [J]. 机电工程技术. 2004, 33 (3)：9 – 11.

[62] 孙林岩. 人因工程 [M]. 北京：中国科学技术出版社, 2003.

[63] 钱竞光，宋雅伟，叶强，等. 步行动作的生物力学原理及其步态分析 [J]. 南京体育学院学报（自然科学版）. 2006, 5 (4)：1 – 7, 39.

[64] 董骧，樊瑜波，张明. 人体足部生物力学的研究 [J]. 生物医学工程学杂志. 2002, 19 (1)：148 – 153.

[65] 霍洪峰，赵焕彬，陈志国，等. 运动鞋生物力学性能评价指标体系的构建 [J]. 中国体育科技. 2007, 43 (5)：108 – 111.

[66] 李艳霞，赵文杰. 论慢跑鞋设计的解剖学和生物力学依据 [J]. 吉林体育学院学报. 2004, 20 (2)：76, 95.

[67] 弓太生，邓富泉，蔡放，等. 鞋腔内温度和相对湿度与运动状态的关系初探 [J]. 中国皮革. 2006, 35 (21)：22 – 25.

[68] 吴剑，李建设. 青年女性着高跟鞋平地行走时步态的生物力学研究 [J]. 上海体育科研. 2003, 24 (3)：9 – 11.

[69] 顾耀东，李建设. 有限元分析在步态生物力学研究中的应用进展 [J]. 北京体育大学学报. 2007, 30 (8)：1080 – 1082.

[70] 陶凯，王冬梅，王成焘，等. 基于三维有限元静态分析的人体足部生物力学研究 [J]. 中国生物医学工程学报. 2007, 26 (5)：763 – 780.

[71] 闫红光，娄彦涛. 运动生物力学研究方法的评述 [J]. 沈阳体育学院学报. 2007, 26 (2)：71 – 73.

[72] 李建设，王立平. 足底压力测量技术在生物力学研究中的应用与进展 [J]. 北京体育大学学报, 2005, 28 (2)：191 – 193.

[73] 胡辉莹，钟世镇，聂晨阳. 人体骨骼生物力学中有限元分析的研究进展 [J]. 广东医学. 2007, 28 (9)：1532 – 1534.

[74] 汤运启，罗向东，杨福渠. 高尔夫球鞋的功能要求及设计特点分析 [J]. 中国皮革. 2007, (16)：121 – 123.

[75] 步月宾. 人体工程学在鞋类设计中的应用 [J]. 中国皮革. 2007, (16)：131 – 133.

[76] 弓太生. 湿热传导与鞋的穿用舒适性 [J]. 中国皮革. 2003, 32 (9)：122 – 124.

[77] 弓太生，王宏升. 鞋靴减震性能的研究 [J]. 中国皮革. 2004, 33 (5)：126 – 127.

[78] 王宏波. 足部六点支撑理论与减震鞋的设计 [J]. 中国皮革. 2007, (16)：126 – 127.

[79] 丁绍兰，弓太生. 不同鞋底材料的止滑性与耐磨性关系的研究 [J]. 中国皮革. 2004, (6)：132 – 134.

[80] 罗向东、弓太生、汤运启. 鞋底花纹的深度对其止滑性能影响的研究 [J]. 中国皮革. 2007,

（2）：128－131．

[81] 罗向东、弓太生、杨敏贞．鞋底花纹与止滑性能间的关系初探（二）[J]．中国皮革．2004，
（10）：117－119．

[82] 赵长青，辜海彬，Peter Hlávacek，等．适用于糖尿病患者皮鞋鞋材的抗菌防霉复鞣剂的筛选 [J]．皮革科学与工程．2008，18（1）：19－24，39．

[83] 熊兴福．包装开口式提手的人机工程学研究 [J]．包装工程．1999，20（3）：28－29．

[84] 刘红杰．产品设计中人机尺度关系量化评价的研究 [J]．包装工程．2006，27（2）：190－193．

[85] 罗坚．人机工程学在工业产品设计中的应用 [J]．机电工程技术．2004，33（3）：9－11．

[86] 董军华．谈人机工程学在产品设计中的应用 [J]．中国科技信息．2005，（23）．

[87] 王熙元．人机工程学的研究对象 [J]．东华大学学报（自然科学版）．2001，27（5）：82－86．

[88] 汤克勇，贾鹏翔，刘京龙，等．汗液处理对复鞣皮革胶原纤维干热收缩性能的影响 [J]．中国皮革．2006，35（9）：11－15．

[89] 贾鹏翔，汤克勇，刘京龙．汗液处理对加脂皮胶原纤维干热收缩性能的影响 [J]．中国皮革．2006，35（21）：12－15．

[90] 刘京龙，王芳，涂连梅，等．汗液浸泡对皮革性能的影响 [J]．中国皮革．2005，34（3）：8－8，12．

[91] 张文熊，角田由美子，冈村浩．从革的用途看皮革的性质——底革及中底革 [J]．中国皮革．2003，32（22）：138－141．

[92] 徐德佳，章若红．鞋类产品中常见有害物质的来源与控制 [J]．橡胶工业．2008，55（8）：506－509．

[93] 戴新华．皮革的耐汗性试验 [J]．皮革科学与工程．1990，（1）：16－20．

[94] 司恭．劳保鞋的卫生性能及其设计应用 [J]．中国个体防护装备．1995，（4）：24－25．

[95] 王怀青．对纺织女工鞋的探讨 [J]．中国个体防护装备．1994，（4）．

[96] 周敏勇．皮鞋衬里应具备的基本性能 [J]．西部皮革．1989，（1）：45．

[97] 丁绍兰，赵晓华，袁鹏．不同鞋面及鞋里材料卫生性能的对比研究 [J]．中国皮革．2004，33（11）：27－31．

[98] 闵宝乾，黄秋兰，陈竞新．鞋类卫生性能的评定及相关影响因素探析 [J]．检验检疫科学．2008，（2）：11－14．

[99] 田美，丁志文，刘小林．利用单向导湿技术和抗菌技术提高鞋类舒适性的研究 [J]．中国皮革．2006，35（18）：119－121．

[100] 王锦成，陈月辉．鞋用防静电剂的作用机理及研究现状 [J]．中国皮革．2006，（22）：130－133．

[101] 罗逸苇，姜明．鞋垫的设计与制造 [J]．中国皮革．2006，（10）：132－133．

[102] 张海勇，肖双印．关于国外跑鞋研究情况的分析 [J]．中国皮革．2006，（2）：132－133．

[103] 徐菲，彭文利，杜少勋．运动鞋气垫压缩回弹性能的研究 [J]．中国皮革．2006，（18）：122－125．

[104] 赵光贤．抗静电鞋 [J]．中国皮革．2004，（8）：156．

[105] 崔国忠，张忠俊．绝缘靴鞋电性能的试验控制及预防 [J]．1997，（6）：21－23．

[106] 李洪，权力，祝诺．浅谈橡胶鞋底磨耗试验及其影响的相关因素 [J]．中国个体防护装备．2001，（3）：14．

[107] 张建春，梁高勇，陈绮梅，等．提高布面胶鞋鞋底防滑性能研究 [J]．中国个体防护装备．2002，（5）：21．

[108] 邓启明．运动鞋的防护功能［J］．中国个体防护装备．2003，(4)：25，27.

[109] 阎家宾．表征鞋底耐磨性的新的指数［J］．世界橡胶工业．2006，33(8)：36-38.

[110] J D Borroff，郑锃．鞋底材料的耐磨性［J］．世界橡胶工业．1982，(1)：54-59.

[111] 谈涓涓，彭文利，丁绍兰．皮鞋卫生性能分析检测技术的研究现状与趋势［J］．皮革科学与工程．2009，19(4)：60-64.

[112] 黄达武，余晓芳．短跑运动生物力学——运动学研究现状［J］．体育科研．2007，28(4)：65-68.

[113] 倪一忠．从人体工程学谈服装的舒适性和功能性［J］．四川丝绸，2006，(1)：46-47.

[114] 罗建新．论现代运动生物力学研究方法的基本特征［J］．成都体育学院学报．2006，32(1)：104-106.

[115] 叶晶琮，梁惠娥．包袋的人性化设计［J］．江苏纺织．2006，(3)：42-44.

[116] 谷美霞，孙玉钗，张莉．服装微气候与人体主观感觉关系探讨［J］．河北纺织．2009，(1)：22-28.

[117] 张昌．服装热舒适性与衣内微气候［J］．武汉科技学院学报．2005，18(1)：4-7.

[118] 沈兰萍，周春香．棉织物的组织对其防热性能的影响［J］．棉纺织技术．1999，27(7)：395-398.

[119] 沈金伦，杨宇光，李志强．武警森林灭火作战防护鞋的设计与开发［J］．中国个体防护装备．2005，(5)：9-10.

[120] 王怀青．劳动防护鞋［J］．上海劳动保护．2001，(6)：41-43.

[121] 王锦成，陈月辉，王春辉．纳米氧化锌母炼胶对鞋用丁苯橡胶耐磨性能的影响及其磨损机理的研究［J］．中国皮革．2007，(18)：177-179.

[122] 李亿光．防刺穿鞋的现状和研制构想［J］．中国个体防护装．2006，(4)：5-7，10.

[123] 佘启元．个人防护装备——鞋类检测方法、安全鞋、防护鞋和职业鞋4项国际新标准的简介与浅析［J］．中国个体防护装备．2005，(4)：23-28.

[124] 刘玉田．防水鞋的制造［J］．世界橡胶工业．2009，36(1)：25-26.

[125] 丘理，钱卓丽．防水鞋的新工艺及发展［J］．中国皮革．2003，(4)：117.

[126] 丘理，钱卓丽．影响场地鞋研究的力学问题［J］．中国皮革．2003，(18)：132-134.

[127] 杜坚，丁绍兰，陈钊钰，等．鞋底沟槽宽度对鞋子止滑性能影响的研究［J］．中国皮革．2008，(12)：116-119.

[128] 杜坚，丁绍兰，陈钊钰，等．路面污染物对鞋底止滑性能影响的研究［J］．中国皮革．2008，(24)：100-102.

[129] 王永涛，殷晓强，郑艺美．国家标准《防护鞋通用技术条件》编制说明［J］．吉林劳动保护．2000，(3)：28-31.

[130] 陈奕男，闫红光．对穿高跟鞋人群步态的生物力学研究［J］．辽宁体育科技．2009，31(9)：33-35.

[131] 田春宽，徐文泉．踝关节跖屈、背屈肌群的生物力学研究进展［J］．北京体育大学学报．2005，28(11)：1527-1528，1540.

[132] 戴克戎．步态分析及其应用［J］．中华骨科杂志．1991，11(3)：207-210.

[133] 行云．鞋的舒适性与卫生学［J］．中外鞋业．2000，(2)：94-95，93.

[134] 魏勇．运动鞋对羽毛球典型步法中跖趾关节和后足稳定性的影响［J］．体育科学．2009，29(10)：89-97.

[135] 武明，季林红，金德闻，等．人体跖趾关节弯曲对行走步态特征的影响［J］．中国康复医学杂

志．2001，16（6）：331－335.

［136］张敬德．鞋跟高度对地面反力和鞋底压力中心的影响［J］．中国康复医学杂志．2007，22（3）：241－243.

［137］叶晶璟．单肩包的舒适性研究［D］．江南大学硕士论文，2007.

［138］王明艳，竺长安，钟小强．基于相对步宽的两足步行结构的机械能耗研究［J］．机械设计与制造．2006，（5）：134－135.

［139］林国春．运动鞋鞋底受力分析的思考［J］．中国皮革．2005，（1）：119－121.

［140］Perry S D, Tschirhart C E, Aqui A, Tuer P. effects of sock – insole friction characteristics on dynamic balance control.［J］Journal of Biomechanics，2007，40：S698－S698.

［141］宋雅伟，王占星．鞋类生物力学原理与应用［M］．北京：中国纺织出版社，2014.

［142］Perry J. Gait Analysis. Normal and Pathological Functions，2st edition［M］. New Jersey：Slack，2010.

［143］张峻霞，王新亭．人机工程学与设计应用［M］．北京：国防工业出版社，2010.

［144］赵焕斌，李建设．运动生物力学（第三版）［M］．北京：高等教育出版社，2010.

［145］黄锦玲．匹克为篮球而生［J］，中国皮革，2010，（8）：100.

［146］北京大陆桥文化传媒．世界品牌故事 箱包卷［M］．北京：中国青年出版社，2009.

［147］时涛，金小芳．皮具品鉴［M］．北京：中国纺织出版社，2010.

［148］张帆，吴珊，陈净莲．人体工程设计理念与应用［M］．北京：中国水利水电出版社，2010.

［149］颜声远，许彧青，王敏伟，等．人因工程与设计［M］．哈尔滨：哈尔滨工程大学出版社，2012.

［150］轻工业部制鞋研究所．中国鞋号与鞋楦设计［M］．北京：轻工业出版社，1988.

［151］陈国学．鞋楦设计［M］．北京：中国轻工业出版社，2007.

［152］温州鹿艺鞋材有限公司．中国标准鞋楦［M］．北京：中国纺织出版社，2008.

［153］朱星宇．SPSS 多元统计分析方法及应用［M］．北京：清华大学出版社．2011.

［154］财团法人鞋类及运动休闲科技研发中心．运动鞋设计漫谈［J］．台湾鞋训，2003.

［155］《皮鞋运动鞋实用手册》编委会．皮鞋运动鞋实用手册［M］．北京：银声音像出版社，2004.

［156］杜少勋．运动鞋及其设计［M］．北京：化学工业出版社，2004.

［157］温州鹿艺鞋材有限公司．鞋楦设计教程［M］．北京：中国轻工业出版社，2011.

［158］周福民，徐伟波．鞋样设计实用教程［M］．北京：中国轻工业出版社，2008.

［159］李运河．皮鞋设计学［M］．北京：中国轻工业出版社，2006.

［160］（美）Mark D. Miller, Jon K. Sekiya. 运动医学骨科核心知识［M］．邱贵兴主译．北京：人民卫生出版社，2009.

［161］陶天遵．新编实用骨科学［M］．北京：军事医学出版社，2008.

［162］无限．Bally 发布 2016 春夏男士系列［J］．中国皮革制品，2015（7），84－87.

［163］刘红．靓丽秋色［J］．中国皮革，2014（14）：70－75.

［164］轻工业部制鞋工业研究所编写组．中国鞋号与鞋楦设计［M］．北京：轻工业出版社，1988.